建设工程识图与预算快速入门丛书

钢结构工程识图与预算快速入门

（第二版）

焦 红 编著

中国建筑工业出版社

图书在版编目（CIP）数据

钢结构工程识图与预算快速入门/焦红编著. —2
版. —北京：中国建筑工业出版社，2014.7
（建设工程识图与预算快速入门丛书）
ISBN 978-7-112-16743-2

Ⅰ.①钢… Ⅱ.①焦… Ⅲ.①钢结构-建筑工程-建
筑制图-识图②钢结构-建筑工程-建筑预算定额 Ⅳ.①
TU391②TU723.3

中国版本图书馆 CIP 数据核字（2014）第 074305 号

《钢结构工程识图及预算快速入门》主要研究钢结构工程造价的基本规律，其目的是使从事钢结构工程的技术人员具备编制钢结构工程造价文件的能力。

本书在编写过程中，力求按照"体现时代特征，突出实用性、创新性"的编写指导思想，吸收现已成熟的钢结构施工新技术和新方法，密切结合现行规范，突出反映工程造价的基本理论和基本原理。在保证基本知识的基础上，本书编写内容有一定的弹性，如工程造价案例难度有深有浅，以满足不同层次读者的学习要求。

本书主要用于从事建筑工程造价专业技术人员的专业技术用书，也可作为各大中专院校土木工程、工程造价等相关专业的教学参考书，更可作为建筑工程相关岗位培训的教材与相关专业选修课的专业用书。

* * *

责任编辑：郭　栋　岳建光　张　磊
责任设计：张　虹
责任校对：刘　钰　赵　颖

建设工程识图与预算快速入门丛书
钢结构工程识图与预算快速入门
（第二版）
焦　红　编著

*

中国建筑工业出版社出版、发行（北京西郊百万庄）
各地新华书店、建筑书店经销
霸州市顺浩图文科技发展有限公司制版
北京建筑工业印刷厂印刷

*

开本：787×1092 毫米　1/16　印张：16¾　字数：412 千字
2015 年 1 月第二版　2020 年 5 月第十次印刷
定价：**40.00** 元
ISBN 978-7-112-16743-2
（25563）

前　　言

目前，建筑结构的发展方向是大跨、超高层，钢结构工程大量涌现。由于种种原因，从事建筑工程专业的广大技术人员迫切需要深入掌握、细致应用钢结构工程的各方面知识，鉴于此，我们编写了本书，希望为我国钢结构工程技术蓬勃发展尽微薄之力。

《钢结构工程识图及预算快速入门》主要研究钢结构工程造价的基本规律，其目的是使从事钢结构工程的技术人员具备编制钢结构工程造价文件的能力。

《钢结构工程识图及预算快速入门》在题材内容上涉及面广，实践性强，它需要在实际工作中综合运用钢结构工程专业的基本理论及造价工程的基本原理。本书在编写过程中，力求按照"体现时代特征，突出实用性、创新性"的编写指导思想，结合钢结构工程识图及施工的特点，密切结合现行规范，对具体工程实例加以分析、应用，反映基本理论与工程实践的紧密结合。在保证基本知识的基础上，本书编写内容有一定的弹性，有难、有易，深入浅出，以便满足不同层次读者的要求。本书力求做到图文并茂、通俗易懂，非常便于教学和自学。

本书主要用于从事建筑工程造价专业技术人员的专业技术用书，也可作为各大中专院校土木工程、工程造价等相关专业的教学参考书，更可作为建筑工程相关岗位培训的教材与相关专业选修课的专业用书。

参加编写本书的作者都具有丰富的工程实践经验，同时还工作在教学一线，有的教师从事建筑工程教学二十几年，可谓积累了大量的教学经验。全书由山东建筑大学焦红主编，山东建筑大学王松岩副主编。第二版根据《建设工程工程量清单计价规范》（GB 50500—2013）进行修订，山东建筑大学研究生严爽爽参与了部分文字编辑工作，为本书再版付出心血，在此表示感谢。

限于编者水平有限，不足之处在所难免，真诚地希望读者提出宝贵意见。

目　　录

第1章 绪 论

1.1 我国工程造价与工程造价管理的发展与现状

人们对工程造价的认识是随着时代的发展、生产力的提高和管理科学的不断进步而逐步建立和加深。造价管理从最初的家居建设项目成本控制，一直发展到现在像三峡工程这样大型的基础设施工程项目的造价管理，人们经历了几千年的不断学习、不断总结经验和不断探索与创新的过程。而且，至今人们还在不懈地努力，不断地延续这一过程，从而使工程造价和工程造价管理的理论和方法不断地进步和发展，以适应人类社会发展的需要。

中华民族是人类对工程造价认识最早的民族之一。在中国的封建社会，许多朝代的官府都大兴土木，这使得工匠们积累了丰富的建筑与建筑管理方面的经验，在经过官员们的归纳、整理，逐步形成了工程项目施工管理与造价管理的理论和方法的初步形态。据我国春秋战国时期的科学技术名著《周礼·考工记》："匠人为沟洫"一节的记载，早在两千多年前我们中华民族的先人就已经规定："凡修沟渠堤防，一定要先以匠人一天修筑的进度为参照，再以一里工程所需的匠人数和天数来预算这个工程的劳力，然后方可调配人力，进行施工。"这是人类最早的工程预算和工程施工控制与工程造价控制方法的文字记录之一。另据《辑古篡经》的记载，我国唐代的时候就已经有了夯筑城台的定额——"功"。我国北宋李诫（主管建筑的大臣）所著的《营造法式》一书，汇集了北宋以前建筑造价管理技术的精华。该书中的"料例"和"功限"，就是我们现在所说的"材料消耗定额"和"劳动消耗定额"。这是人类采用定额进行工程造价管理最早的明文规定和文字记录之一。明代的工部（管辖官府建筑的政府部门）所编著的《工程做法》也是体现中华民族在工程项目造价管理理论与方法方面所作历史贡献的一部伟大著作。

但是，随着工业革命的到来和资本主义的发展，中华民族开始落后了，这种落后同样也在工程造价管理方面体现出来。中华人民共和国成立后，从1950～1957年是我国计划经济下的工程项目造价管理概预算定额制度的建立阶段。这一阶段在全面引进、消化和吸收苏联的工程项目概预算管理制度的基础上，我国在1957年颁布了自己的《关于编制工业与民用建设预算的若干规定》。该规定给出了在工程项目各个不同设计阶段的工程造价概预算管理办法，并且明确规定了工程项目概预算在工程造价确定与工程造价控制中的作用。另外，当时的国务院和国家计划委员会还先后颁布了《基本建设工程设计和预算文件审核批准暂行办法》、《工业与民用建设设计及预算编制办法》和《工业与民用建设预算编制暂行细则》等一系列国家性的法规和文件。在这一基础上，国家先后成立了一系列的工程标准定额局和处级部门，并于1956年成立了国家建筑经济局。该局随后在全国各地相继成立了自己的分支机构。可以说，从1949～1957年这一阶段，是我国在计划经济条件下，工程项目造价管理的体制、工程造价的确定与管理方法基本确立的阶段。

从1958～1966年，由于"左倾"错误思想统治了我国的政治、经济以及其他方面，中央放权，工程项目概预算的管理和定额管理的权限全部下放，其结果是造成了全国在工程项目造价管理方法和规则的全面混乱。由于当时只强调算政治账，不算经济账，在这种错误思想的指导下，使得当时许多工程项目概预算部门被撤销，许多设计部门的概预算人员被精简下放。这样就大大地削弱了我国的工程造价管理工作，所以从1958～1966年这一阶段是我国刚刚创建的工程造价管理体系、工程造价管理方法与支持体系遭到重创的阶段。

从1967～1976年，我国工程项目造价管理与工程项目概预算编制单位，以及工程造价定额管理机构不是被撤销，就是被砸烂，刚刚建起来的工程造价管理队伍和人员或是改行，或是流失。大量刚刚积累起来的工程造价基础资料基本上被销毁。这种倒行逆施，造成了当时许多工程项目处于无设计概算、施工无预算、竣工无决算的混乱局面。虽然在1973年国家制定了一套《关于基本建设概算管理办法》，但是这一制度并未得到真正的贯彻落实。所以从1967～1976年这一阶段是我国工程项目造价管理的制度、方法以及工作体系和专业人员队伍完全被"极左"的狂热所摧毁和破坏的阶段，是新中国工程项目造价管理体系全面毁灭的阶段。

自1977年开始到20世纪90年代初期，是我国工程造价管理工作恢复、整顿和发展的阶段。随着国家工作重点向以经济建设为中心的全面转移，从1977年我国开始恢复和重建国家工程造价管理机构。1983年成立了国家基本建设标准定额局，随后又在1988年将国家标准定额局从国家计委划归到了建设部，成立了建设部标准定额司。接下来在建设部标准定额司、各专业部委和各省市自治区建委的领导下，组建了各省市和专业部委自己的定额管理机构（定额管理站、定额管理总站等）。这一阶段，全国颁布了大量关于工程造价管理方面的文件和一系列工程造价概预算定额、工程造价管理方法以及工程项目财务与经济评价方法和参数等一系列指南、法规和文件。其中最重要的有：《建设项目经济评价方法》、《建设项目经济评价方法与参数》、《中外合资经营项目经济评价方法》、《全国统一建筑工程预算基础定额》、《全国统一安装工程预算基础定额》、《工程建设项目施工招投标管理办法》、《基本建设项目财务管理的若干规定》等。尤其是1990年7月中国工程造价管理协会成立以后，我国在工程造价管理理论和方法的研究方面及实践方面都大大加快了步伐。与此同时，国内的许多高等院校和学术机构开始介绍、引进当时国际上先进的工程造价管理理论、方法和技术。这些使得从1977～20世纪90年代初期这一阶段成为我国在工程造价管理理论和实践方面都获得了快速发展的一个阶段。

自1992年开始，随着我国改革力度的不断加大，经济建设的加速和向中国特色的社会主义市场经济的转变，工厂造价管理模式、理论和方法同样也开始了全面的变革。我国传统的工程造价概预算定额管理模式中由于许多计划经济下行政命令与行政干预的影响，已经越来越无法适应市场经济的需要。当时我国的工程造价管理体制、基本理论和方法与改革开放的现实出现了很大的不相容性。因此，自1992年全国工程建设标准定额工作会议以后，我国的工程造价管理体制从原来的引进苏联的"量、价统一"的工程造价定额管理模式，开始向"量、价分离"，逐步实现以市场机制为主导，由政府职能部门实行协调监督，与国际惯例全面接轨的工程项目造价管理新模式的转变。随后的一段时间里，从深圳到上海，从北京到广州，全国各地的工程造价管理机构开始了我国工程造价管理模式、工程造价管理理论和工程造价管理方法的探索和改革，并且不断有许多好的工程造价管理经验和方法在全国获得推广。

从 1995 年开始准备到 1997 年建设部和人事部共同组织试行和实施全国造价工程师执业资格考试和认证工作。同时，从 1997 年开始由建设部组织我国工程造价咨询单位的资质审查和批准工作。这方面的工作对我国工程项目造价管理的发展带来了很大的促进。现在我国的注册造价工程师和工程造价咨询单位众多。工程造价管理的许多专业性工作已经按照国际通行的中介咨询服务的方式在运作。所有这些进步使得 20 世纪 90 年代后期形成了我国工程项目造价管理在适应经济体制转化和与国际工程项目造价管理惯例接轨方面发展最快的一个时期。

随着我国建筑市场的快速发展，招、投标制及合同制的逐步推行，我国加入 WTO、与国际接轨等要求，我国工程造价管理工作逐步走向由政府宏观调控、市场竞争形成建筑工程价格的工程造价管理模式，2003 年 7 月 1 日起实施《建设工程工程量清单计价规范》（GB 50500—2003）（以下简称"03 规范"）。"03 规范"的发布与实施，使我国计价工作向"政府宏观调控、企业自主报价、市场形成价格、社会全面监督"的目标迈出了坚实的一步。

工程量清单计价方法，是建设工程招标投标中，招标人按照国家统一的工程量计算规则提供工程数量，由投标人依据工程量清单自主报价，并按照经评审低价中标的工程造价计价方式。

实行工程量清单计价，是工程造价深化改革的产物；是规范建设市场秩序，适应社会主义市场经济发展的需要；是为促进建设市场有序竞争和企业健康发展的需要；有利于我国工程造价管理政府职能的转变；是适应我国加入世界贸易组织，融入世界大市场的需要。

2008 年 12 月 1 日，《建设工程工程量清单计价规范》（GB 50500—2008）（以下简称"08 规范"）经修订发布与实施。

"03 规范"实施以来，对规范工程招标中的发、承包计价行为起到了重要作用，为建立市场形成工程造价的机制奠定了基础。但在使用中也存在需要进一步完善的地方，如"03 规范"主要侧重于工程招标投标中的工程量清单计价，但对工程合同签订、工程计量与价款支付、工程变更、工程价款调整、工程索赔和工程结算等方面缺乏相应的内容，不适应深入推行工程量清单计价改革工作。

为此，建设部标准定额司于 2006 年开始组织修订，由标准定额研究所、四川省建设工程造价管理总站等单位组织编制组。修订中分析"03 规范"存在的问题，总结各地方、各部门推行工程量清单计价的经验，广泛征求各方面的意见，按照国家标准的修订程序和要求进行修订工作。

"08 规范"新增加条文 92 条，包括强制性条文 15 条，增加了工程量清单计价中有关招标控制价、投标报价、合同价款的约定、工程计量与价款支付、工程价款调整、工程索赔和工程结算、工程计价争议处理等内容，并增加了条文说明。

"08 规范"实施以来，对规范工程实施阶段的计价行为起到了良好的作用，但由于附录没有修订，还存在有待完善的地方。

《建设工程工程量清单计价规范》（GB 50500—2013），经过再次修订，自 2013 年 7 月 1 日起实施。

当然我国现阶段的工程项目造价管理与发达国家相比还是存在着很大差距，这些差距主要体现在工程项目造价管理体制方面和对于现代工程项目造价管理理论和方法的研究、推广及应用方面。我国工程造价管理体制仍然受到 20 世纪 50 年代引进的苏联以标准定额管理为主的工程造价管理体制的束缚，但是现在国际上发达国家基本上没有哪一个国家或地区还在使用按照标准定额管理工程造价的体制了。他们多数采用的是根据工程项目的特性、同类工程项目的统计数据、建筑市场行情和具体的施工技术水平与劳动生产率来确定和控制工程造价。另外，对于工程项目造价管理理论与方法的研究方面，我们多数是围绕着按标准定额管理体制展开有关工程造价管理理论和方法的研究，而发达国家则是按照工程项目造价管理的客观规律和社会需求展开研究的。所以我们在工程造价管理理论和方法的研究方面还是比较落后的。

1.2　世界工程造价与工程造价管理的发展与现状

在资本主义发展最早的英国，从 16 世纪开始出现了工程项目管理专业分工的细化，当时施工的工匠开始需要有人帮助他们去确定或估算一项工程需要的人工和材料，以及测量和确定已经完成的项目工作量，以便据此从业主或承包商处获得应得的报酬。正是这种需要使得工料测算师（Quantity Surveyor——QS）这一从事工程项目造价确定和控制的专门职业在英国诞生了。在英国和英联邦国家，人们仍然沿用这一名称去称呼那些从事工程造价管理的专业人员。也就是说，随着工程造价管理这一专门职业的诞生和发展，人们开始了对工程项目造价管理理论和方法的全面而深入的专业研究。

到 19 世纪，以英国为首的资本主义国家在工程建设中开始推行招标投标制度，这一制度要求工料测算师在工程项目设计完成之后而尚未开展建设施工之前，为业主或承包商进行整个工程工作量的测量和工程造价的预算，以便为项目业主确定标底，并为项目承包者确定投标书的报价。这样工程预算专业就正式诞生了。这使得人们对工程造价管理中有关工程造价的确定理论和方法的认识日益深入，与此同时，在业主和承包商为取得最大投资效益的动机驱动下，许多早期的工料测算师开始研究和探索工程造价管理中有关在工程项目设计和实施过程中，如何开展工程造价管理控制的理论和方法。随着人们对工程造价确定和控制的理论和方法的不断深入研究，一种独立的职业和一门专门的学科——工程造价管理就首先在英国诞生了。英国在 1868 年经皇家批准后成立了"英国特许测量师协会"（Royal Institute of Charterd Surveyors——RICS），其中最大的一个分会是工料测算师分会。这一工程造价管理专业协会的创立，标志着现代工程造价管理专业的正式诞生，使得工程造价管理走出了传统的管理阶段，进入了现代工程造价管理的阶段。

从 20 世纪 30～40 年代开始，由于资本主义经济学的发展，使得许多经济学的原理被开始应用到了工程造价领域。工程造价管理从一般的工程造价的确定和简单的工程造价控制的初始阶段，开始向重视投资效益的评估、重视工程项目的经济与财务分析等方向发展。在 20 世纪 30 年代末期，已经有人将简单的项目投资回收期计算、项目净现值分析与计算和项目的内部收益率分析与计算等现代投资经济与财务分析的方法应用到了工程项目投资成本/效益评价中，并且创立了"工程经济学"（Engineering Economics——EE）等与工程造价管理有关的基础理论和方法。同时有人将加工制造业使用的成本控制方法进行改造，并引入到了工程项目的造价控制中。工程造价管理理论与方法的这些进步，使得工程项目的经济效益大大提高，也使得全社会逐步认识到了工程造价管理科学及其研究的重要性，并且使得工程造价管理专业在这一时期得到了很大发展。尤其是在第二次世界大战以后的全球重建时期，大量的工程项目为人们进行工程项目造价管理的理论研究和实践提供了许多的机会，由于许多新理论和新方法在这一时期得以创建和采用，使得工程造价管理在这一时期取得了巨大的发展。

到 20 世纪 50 年代，1951 年澳大利亚工料测算师协会（Australian Institute of Quantity Surveyors——AIQS）宣布成立。1956 年美国造价工程师协会（American Association of Cost Engineers——AACE）正式成立。1959 年，加拿大工料测算师协会（Canadian Institute of Quantity Surveyors——CIQS）也宣布成立。在这一时期前后，其他一些发达国家的工程造价管理协会也相继成立。这些发达国家的工程造价管理协会成立后，积极组织本协会的专业人员，对工程造价管理工作中的工程造价的确定、工程造价的控制、工程风险造价的管理等许多方面的理论和方法开展了全面的研究。同时，他们还和一些大专院校和专业的研究团体合作，深入地进行工程造价的管理理论体系与方法体系的研究。在创立了工程造价管理的基本理论与方法基础上，发达国家的一些大专院校又建立了相应的工程造价管理的专科、本科、甚至硕士研究生的专业教育，开始全面培养工程造价管理方面的人才。这使得 20 世纪 50～60 年代，成为工程造价管理从理论与方法的研究，到专业人才的培养和管理实践推广等各个方面都有了很大发展时期。

从 20 世纪 70～80 年代，各国的造价工程师协会先后开始了自己的造价工程师职业资格认证工作，他们纷纷推出了自己的造价工程师或工料测算师资质认证所必须完成的专业课程教育以及实践经验和培训的基本要求。这些工作对工程造价管理学科的发展起了很大的推动作用。与此同时，美国国防部、能源部等政府部门，从 1967 年开始提出了"工程项目造价与工期控制系统的规范（Cost/ScheduleControl Systems Criteria——C/SCSC）"。该规范经过反复修订，不断完善，美国现在使用的《工程项目造价与工期控制系统的规范》就是 1991 年的修订本。英国政府也在这一时期制定了类似的规范和标准，为在市场经济条件下政府性投资项目的工程造价管理理论与实践作出了贡献。特别值得一提的是，在 1976 年由当时美国、英国、荷兰造价工程师协会以及墨西哥的经济、财务与造价工程学会发起成立了国际造价工程联合会（The International Cost Engineering Council——ICEC），联合会成立后，在联合全世界造价工程师及其协会、工料测算师及其协会、项目经理及其协会三方面的专业人员和专业协会方面，在推进工程造价管理理论与方法的研究与实践方面都作了大量的工作。国际造价工程师联合会成立 20 多年来，积极组织其二十几个会员国的各个造价工程师协会分别或共同工作，以提高人类对工程造价管理理论、方法与实践的全面认识。所有这些发展和变化，使得 20 世纪 70～80 年代成了工程造价管理在理论、方法和实践等各个方面全面发展的阶段。

经过多年的努力，20 世纪 80 年代末～90 年代初，人们对工程造价管理理论与实践的研究进入了综合与集成的阶段。各国纷纷在改进现有的工程造价确定与控制理论和方法的基础上，借助其他管理领域在理论和方法上的最新的发展，开始了对工程造价管理更为深入而全面的研究。在这一时期，以英国工程造价管理学界为主，提出了"全生命周期造价管理"（Life Cycle Costing——LCC）的工程项目投资评估与造价管理的理论和方法。在稍后一段时间，以美国为主的工程造价管理学界，推出了"全面造价管理"（Total Cost

Management——TCM）这一涉及工程项目战略资产管理、工程项目造价管理的概念和理论。自从 1991 年有人在美国造价工程师协会的学术年会上提出"全面造价管理"这一名称和概念以来，美国造价工程师协会为推动自身发展和工程造价管理理论与实践的进步，在这一方面进行了一系列的研究和探讨，在工程造价管理领域全面造价管理理论和方法的创立与发展做出了巨大的努力。美国造价工程师协会为推动全面造价管理理论和方法的发展，还于 1992 年更名为"国际全面造价管理促进协会"。从此，国际上的工程造价管理研究与实践就进入到了一个全新阶段，这一阶段的主要标志就是对工程项目全面造价管理理论和方法的研究。

但是，自 20 世纪 90 年代初提出"全面造价管理"的概念至今，全世界对全面造价管理的研究仍然处于有关概念和原理研究上。在 1998 年 6 月美国辛辛那提举行的国际全面造价管理促进协会 1998 年度学术年会上，国际全面造价管理协会仍然把这次会议的主题定为"全面造价管理——21 世纪的工程造价管理技术"。这一主题，一方面告诉我们全面造价管理的理论和技术方法是面向未来的；另一方面也告诉我们全面造价管理的理论和方法至今尚未成熟，但它是 21 世纪的工程造价管理的主流。可以说，20 世纪 90 年代是工程造价管理步入全面造价管理的阶段。

1.3 钢结构工程造价的发展及现状

1. 我国钢结构工程的发展与现状

我国是最早用铁建造结构的国家之一，比较著名的是铁链桥和一些纪念性建筑，比西方国家早数百年。但是在 18 世纪末的工业革命兴起后，西方国家的冶金技术和土木工程得到了快速发展，而此时的中国，由于封建制度下的生产力发展极其缓慢，特别是在新中国成立前的百年历史中，钢结构发展几乎完全停滞。

20 世纪 50～60 年代，在苏联的经济技术援助下，我国钢结构迎来了第一个初盛期，在工业厂房、桥梁、大型公共建筑和高耸构筑物等方面都取得了卓越的成就，至今仍发挥着巨大的作用，如鞍钢、包钢、武钢、沈阳飞机制造厂、大连造船厂、北京体育馆（跨度 57m 的两铰拱）、人民大会堂（跨度 60.9m 的钢屋架）、武汉长江大桥（全长 1670m）等等，并且编制了我国第一部钢结构行业规范《钢结构设计规范试行草案》（规结-4-54），缩小了与发达国家间的差距。

20 世纪 60 年代中后期～70 年代，尽管我国冶金工业有了较大的发展，但各部门需要的钢材量也越来越多，国家提出在建筑业节约钢材的政策，并且在执行过程中出现了一定的失误，限制了钢结构的合理使用与发展，钢结构发展进入低潮。但这一时期的行业规范有了实质性的进展，独立编制了《弯曲薄壁型钢结构技术规范草案》（1969）、《钢结构工程施工及验收规范》（GBJ18—66）和《钢结构设计规范》（TJ17—74），标志着我国的钢结构设计技术已走上了独立发展的道路。

20 世纪 80 年代，我国引进国外现代钢结构建筑技术，如上海宝山钢铁厂（105 万 m^2）、山东石横火力发电厂等，促进了各种钢结构厂房的建成；深圳、北京、上海等地也相继兴建了一些高层钢结构建筑，如深圳发展中心大厦（高 165m，是我国第一幢超过 100m 的钢结构高层建筑）、北京京广大厦（高 208m），迎来了钢结构发展的又一次高峰。

自 20 世纪 90 年代至今，我国钢材产量持续多年世界第一，2004 年的产量达到 2 亿多 t，国家相继出台了多项鼓励建筑用钢政策，使得钢结构行业步入快速发展期，钢结构的发展日新月异，规模更大、技术更新，呈现出数百年来未曾有过的兴旺景象，被称为建筑行业的"朝阳产业"。代表建筑有深圳帝王大厦（高 325m）、上海金贸大厦（高 460m）、上海东方明珠电视塔（高 468m）、特别是我国成功举办奥运会，像水立方、鸟巢、国家大剧院等一大批体量大、跨度大、造型新颖前卫的钢结构建筑不断在全国涌现。在这一时期，网架结构、门式刚架结构、钢管结构、多（高）层钢结构等都得到了快速发展。

尽管我国钢结构发展迅猛，但主要集中应用于工业厂房、大跨度或超高层建筑中，钢结构建筑在全部建筑中的应用比例还非常低，还不到 1%，而美国、瑞典、日本等国的钢结构房屋面积已达到总建筑面积的 40% 左右。我国建筑用钢在钢材总产量中的比例仅为 20%～30%，低于发达国家的 45%～55%，而且我国绝大多数建筑用钢是用于钢筋混凝土结构和砌体结构中的钢筋，钢结构用钢（板材、型材等）还不到建筑用钢的 2%。因此，我国钢结构还是一个很年轻的行业，总体水平与西方发达国家相比，仍有较大的差距。

2. 钢结构工程造价的发展与现状

钢结构由于具有强度高、自重轻、抗震性能好、施工速度快、地基费用省、占用面积小、外形美观、易于产业化等优点，近年来在我国得以迅速的发展，已逐步改变了由混凝土结构和砌体结构一统天下的局面。尤其是我国建筑业朝着安全、抗震、环保、效益型方向发展，钢结构建筑这一可持续发展的"绿色产业"，成为现代化建筑的必然趋势，是当前乃至今后很长一段时间内我国建设领域和建筑技术发展的重点。

但是，从工程造价角度来讲，金属结构多年来只作为定额的一个分部工程列出，项目不全，步距较大；同时，由于钢材材料价格波动频繁，采用定额计价不准，跟不上钢结构的发展要求；应用"计价规范"进行钢结构工程计价，也有不少问题。许多中小型钢结构企业的企业定额没有制备或制备不全，实行清单计价肯定存在很大的难度，另外有些大型钢结构工程由于面临新技术、新材料的问题，定额严重缺项，还存在计价难的问题，项目还需要进一步细化，在规范的基础上要做的工作还很多，甚至有必要单独编制金属结构工程工程量清单及计算规则。另外，从事钢结构工程的技术人员，从从业人数、技术知识、实践经验等各方面，远远没有满足当前钢结构工程的需要，这在一定程度上也制约了钢结构工程的发展。

第2章 钢结构工程识图与构造

从事钢结构工程造价工作，首先要看懂钢结构工程施工图。钢结构工程图纸表达有其特定的表达内容，如钢结构工程选用材料的标注、螺栓的表达、焊缝的表示、尺寸标注等。这些内容反映在图纸上，有别于大家比较熟悉的砌体结构和混凝土结构的施工图，所以必须掌握钢结构工程制图基本知识。另外，进行钢结构工程计价前，特别是进行清单计价，熟悉钢结构工程构造也是非常有必要的。

2.1 钢结构识图的基本知识

2.1.1 常用型钢的标注方法

常用型钢的标注方法应符合表 2-1 中的规定。

常用型钢的标注方法 表 2-1

序号	名　称	截面	标注	说　明
1	等边角钢		$b×t$	b 为肢宽； t 为壁厚
2	不等边角钢	B	$B×b×t$	B 为长肢宽； b 短为肢宽； t 为壁厚
3	工字钢		N　Q N	轻型工字钢加注 Q 字 N 为工字钢的型号
4	槽钢		N　Q N	轻型槽钢加注 Q 字 N 为槽钢的型号
5	方钢	b	b	b 为边长
6	扁钢	b	$b×t$	b 为宽度； t 为厚度
7	板钢		$\dfrac{-b×t}{1}$	$\dfrac{宽×厚}{板长}$
8	圆钢		ϕd	d 为直径
9	钢管		$DN××$ $D×t$	内径 外径×壁厚

续表

序号	名　称	截面	标注	说　明
10	薄壁方钢管		B $b \times t$	
11	薄壁等肢角钢		B $b \times t$	
12	薄壁等肢卷边角钢		B $b \times a \times t$	薄壁型钢加注 B 字 t 为壁厚
13	薄壁槽钢	h	B $h \times b \times t$	
14	薄壁卷边槽钢		B $h \times b \times a \times t$	
15	薄壁卷边 Z 型钢	h	B $h \times b \times a \times t$	
16	T 型钢		TW×× TM×× TN××	TW 宽翼缘 T 型钢；TM 中翼缘 T 型钢；TN 窄翼缘 T 型钢
17	H 型钢		HW×× HM×× HN××	HW 宽翼缘 H 型钢；HM 宽翼缘 H 型钢；HN 窄翼缘 H 型钢
18	起重机钢轨		QU××	详细说明产品规格型号
19	轻轨及钢轨		××kg/m	

2.1.2　螺栓、孔、电焊铆钉的表示方法

螺栓、孔、电焊铆钉的表示方法应符合表 2-2 中的规定。

螺栓、孔、电焊铆钉的表示方法　　　　　　　　　表 2-2

序号	名　称	图　例		说　明
1	永久螺栓	M ϕ		1. 细"＋"线表示定位线。 2. M 表示螺栓型号 3. 表示螺栓孔直径。 4. ϕd 表示膨胀螺栓、电焊铆钉直径 5. 采用引出线标注螺栓时，横线上表示螺栓规格，横线下标注螺栓孔直径
2	高强螺栓	M ϕ		
3	安全螺栓	M ϕ		

序号	名　称	图　例	说　明
4	胀锚螺栓		
5	圆形螺栓孔		1. 细"+"线表示定位线。 2. M 表示螺栓型号 3. 表示螺栓孔直径。 4. ϕd 表示膨胀螺栓、电焊铆钉直径 5. 采用引出线标注螺栓时,横线上表示螺栓规格,横线下标注螺栓孔直径
6	长圆形螺栓孔		
7	电焊柳钉		

2.1.3 常用焊缝的表示方法

焊接钢构件的焊缝除应按现行的国家标准《焊缝符号表示法》(GB/T 324—2008)中的规定外,还应符合本节的各项规定。

(1) 单面焊缝的标注方法应符合下列规定:

1) 当箭头指向焊缝所在一面时,应将图形符号和尺寸标注在横线的上方,见图 2-1(a) 所示;当箭头指向焊缝所在的另一面(相对应的那面)时,应将图形号和尺寸标注在横线的下方,见图 2-1(b) 所示。

2) 表示环绕工件周围的焊缝时,其围焊焊缝的符号为圆圈,绘在引出线的转折处,并标注焊角尺寸 K,见图 2-1(c) 所示。

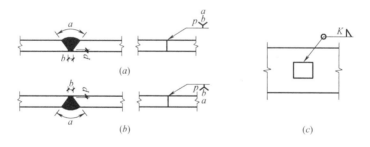

图 2-1　单面焊缝的标注方法

(2) 双面焊缝的标注,应在横线的上、下都标注符号和尺寸。上方表示箭头一面的符号和尺寸,下方表示另一面的符号和尺寸,见图 2-2(a) 所示所示;当两面的焊缝尺寸相同时,只需在横线上方标注焊缝的符号和尺寸,见图 2-2(b)、(c)、(d) 所示。

(3) 3 个和 3 个以上的焊件相互焊接的焊缝,不得作为双面焊缝标注。其焊缝符号和尺寸应分别标注,见图 2-3 所示。

(4) 相互焊接的两个焊件中,当只有一个焊件带坡口时(如单面 V 形),引出线箭头必须指向带坡口的焊件,见图 2-4 所示。

(5) 相互焊接的两个焊件,当为单面带双边不对称坡口焊缝时,引出线箭头必须指向较大坡口的焊件,见图 2-5 所示。

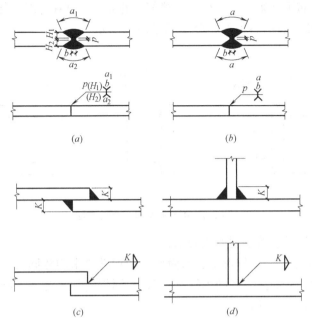

图 2-2　双面焊缝的标注方法

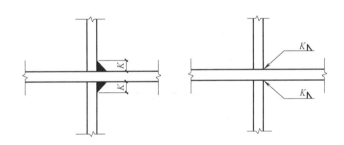

图 2-3　3 个以上焊件的焊缝标注方法

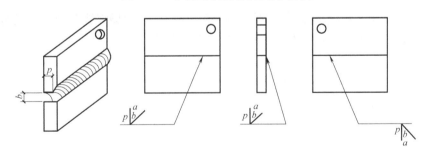

图 2-4　1 个焊件带坡口的焊缝标注方法

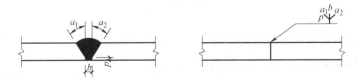

图 2-5　不对称坡口焊缝的标注方法

(6) 当焊缝分布不规则时，在标注焊缝符号的同时，宜在焊缝处加中实线（表示可见焊缝），或加细栅线（表示不可见焊缝），见图 2-6 所示。

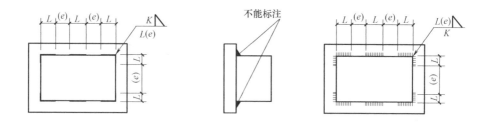

图 2-6　不规则焊缝的标注方法

(7) 相同焊缝符号应按下列方法表示：

1) 在同一图形上，当焊缝形式、断面尺寸和辅助要求均相同时，可只选择一处标注焊缝的符号和尺寸，并加注"相同焊缝符号"，相同焊缝符号为 3/4 圆弧，绘在引出线的转折角处，见图 2-7 (a) 所示。

图 2-7　相同焊缝的表示方法

2) 一图形上，当有数种相同焊缝时，可将焊缝分类编号标注。在同一类焊缝中可选择一处标注焊缝符号和尺寸。分类编号采用大写的拉丁字母 A、B、C……，见图 2-7 (b) 所示。

(8) 需要在施工现场进行焊接的焊件焊缝，应标注"现场焊缝"符号。现场焊缝符号为涂黑的三角形旗号，绘在引出线的转折处，见图 2-8 所示。

图 2-8　现场焊缝的表示方法

(9) 图样中较长的角焊缝（如焊接实腹钢梁的翼缘焊缝），可不用引出线标注，而直接在角焊缝旁标注焊缝尺寸值 K，见图 2-9 所示。

(10) 熔透角焊缝的符号应按图 2-10 的方式标注。熔透角焊缝的符号为涂黑的圆圈，绘在引出线的转折处。

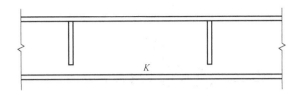

图 2-9　较长焊缝的标注方法

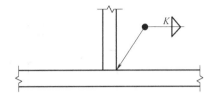

图 2-10　熔透角焊缝的标注方法

（11）局部焊缝应按图 2-11 方式标注。

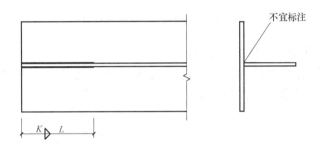

图 2-11　局部焊缝的标注方法

2.1.4　尺寸标注

（1）两构件的两条很近的重心线，应在交汇处将其各自向外错开，见图 2-12 所示。

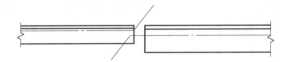

图 2-12　两构件重心不重合的表示方法

（2）弯曲构件的尺寸应沿其弧度的曲线标注弧的轴线长度，见图 2-13 所示。

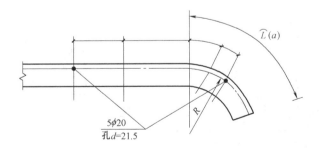

图 2-13　弯曲构件尺寸的标注方法

（3）切割的板材，应标注各线段的长度及位置，见图 2-14 所示。

（4）不等边角钢的构件，必须标注出角钢一肢的尺寸，见图 2-15 所示。

（5）节点尺寸，应注明节点板的尺寸和各杆件螺栓孔中心或中心距，以及杆件端部至

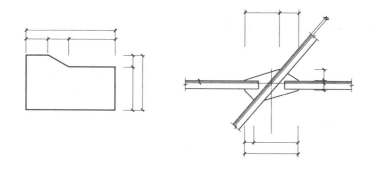

图 2-14　切割板材尺寸的标注方法

几何中心线交点的距离,见图 2-16 所示。

(6)双型钢组合截面的构件,应注明缀板的数量及尺寸,见图 2-17 所示。引出横线上方标注缀板的数量及缀板的宽大度、厚度,引出横线下方标注缀板的长度尺寸。

(7)非焊接节点板,应注明节点板的尺寸和螺栓孔中心与几何中心线交点的距离,见图 2-18 所示。

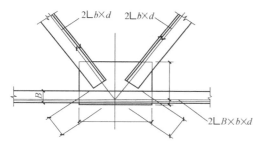

图 2-15　节点尺寸及不等边角钢的标注方法

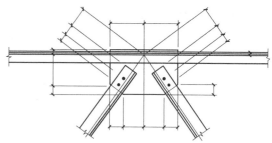

图 2-16　节点尺寸的标注方法

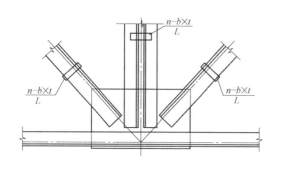

图 2-17　缀板的标注方法

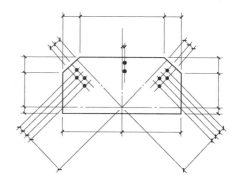

图 2-18　非焊接节点板尺寸的标注方法

2.1.5　常用构件代号

见表 2-3 所示。

常用构件代号　　　　　　　　　　　　　　　　　　　　　　表 2-3

序号	名称	代号	序号	名称	代号	序号	名称	代号
1	板	B	19	圈梁	QL	37	承台	CT
2	屋面板	WB	20	过梁	GL	38	设备基础	SJ
3	空心板	KB	21	连续梁	LL	39	桩	ZH
4	槽形板	CB	22	基础梁	JL	40	挡土墙	DQ
5	折板	ZB	23	楼梯梁	TL	41	地沟	DG
6	密肋板	MB	24	框架梁	KL	42	柱间支撑	ZC
7	楼梯板	TB	25	框支梁	KZL	43	垂直支撑	CC
8	盖板或沟盖板	GB	26	屋面框架梁	WKL	44	水平支撑	SC
9	挡雨板或檐口板	YB	27	檩条	LT	45	梯	T
10	吊车安全走道板	DB	28	屋架	WJ	46	雨篷	YP
11	墙板	QB	29	托架	TJ	47	阳台	YT
12	天沟板	TGB	30	天窗架	CJ	48	梁垫	LD
13	梁	L	31	框架	GJ	49	预埋件	M-
14	屋面梁	WL	32	钢架	GJ	50	天窗端墙	TD
15	吊车梁	DL	33	支架	ZJ	51	钢筋网	W
16	单轨吊车梁	DDL	34	柱	Z	52	钢筋骨架	G
17	轨道连接	DGL	35	框架柱	KZ	53	基础	J
18	车挡	CD	36	构造柱	GZ	54	暗柱	AZ

注：1. 预埋钢筋混凝土构件、现浇钢筋混凝土构件、钢构件和木构件，一般可直接采用本表中的构件代号。在绘
　　　图中，当需要区别上述构件的材料种类时，可在构件代号前加注材料代号，并在图纸中加以说明。
　　2. 预应力钢筋混凝土构件的代号，应在构件代号前加注"Y-"，如 Y-DL 表示预应力钢筋混凝土吊车梁。

2.2　钢结构工程施工图的内容及要求

　　建造房屋要经过两个过程，一是设计；二是施工。为施工服务的图样称为建筑施工图，简称施工图。施工图由于专业的分工不同，又分为建筑施工图（简称建施）、结构施工图（简称结施）和设备施工图（简称设施，如给排水、采暖通风、电气等）。

　　一套施工图一般有：图纸目录、施工总说明、建筑施工图、结构施工图、设备施工图等组成。本节仅叙述钢结构工程主要涉及的建筑施工图和结构施工图的内容及要求。

2.2.1　建筑施工图的内容及要求

　　建筑施工图是在确定了建筑平面图、立面图、剖面图初步设计的基础上绘制的，它必须满足施工的要求。建筑施工图是表示建筑物的总体布局、外部造型、内部布置、细部构造、内外装饰以及一些固定设施和施工要求的图样，它所表达的建筑构配件、材料、轴线、尺寸（包括标高）和固定设施等必须与结构、设备施工图取得一致，并互相配合与协调。总之，建筑施工图主要用来作为施工放线、砌筑基础及墙身、铺设楼板、楼梯、屋面、安装门窗、室内外装饰以及编制预算和施工组织计划等的依据。

　　建筑施工图一般包括施工总说明（有时包括结构总说明）、总平面图、门窗表、建筑

平面图、建筑立面图、建筑剖面图和建筑详图等图纸。

1. 建筑施工图的有关规定

建筑施工图除了要符合一般的投影原理以及视图、剖面和断面等基本图示方法外，还应严格遵守国家标准《房屋建筑制图统一标准》(GB/T50001—2010)、《建筑制图标准》(GB/T50104—2010)、《建筑结构制图标准》(GB/T50105—2010)和《建筑工程设计文件编制深度规定》(2008年)的规定。

2. 施工总说明和建筑总平面图

施工总说明主要对图样上未能详细注写的用料和做法等要求做出具体的文字说明。中小型房屋建筑的施工总说明一般放在建筑施工图内。

建筑总平面图是表明新建房屋所在基地有关范围内的总体布局，它反映新建房屋、构筑物等位置和朝向，室外场地、道路、绿化等的布置，地形、地貌、标高以及原有环境的关系和临界情况等；也是房屋及其他设施施工定位、土方施工以及绘制水、暖、电等管线总平面图和施工总平面图的依据。建筑总平面图一般包括：

（1）图名、比例。

（2）应用图例来表明新建区、扩建区或改建区的总体布置，表明各建筑物和构筑物的位置，道路、广场、室外场地和绿化等的布置情况以及各建筑物的层数等。在总平面图上一般应画上所采用的主要图例及其名称。此外对于《建筑制图标准》中缺乏而需要自定的图例，必须在总平面图中绘制清楚，并注明名称。

（3）确定新建或扩建工程的具体位置，一般根据原有建筑或道路来定位，并以"m"为单位标注出定位尺寸。当新建成片的建筑物和构筑物或较大的公共建筑或厂房时，往往用坐标来确定每一建筑物及道路转折点等的位置。当地势起伏较大的地区，还应画出地形等高线。

（4）注明新建房屋底层室内地面和室外整平地面的绝对标高。

（5）画上风向频率玫瑰图及指北针，来表示该地区的常年风向频率和建筑物、构筑物等的朝向，有时也可只画单独的指北针。

3. 建筑平面图

建筑平面图主要来表示建筑物的平面形状、水平方向各部分（如，出入口、走廊、楼梯、房间、阳台等）的布置和组合关系、门窗位置、墙和柱的布置以及其他建筑构配件的位置和大小等。

一般地说，多层房屋就应画出各层平面图。但当有些楼层的平面布置相同或仅有局部不同时，则只需要画出一个共同的平面图（也称标准层平面图）。对于局部不同之处，只需另绘局部平面图。平面图一般采用1：100或1：200、1：50的比例。平面图的主要内容：

（1）层次、图名、比例。

（2）纵横定位轴线及其编号。

（3）各房间的组合和分隔，墙、柱的断面形状及尺寸。

（4）门窗型号及其布置。

（5）楼梯梯级的形状，梯段的走向和级数。

（6）其他构件，如台阶、花台、雨篷、阳台以及各种装饰等的位置、形状和尺寸，厕所、盥洗、厨房等的固定设施的布置等。

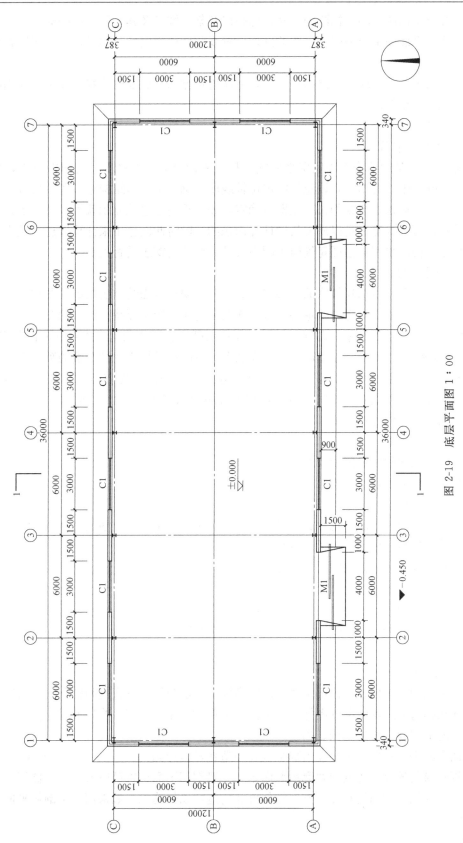

图 2-19 底层平面图 1：00

（7）标出平面图中的应标注的尺寸、标高以及某些坡度及其下坡方向的标注。

（8）底层平面图中应表明剖面图的剖切位置线和剖视方向及其编号；表示房屋朝向的指北针。

（9）屋面平面图中应表示出屋顶形状，屋面排水方向、坡度或泛水，以及其他构配件的位置和某些轴线等。

（10）详图索引符号。

（11）各房间名称。

见图 2-19 为某钢结构工程底层平面图。从工程计价的角度来看，由图中可知，建筑物轴线长 36m，轴线宽 12m，该建筑物定位轴线取在钢柱中，由结构施工图中可查出钢柱的截面尺寸，所以该建筑物的长、宽即可确定，该工程底层建筑面积就可以计算了。另外钢结构围护墙板的计算也是以外皮长度计算面积的。同时此图也用来计算坡道、散水、墙体等工程量，同时也用来验证建筑施工图中设计提供的门窗表是否正确。

4. 建筑立面图

建筑立面图用来表示建筑物的体型和外貌，并表明外墙面装饰要求等的图样。建筑立面图有多个立面，通常将房屋的主要出入口或反映房屋外貌主要特征的立面图称为正立面图，从而确定背立面图和左、右侧立面图，有时也可按房屋的朝向来确定立面图的名称，如，南立面图、北立面图、东立面图和西立面图。有时也可按立面图两端的轴线编号来定立面图的名称。当某些房屋的平面形状比较复杂，还需加画其他方向或其他部位的立面图。如果房屋的东西立面布置完全对称，则可合用而取名东（西）立面图，见图 2-20 所示。立面图的主要内容：

（1）图名、比例。

（2）立面图两端的定位轴线及其编号。

（3）门、窗的形状、位置及其开启方向符号。

（4）屋顶外形。

（5）各外墙面、台阶、花台、雨篷、窗台、雨水管、水斗、外墙装饰和各种线脚等的位置、形状、用料、做法（包括颜色）等。

（6）标高及其必须标注的局部尺寸。

（7）详图索引符号。

注意：立面图可用来计算墙板的面积，统计墙板、屋面板收边包角的长度。由于钢结构建筑中，经常将窗台以下设计成砖墙，所以立面图和平面图配合即可求出砖墙的工程量。

5. 建筑剖面图

建筑剖面图表示建筑物内部垂直方向的高度、楼层分层、垂直空间的利用以及简要的结构形式和构造方式等情况的图样——例如屋顶形式、屋顶坡度、檐口形式、楼板搁置方向、楼梯的形式及简要的结构、构造。

剖面图的剖切位置应选择在内部结构和构造比较复杂或有变化以及有代表性的部位，其数量视建筑物的复杂程度和实际情况而定。一般剖切平面位置都应通过门、窗洞口，借此来表示门窗洞口的高度和竖直方向的位置和构造，以便施工。如果用一个剖切平面不能

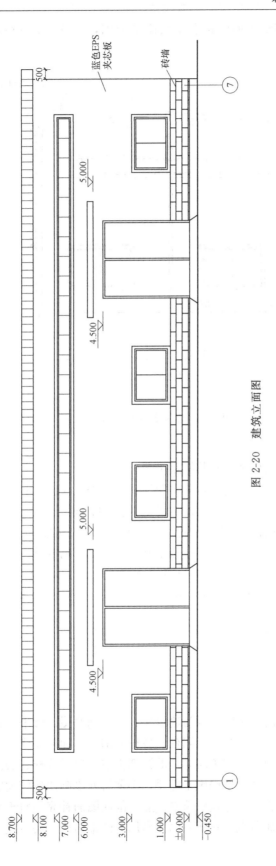

图 2-20 建筑立面图

满足要求时，则允许将剖切平面转折后来绘制剖面图，见图 2-21 所示。剖面图的主要内容：

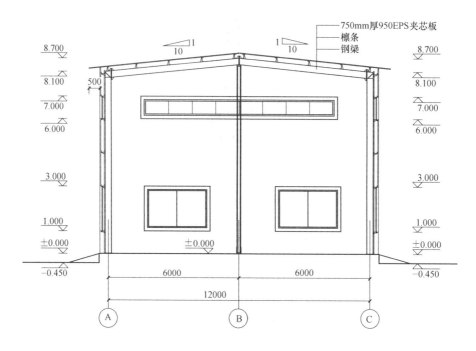

图 2-21　建筑剖面图 1∶100

（1）图名、比例。

（2）外墙（或柱）的定位轴线及其间距尺寸。

（3）剖切到的室内外地面（包括台阶、明沟及散水等）、楼面层（包括吊顶）、屋顶层（包括隔热通风防水层及吊顶）、剖切到的内外墙及其门、窗（包括过梁、圈梁、防潮层、女儿墙及压顶）、剖切到的各种承重梁和连系梁、楼梯平台、雨篷、阳台以及剖切到的孔道、水箱等等的位置、形状及其图例；一般不画出地面以下的基础。

（4）未剖切到的可见部分，如看到的墙面及凹凸轮廓、梁、柱、阳台、门、窗、踢脚、勒脚、台阶（包括平台踏步）、水斗和雨水管，以及看到的楼梯段（包括栏杆扶手）和各种装饰等的位置的形状。

（5）竖直方向的尺寸和标高。

（6）详图索引符号。

（7）某些用料注释。

6. 建筑详图

建筑详图是建筑细部的施工图。因为建筑平、立、剖面图一般采用较小的比例，因而某些建筑构配件（如，门、窗、楼梯、阳台、各种装饰等）和某些建筑剖面节点（如，檐口、窗台、明沟以及楼地面层和屋顶层等）的详细构造（包括式样、层次、做法、用料和详细尺寸等）都无法表达清楚。根据施工需要，必须另外绘制比例较大的图样，才能表达清楚，这种图样称为建筑详图，它是建筑平、立、剖面图的补充。对于套用标准图集或通用详图的建筑构配件和剖面节点，只要注明所套用的图集名称、编号或页次，则可不必再画出详图。

建筑详图的主要内容有：

(1) 图名、比例。

(2) 详图符号及其编号以及再需另画详图时的索引符号。

(3) 建筑构配件的形状以及其他构配件的详细构造、层次、有关的详细尺寸和材料图例等。

(4) 详细注明各部分和各层次的用料、做法、颜色以及施工要求等。

(5) 需要画上的定位轴线及其编号。

(6) 需要标注的标高等。

建筑平、立、剖面图在绘制时，一般先从平面开始，然后再画剖面、立面等。画时要从大到小，从整体到局部，逐步深入。绘制建筑平、立、剖面图必须注意保持它们的完整性和统一性。例如，立面图上的外墙面的门、窗布置和它们的宽度应与平面图上相应的门、窗布置和门、窗宽度相一致。剖面图上外墙面的门、窗布置和它们的高度应与立面图上相应的门、窗布置和门、窗高度相一致。同时，立面图上各部位的高度尺寸，除了根据使用功能和立面造型外，是从剖面图中构配件的构造关系来确定的，因此在设计和绘图中，立面图和剖面图相应的高度关系必须一致，立面图和平面图相应的宽度关系也必须一致。

建筑平、立、剖面图在绘制时，一般都是先画定位轴线；然后画出建筑构配件的形状和大小；再画出各个建筑细部；画上尺寸线、标高符号、详图索引符号等，最后注写尺寸、标高数字和有关说明。

2.2.2　结构施工图的内容及要求

建筑结构设计内容包括计算书和结构施工图两大部分。计算书以文字及必要的图表详细记载结构计算的全部过程和计算结果，是绘制结构施工图的依据。结构施工图以图形和必要的文字、表格描述结构设计结果，是制造厂加工制造构件、施工单位工地结构安装的主要依据。结构施工图一般有基础图（含基础详图）、上部结构的布置图和结构详图等。具体地说包括：结构设计总说明、基础平面图、基础详图、柱网布置图、支撑布置图、各层（包括屋面）结构平面图、框架图、楼梯（雨篷）图、构件及节点详图等等。

钢结构的施工图数量与工程大小和结构复杂程度有关，一般十几张至几十张。施工图的图幅大小、比例、线型、图例、图框以及标注方法等要依据《房屋建筑制图统一标准》和《建筑结构制图标准》进行绘制，以保证制图质量，符合设计、施工和存档的要求。图面要清晰、简明，布局合理，看图方便。

结构设计总说明是结构施工图的前言，一般包括：结构设计概况，设计依据和遵循的规范，主要荷载取值（风、雪、恒、活荷载以及设防烈度等），材料（钢材、焊条、螺栓等）的牌号或级别，加工制作、运输、安装的方法、注意事项、操作和质量要求，防火与防腐，图例，以及其他不易用图形表达或为简化图面而改用文字说明的内容（如，未注明的焊缝尺寸、螺栓规格、孔径等）。除了总说明外，必要时在相关图纸上还需提供有关设计、材质、焊接要求、制造和安装的方式、注意事项等文字内容。

结构施工图主要表达结构设计的内容，它是表示建筑物各承重构件（如，基础、承重墙、柱、梁、板、屋架等）布置、形状、大小、材料、构造及其相互关系的图样。它还要反映出其他专业（如建筑、给排水、暖通、电气等）对结构的要求。结构施工图主要用来作为施工放线、挖基槽、支模板、绑扎钢筋、设置预埋件和预留孔洞、浇捣混凝土，安装梁、板、柱等构件。以及编制预算和施工组织设计等的依据。

1. 基础平面图

基础图是表示建筑物室内地面以下基础部分的平面布置和详细构造的图样，它是施工时放线、开挖基坑和施工基础的依据。基础图通常包括基础平面图和基础详图，见图2-22、图2-23所示。

基础平面图是表示基础在基槽未回填时基础平面布置的图样，主要用于基础的平面定位、名称、编号以及各基础详图索引号等，制图比例可取1：100或1：200。

在基础平面图中，只要画出基础墙、构造柱、承重柱的断面以及基础地面的轮廓线，至于基础的细部投影都可省略不画。这些细部的形状，将具体放在基础详图中。基础墙和柱的外形线是剖到的轮廓线，应画成粗实线。基础平面图一般采用1：100的比例绘制。条形基础和独立基础的外形线是可见轮廓线，则画成中实线。基础平面图中必须表明基础的大小尺寸和定位尺寸。基础代号注写在基础剖切线的一侧，以便在相应的基础断面图中查到基础底面的宽度。基础的定位尺寸也就是基础墙、柱的轴线尺寸（应注意它们的定位轴线及其编号必须与建筑平面图相一致）。基础平面图的主要内容概括如下：

（1）图名、比例。

（2）纵横定位轴线及其编号。

（3）基础的平面布置，即基础墙、构造柱、承重柱以及基础底面的形状、大小及其与轴线的关系。

（4）基础梁（圈梁）的位置和代号。

（5）断面图的剖切线及其编号（或注写基础代号）。

（6）轴线尺寸、基础大小尺寸和定位尺寸。

（7）施工说明。

（8）当基础底面标高有变化时，应在基础平面图对应部位的附近画出一段基础垫层的垂直剖面图，来表示基底标高的变化，并标注相应的基底标高。

基础详图一般采用垂直断面图来表示，主要绘制各基础的立面图、剖（断）面图，内容包括：基础组成、做法、标高、尺寸、配筋、预埋件、零部件（钢板、型钢、螺栓等）编号，比例可取1：10到1：50。基础详图的主要内容概括如下：

（1）图名、比例。

（2）基础断面图中轴线及其编号（若为通用断面图，则轴线圆圈内不予编号）。

（3）基础断面形状、大小、材料、配筋。

（4）基础梁和基础圈梁的截面尺寸及配筋。

（5）基础圈梁与构造柱的连接做法。

（6）基础断面的详细尺寸、锚栓的平面位置及其尺寸和室内外地面、基础垫层底面的标高。

（7）防潮层的位置和做法。

（8）施工说明等。

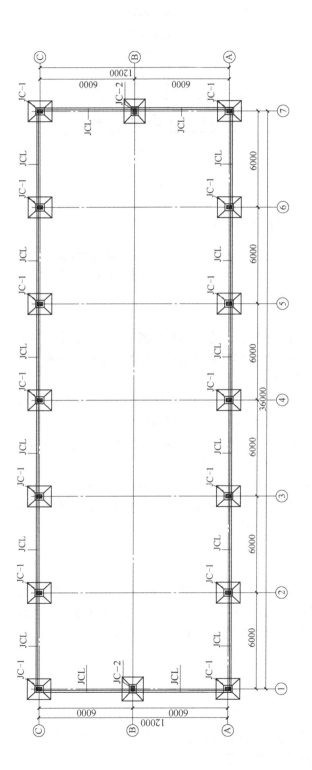

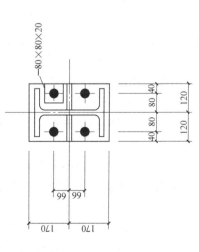

图 2-22　某钢结构工程基础平面布置图 1：100

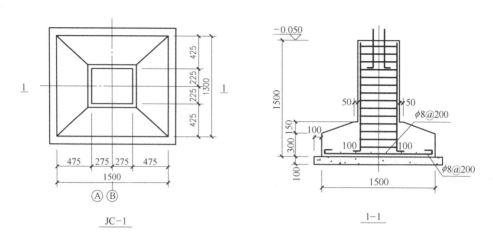

图 2-23　某钢结构工程基础详图

注意： 对钢结构工程来说，通过基础平面布置图和基础详图，可计算锚栓的数量。见图 2-22 和图 2-23，从①到⑦，JC1 的数量：2×7＝14 个；JC1 的锚栓的数量：14×4＝56 个。

2. 结构平面图

表示房屋上部结构布置的图样，叫做结构布置图。在结构布置图中，采用最多的是结构平面图的形式。它是表示建筑物室外地面以上各层平面承重构件布置的图样，是施工时布置或安放各层承重构件的依据，见图 2-24 所示。

从二层到屋面，各层均需绘制结构平面图。当有标准层时，相同的楼层可绘制一个标准层结构平面图，但需注明从那一层至那一层及相应标高。楼层结构平面图的内容包括梁柱的位置、名称、编号，连接节点的详图索引号，混凝土楼板的配筋图或预制楼板的排板图，有时也包括支撑的布置。结构平面图的制图比例一般取 1：100。

由图 2-24 可知，该工程钢架设计的种类是两种，GJ1 和 GJ2。GJ1 有 5 榀、GJ2 有 2 榀；抗风柱 2 根，再配合钢架施工图和抗风柱施工图，就可计算主钢构的用量；另外，结构平面布置图也反映了柱间支撑和屋面支撑的布置、系杆的布置的情况，配合相关的详图，可统计该部分的工程量。

3. 屋顶结构平面图

屋顶结构平面图是表示屋面承重构件平面布置的图样，其内容和图示要求与楼面结构平面土基本相同。由于屋面排水需要，屋面承重构件可根据需要按一定的坡度布置，并设置天沟板。此外，屋顶结构平面图中常附有屋顶水箱等结构以及上人孔等。

屋面结构平面图的主要内容概括如下：

（1）图名、比例。

（2）定位轴线及其编号。

（3）下层承重墙和门窗洞的布置，本层柱子的位置。

（4）楼层或屋顶结构构件的平面布置，如各种梁（楼面梁、屋面梁、雨梁、阳台梁、门窗梁、圈梁等）、楼板（或屋面板）的布置和代号等。

（5）单层厂房则有柱、吊车梁、连系梁（或墙梁）、柱间支撑结构布置图和屋架及支

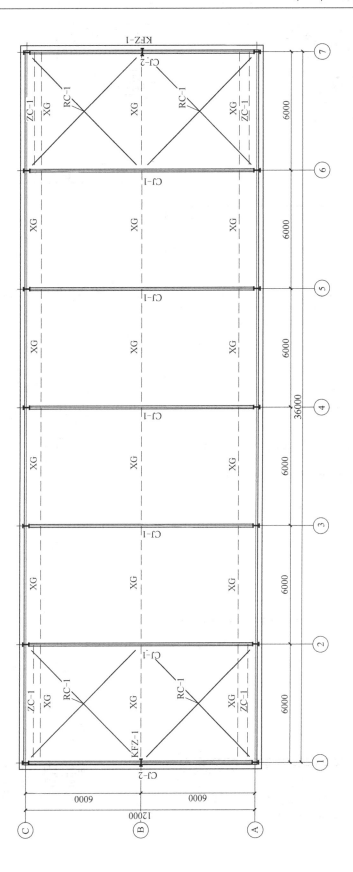

图 2-24　某钢结构工程结构平面布置图

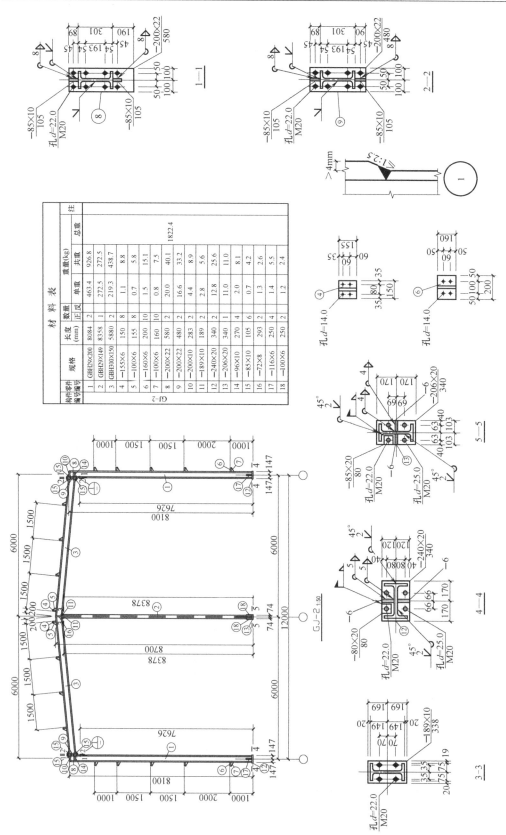

材料表

构件零件编号编号	规格	长度(mm)	数量正反		单重	重量(kg)共重	总重	注
GJ-2	1	GBH29×200	8084	2		463.4	926.8	
	2	GBH29×149	8358	2		272.5	272.5	
	3	GBH300×150	5880	2		219.3	438.7	
	4	—155×6	150	8		1.1	8.8	
	5	—100×6	155	8		0.7	5.8	
	6	—160×6	200	10		1.5	15.1	
	7	—100×6	160	10		0.8	7.5	
	8	—200×22	580	2		20.0	40.1	
	9	—200×22	480	2		16.6	33.2	
	10	—200×10	283	2		4.4	8.9	
	11	—189×10	189	1		2.8	5.6	
	12	—240×20	340	2		12.8	25.6	
	13	—206×22	340	1		11.0	11.0	
	14	—96×10	270	4		2.0	8.1	
	15	—85×10	105	6		0.7	4.2	
	16	—72×8	293	2		1.3	2.6	
	17	—116×6	250	4		1.4	5.5	
	18	—100×6	250	2		1.2	2.4	
							1822.4	

图 2-25 某钢结构工程刚架施工图

撑布置图。

（6）轴线尺寸和构件定位尺寸（含标高尺寸）。

（7）附有有关屋架、梁、板等与其他构件连接的构造图。

（8）施工说明等。

4. 钢框架、门式刚架施工图及其他详图

在多层钢框架和门式刚架结构中，框架和刚架的榀数很多，但为了简化设计和方便施工，通常将层数、跨度相同且荷载区别不大的框架和刚架按最不利情况归类设计成一种，因此框架和刚架的种类较少，一般有一到几种。框架和刚架图即用于绘制各类框架和刚架的立面组成、标高、尺寸、梁柱编号名称，以及梁与柱、梁与梁、柱与柱的连接详图索引号等，如在框架和刚架平面内有垂直支撑，还需绘制支撑的位置、编号和节点详图索引号、零部件编号等。框架和刚架图的制图比例可有两个，轴线比例一般取 1∶50 左右，构件横截面比例可取（1∶10）～（1∶30），见图 2-25 所示。

楼梯图和雨篷图分别绘制楼梯和雨篷的结构平、立（剖）面详图，包括标高、尺寸、构件编号（配筋）、节点详图、零部件编号等。

构件图和节点详图应详细注明全部零部件的编号、规格、尺寸，包括加工尺寸、拼装定位尺寸、孔洞位置等，制图比例一般为 1∶10 或 1∶20。

材料表用于配合详图进一步明确各零部件的规格、尺寸，按构件（并列出构件数量）分别汇列全部零部件的编号、截面规格、长度、数量、重量和特殊加工要求，为材料准备、零部件加工和保管以及技术指标统计提供资料和方便。

除了总说明外，必要时在相关图纸上还需提供有关设计、材质、焊接要求、制造和安装的方式、注意事项等文字内容。

目前钢结构设计的软件较多，基本上都随图显示材料表，这为我们计算用钢量提供了方便。但是，大部分的材料表显示的并不是材料的净用量，含有一定的损耗或计算余量，使用时根据情况有选择性的参考。一般情况，如果是设计概算，可以完全使用材料表的数量；如果是投标报价，还是复核一下材料表的数量为好。

2.3　钢结构工程的结构形式

钢结构房屋的结构体系主要是由钢板、热轧型钢或冷加工成型的薄壁型钢通过连接、制造、组装而成，和其他材料的房屋结构相比，具有以下几个方面的特点：

1. 强度高，质量轻

钢材与其他建筑材料诸如混凝土、砖石和木材相比，强度要高得多，弹性模量也高，因此，结构构件质量轻且截面小，特别适用于跨度大、荷载大的构件和结构。即使采用强度较低的钢材，其强度与密度的比值也比混凝土和木材大得多，从而在同样受力条件下的钢结构自重轻。结构自重的降低，可以减小地震作用，进而减小结构内力，还可以使基础的造价降低，这个优势在软土地区更加明显。此外，构件轻巧也便于运输和安装。

2. 材料均匀，塑性、韧性好，抗震性能优越

由于钢材组织均匀，接近各向同性，而且在一定的应力幅度内几乎是完全弹性的，弹性模量大，有良好的塑性和韧性，为理想的弹性—塑性体。钢结构的实际工作性能比较符合目前采用的理论计算模型，因此，可靠性高。

钢材塑性好，钢结构不会因偶然超载或局部超载而突然断裂破坏；钢材韧性好，使钢结构较能适应振动荷载，地震区的钢结构比其他材料的工程结构更耐震，钢结构一般是地震中损坏最少的结构。

3. 制造简单，工业化程度高，施工周期短

钢结构所用的材料单纯，且多是成品或半成品材料，加工比较简单，并能够使用机械操作，易于定型化、标准化，工业化生产程度高。因此，钢构件一般在专业化的金属结构加工厂制作而成，精度高、质量稳定、劳动强度低。

构件在工地拼装时，多采用简单方便的焊接或螺栓连接，钢构件与其他材料构件的连接也比较方便。有时钢构件还可以在地面拼装成较大的单元后再进行吊装，以降低高空作业量，缩短施工工期。施工周期短，使整个建筑更早投入使用，不但可以缩短贷款建设的还贷时间，减少贷款利息，而且提前收到投资回报，综合效益高。

4. 构件截面小，有效空间大

由于钢材的强度高，构件截面小，所占空间也就小。以相同受力条件的简支梁为例，混凝土梁的高度通常是跨度的 (1/10)～(1/8)，而钢梁约是 (1/16)～(1/12)，如果钢梁有足够的侧向支承，甚至可以达到 1/20，有效增加了房屋的层间净高。在梁高相同的条件下，钢结构的开间可以比混凝土结构的开间大 50%，能更好地满足建筑上大开间、灵活分割的要求。柱的截面尺寸也类似，避免了"粗柱笨梁"现象，室内视觉开阔，美观方便。

另外，民用建筑中的管道很多，如果采用钢结构，可在梁腹板上开洞以穿越管道，如果采用混凝土结构，则不宜开洞，管道一般从梁下通过，从而要占用一定的空间。因此，在楼层净高相同的条件下，钢结构的楼层高度要比混凝土的小，可以减小墙体高度，并节约室内空调所需的能源，减小房屋维护和使用费用。

5. 节能、环保

与传统的砌体结构和混凝土结构相比，钢结构属于绿色建筑结构体系。钢结构房屋的墙体多采用新型轻质复合墙板或轻质砌块，如高性能 NALC 板（即配筋加气混凝土板）、复合夹心墙板、幕墙等；楼（屋）面多采用复合楼板，如压型钢板—混凝土组合板、轻钢龙骨楼盖等，符合建筑节能和环保的要求。

钢结构的施工方式为干式施工，可避免混凝土湿式施工所造成的环境污染。钢结构材料还可利用夜间交通流畅期间运送，不影响城市闹市区建筑物周围的日间交通，噪声也小。另外，对于已建成的钢结构也比较容易进行改建和加固，用螺栓连接的钢结构还可以根据需要进行拆迁，也有利于环境保护。

6. 钢材耐热性好，但耐火性差

钢材耐热而不耐火，随着温度升高而强度降低。温度在 250℃ 以内，钢的性质变化很小，温度达到 300℃ 以后，强度逐渐下降，达到 450～650℃ 时，强度为零。因此，钢结构的防火性比钢筋混凝土差，一般用于温度不高于 250℃ 的场所。当钢结构长期受到 100℃ 辐射热时，钢材不会有质的变化，具有一定的耐热性；当温度到 150℃ 以上时，需要隔热层加以保护。有特殊防火要求的建筑，钢结构更需要用耐火材料围护，对于钢结构住宅或高层建筑钢结构，应根据建筑物的重要性等级和防火规范加以特别处理。例如，利用蛭石板、蛭石喷涂层、石膏板或 NALC 板等加以防护。防护使钢结构造价有所提高。

7. 钢材耐腐蚀性差，应采取防护措施

钢材在潮湿环境中易于锈蚀，处于有腐蚀性介质的环境中更易生锈，因此，钢结构必须进行防锈处理。尤其是暴露在大气中的结构、有腐蚀性介质的化工车间以及沿海建筑，更应特别注意防腐问题。

钢结构的防护可采用油漆、镀铝（锌）复合涂层。但这种防护并非一劳永逸，需相隔一段时间重新维修，因而其维护费用较高。目前国内外正发展不易锈蚀的耐候钢，此外，长效油漆的研究也取得进展，使用这种防护措施可延长钢结构寿命，节省维护费用。

虽然钢结构体系具有很多优点，但我国毕竟还处于发展的初期阶段，目前需要解决的问题还很多。比如，钢结构技术及配套体系有待于进一步开发、研究和完善；需要妥善解决防腐、防火问题；工程造价也需要进一步降低。

在钢结构工程中，根据结构形式不同，可划分成多种类型，如，门式刚架结构、钢框架结构、网架结构、钢管结构、索膜结构等。

2.3.1 门式刚架结构

门式刚架结构起源于 20 世纪 40 年代，在我国也已经有 20 年的发展史，由于投资少、施工速度快，目前广泛应用于各种房屋中，在工业厂房中最为常见，单跨跨度可达 36m，很容易满足生产工艺对大空间的要求。

门式刚架屋盖体系大多由冷弯薄壁型钢檩条、压型钢板屋面板组成，外墙一般采用冷弯薄壁型钢墙梁和压型钢板墙板，也可以采用砌体外墙或下部为砌体上部为轻质材料的外墙。当刚架柱间距较大时，檩条之间、墙梁之间一般设置圆钢拉条。由于山墙风荷载较大，山墙需要设置抗风柱，同时也便于山墙墙梁和墙面板的安装固定。

另外，为了保证结构体系的空间稳定，还需要设置柱间支撑、屋面支撑、系杆等支撑体系。柱间支撑一般由张紧的交叉圆钢或角钢组成，屋面支撑大多采用张紧交叉圆钢，系杆采用钢管或其他型钢。当有吊车时，除了吊车梁外，还需要设置吊车制动系统，如制动梁或制动桁架等。门式刚架的基础采用钢筋混凝土独立基础，见图 2-26 所示。

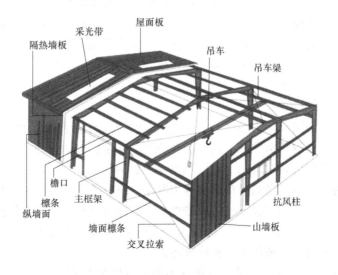

图 2-26 门式刚架房屋的组成示意图

2.3.2 框架结构

框架是由钢梁和钢柱连接组成的一种结构体系，梁与柱的连接可以是刚性连接或者铰接，但不宜全部铰接。当梁柱全部为刚性连接时，也称为纯框架结构，见图 2-27 所示。中、低层钢结构房屋多采用空间框架结构体系，即沿房屋的纵向和横向均采用刚接框架作为主要承重构件和抗侧力构件，也可以采用平面框架体系。

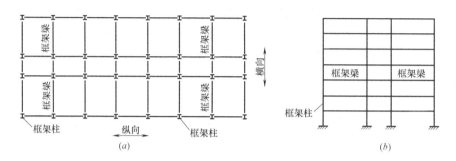

图 2-27 纯框架结构体系

（a）结构平面图；（b）横向框架图

框架结构是现代高楼结构中最早出现的结构体系，也是从中、低层到高层范围内广泛采用的最基本的主体结构形式。框架结构无承重墙，对建筑设计而言具有很高的自由度，建筑平面布置灵活，可以做成有较大空间的会议室、餐厅、营业室、教室等，便于实现人流、物流等建筑功能。需要时可用隔断分割成小房间，或拆除隔断改成大房间，使用非常灵活。外墙采用非承重构件，可使建筑立面设计灵活多变，另外轻质墙体的使用还可以大大降低房屋自重，减小地震作用，降低结构和基础造价。框架结构的构件易于标准化生产，施工速度快，而且结构各部分的刚度比较均匀，对地震作用不敏感。

框架梁、柱大多是焊接或轧制 H 形截面，层数较多时框架柱也可以采用箱形截面或者钢管混凝土。楼板一般采用现浇钢筋混凝土楼板或压型钢板—钢筋混凝土组合楼板，为了减轻自重，围护墙及内隔墙一般采用轻质砌块墙、轻质板材墙、幕墙等轻质墙体系。

当框架结构层数较多时，往往以框架为基本结构，在房屋纵向、横向或其他主轴方向布置一定数量的抗侧力体系，如桁架支撑体系、钢筋混凝土或钢板剪力墙、钢筋混凝土筒等，来增大结构侧向刚度，减小侧向变形，这些结构体系分别称为框架—支撑体系、框架—剪力墙体系、框筒体系。

2.3.3 网架屋盖结构

网架结构是空间网格结构的一种，它是以大致相同的格子或尺寸较小的单元组成。由于网架结构具有优越的结构性能，良好的经济型、安全性与适用性，在我国的应用也比较广泛，特别是在大型公共建筑和工业厂房屋盖中更为常见。

人们通常将平板型的空间网格结构称为网架，将曲面型的空间网格结构称为网壳。网架一般是双层的，在某些情况下也可以做成三层，网壳只有单层和双层两种。网架的杆件多为钢管，有时也采用其他型钢，材质为 Q235 或 Q345。平板网架无论在设计、制作、施工等方面都比较简便，适用于各种跨度屋盖。

平板网架的类型很多。根据支承条件不同，可以分为周边支承网架（图 2-28a）、三边支承网架、两边支承网架、点式支承网架（图 2-28b）以及混合支承网架等多种。周边

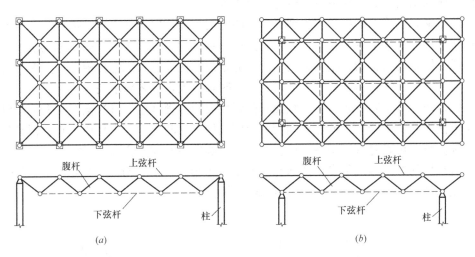

图 2-28　四角锥网架

(a) 正交正放；(b) 正交斜放

支承是指网架周边节点全部搁置在下部结构的梁或柱上，受力条件最好；三边、两边支承是指网架仅有两边或三边设置支承；点式支承是指仅部分节点设置支承，主要用于周边缺乏支承条件的网架；混合支承是上述几种情况的组合。

　　根据网格组成情况不同，可以分为四角锥网架（图 2-28）和三角锥网架；根据网格交叉排列形式不同，可分为两向正交正放网架（图 2-28a）、两向正交斜放网架（图 2-28b）、三向网架，比较常用的网架形式是正交正放或正交斜放四角锥网架。

　　根据网架节点类型不同，可以分为螺栓球网架、焊接空心球网架、焊接钢板节点网架三类，板节点应用较少。螺栓球节点由螺栓、钢球、销子（或止紧螺钉）、套筒、封板或锥头组成，见图 2-29 所示。套筒、封板或锥头多采用 Q235 或 Q345 钢，钢球采用 45 号钢，螺栓、销子（或止紧螺钉）高强度钢材，如 45 号钢、40B 钢、40Cr 钢或 20MnTiB 钢。空心球可以分为不加肋和加肋两种，见图 2-30 所示，材料为 Q235 或 Q345 钢。

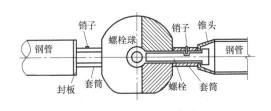

图 2-29　螺栓球节点

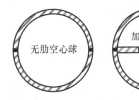

图 2-30　焊接空心球

　　为减轻自重，网架屋面材料大多采用轻质复合板、玻璃、阳光板等，有时也采用混凝土预制板。轻质板通过檩条或铝型材与网架上弦球上的支托板连接，混凝土板则通过四角预埋件与支托板连接。

2.3.4　钢管结构

　　由闭口管形截面组成的结构体系称为钢管结构。闭口管形截面有很多优点，如抗扭性能好、抗弯刚度大等。如果构件两端封闭，耐腐蚀性也比开口截面有利。此外，用闭口管形截面组成的结构外观比较悦目，也是一个优点。

近些年来，钢管结构在我国得到了广泛的应用，除了网架（壳）结构外，许多平面及空间桁架结构体系均采用钢管结构，特别是在一些体育场、飞机场等大跨度索膜结构中，作为主承重体系的钢管桁架结构应用广泛。但是由于在节点处无连接板件，支管与主管的交界线属于空间曲线，钢管切割、坡口及焊接时难度大，工艺要求高。

根据截面形状不同，闭口管形截面有圆管截面和方管（矩形管）截面两大类。根据加工成型方法不同，可分为普通热轧钢管和冷弯成型钢管两类，其中普通热轧钢管又分热轧无缝管和高频电焊直缝管等多种。钢管的材料一般采用 Q235 或 Q345 钢。

钢管结构的节点形式很多，如 X 形节点、T 形节点、Y 形节点、K 形节点、KK 形节点等，见图 2-31 所示，其中 KK 形节点属于空间节点。

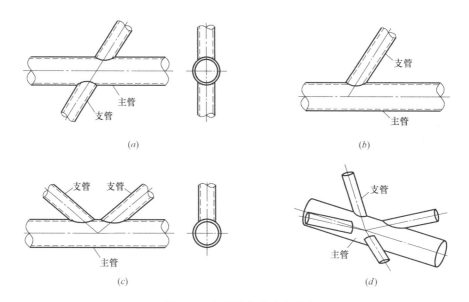

图 2-31　钢管结构的节点形式

（a）X 形节点；（b）T 形、Y 形节点；（c）K 形节点；（d）KK 形节点

2.3.5　索膜结构

索膜结构中的主要受力单元是单向受拉的索和双向受拉的膜，部分索膜结构中还有受压的桁架结构。索膜结构的最大优点是它的经济性，跨度越大经济性越明显，见图 2-32 所示。

图 2-32　鸟巢、水立方

索膜结构中，索可以是线材、线股或钢丝绳，均采用高强度钢材，外露索一般需要镀锌，防止锈蚀。膜的材料分为织物膜材和箔片两大类，织物是由纤维平织或曲织做成，已有较长的应用历史，可以分为聚酯织物和玻璃织物两类。高强度箔片都是由氟塑料制造的，近几年才开始用于结构，具有较高的透光性、防老化性和自洁性。

2.4　钢结构工程的材料

我国《钢结构设计规范》（GB 50017—2003）推荐的结构钢材主要有以下四个牌号：Q235、Q345、Q390 和 Q420。Q235 属于普通碳素结构钢，其余为低合金高强度结构钢。

2.4.1　建筑钢材的主要性能

1. 力学性能

钢材的力学性能是指标准条件下钢材的屈服强度、抗拉强度、伸长率、冷弯性能和冲击韧性等，也称机械性能。

（1）屈服强度

钢材单向拉伸应力-应变曲线中屈服平台对应的强度称为屈服强度，也称屈服点，是建筑钢材的一个重要力学特征。屈服点是弹性变形的终点，而且在较大变形范围内应力不会增加，形成理想的弹塑性模型。低碳钢和低合金钢都具有明显的屈服平台，而热处理钢材和高碳钢则没有。

（2）抗拉强度

单向拉伸应力-应变曲线中最高点所对应的强度，称为抗拉强度，它是钢材所能承受的最大应力值。由于钢材屈服后具有较大的残余变形，已超出结构正常使用范畴，因此，抗拉强度只能作为结构的安全储备。

（3）伸长率

伸长率是试件断裂时的永久变形与原标定长度的百分比。伸长率代表钢材断裂前具有的塑性变形能力，这种能力使得结构制造时，钢材即使经受剪切、冲压、弯曲及捶击作用产生局部屈服而无明显破坏。伸长率越大，钢材的塑性和延性越好。

屈服强度、抗拉强度、伸长率是钢材的三个重要力学性能指标，钢结构中所有钢材都应满足规范对这三个指标的规定。

（4）冷弯性能

根据试样厚度，在常温条件下按照规定的弯心直径将试样弯曲 $180°$，其表面无裂纹和分层即为冷弯合格。冷弯性能是一项综合指标，冷弯合格一方面表示钢材的塑性变形能力符合要求，另一方面也表示钢材的冶金质量（颗粒结晶及非金属夹杂等）符合要求。重要结构中需要钢材有良好的冷、热加工工艺性能时，应有冷弯试验合格保证。

（5）冲击韧性

冲击韧性是钢材抵抗冲击荷载的能力，它用钢材断裂时所吸收的总能量来衡量。单向拉伸试验所表现的钢材性能都是静力性能，韧性则是动力性能。韧性是钢材强度、塑性的综合指标，韧性越低则发生脆性破坏的可能性越大。韧性值受温度影响很大，当温度低于某一值时将急剧下降，因此应根据相应温度提出要求。

2. 化学成分

碳素结构钢由纯铁、碳及多种杂质元素组成，其中纯铁约占 99%。低合金结构钢中，还加入合金元素，但总量通常不超过 5%。钢材的化学成分对其性能有着重要的影响。

碳（C）是形成钢材强度的主要成分。纯铁较软，而化合物渗碳体及混合物珠光体则十分坚硬，钢的强度来自渗碳体和珠光体。碳含量提高，钢材强度提高，但塑性、韧性、冷弯性能、可焊性及抗锈蚀性能下降，因此不能采用碳含量高的钢材。含碳量低于

0.25%时为低碳钢，介于 0.25%～0.6%时为中碳钢，大于 0.6%时为高碳钢，结构用钢材的含碳量一般不大于 0.22%。

锰（Mn）、硅（Si）、钒（V）、铌（Nb）、钛（Ti）都是有益元素，我国低合金钢都含有后三种元素，作为锰以外的合金元素。硫（S）、磷（P）、氧（O）、氮（N）则都是有害元素，因此其含量必须严格控制。

2.4.2 建筑钢材的类别

1. 钢材牌号的表示方法

钢材的牌号也称钢号，如 Q235-B·F，由以下四部分按顺序组成：

（1）代表屈服强度的字母"Q"，是屈服强度中"屈"字的第一个汉语拼音字母。

（2）钢材名义屈服强度值，单位为 N/mm²。

（3）钢材质量等级符号，碳素钢和低合金钢的质量等级数量不相同，Q235 有 A、B、C、D 四个级别，Q345、Q390 和 Q420 则有 A、B、C、D、E 五个级别，A 级质量最低，其余按字母顺序依次增高。

（4）钢材脱氧方法符号，有沸腾钢（符号 F）、半镇静钢（符号 b）、镇静钢（符号 Z）和特殊镇静钢（符号 TZ）四种，其中镇静钢和特殊镇静钢的符号可以省去。

对于高层钢结构和重要钢结构，根据行业标准《高层建筑结构用钢材》（YB 4104—2000）的规定，其牌号的表示方法有所不同，如 Q345GJC，有以下四部分顺序组成：

（1）代表屈服强度的字母"Q"。

（2）钢材名义屈服强度值，单位为 N/mm²。

（3）代表高层建筑的汉语拼音字母"GJ"。

（4）质量等级符号，有 C、D、E 三种。

2. 碳素结构钢

根据国家标准《碳素结构钢》（GB/T 700—2006）的规定，依据屈服点不同，碳素结构钢分为 Q195、Q215、Q235、Q255 及 Q275 五种。Q195 和 Q215 的强度较低，而 Q255 和 Q275 的含碳量较高，已超出低碳钢的范畴，故 GB 5001—2003 仅推荐了 Q235 这一钢号。

3. 低合金高强度结构钢

国家标准《低合金高强度结构钢》（GB/T 1591—2008）规定，低合金高强度结构钢分为 Q295、Q345、Q390、Q420 及 Q460 等五种，其中 Q345、Q390 和 Q420 是 GB 50017 推荐使用的钢种，目前最常用的是 Q345 钢。

4. 国产板材及型材的规格

钢结构构件宜优先选用国产型材，以减少加工量，降低造价。型材有热轧和冷成型两类。当型材尺寸不合适时，则用钢板、型材制作。各种规格及截面特征均应按相应技术标准选用，钢结构常用板材、型材的技术标准如下：

（1）《热轧钢板和钢带的尺寸、外形、重量及允许偏差》（GB/T 709—2006），厚度 3～400mm，用"-"表示。

（2）《冷轧钢板和钢带的尺寸、外形、重量及允许偏差》（GB/T 708—2006），厚度 0.3～4mm。

（3）《花纹钢板》（GB/T 3277—1991），厚度 2.5～8.0mm。

(4)《高层建筑结构用钢板》(YB 4104—2000),厚度 16～100mm。

(5)《热轧 H 型钢和剖分 T 型钢》(GB/T 11263—2010),分宽翼缘(HW)、中翼缘(HM)、窄翼缘(HN)、桩用(HP)四个系列,截面高度 100～700mm,截面表示方法:HN350×175×7×11(截面高度×截面宽度×腹板厚度×翼缘厚度)。

(6)《热轧型钢》(GB/T 706—2008),截面高度 100～630mm,自 I20 起,每种高度有 b 型或 b、c 型加厚截面规格,如 I36b、I36c。

(7)《热轧型钢》(GB/T 707—2008),截面高度 50～400mm,自 [14 起,每种高度有 b 型或 b、c 型加厚截面规格,如 [25b、[25c。

(8)《热轧型钢》(GB/T 706—2008),规格 L 20×3～L 200×24。

(9)《热轧型钢》(GB/T 706—2008),规格 L 25×16×3～L 200×125×18。

(10)《焊接 H 型钢》(YB 3301—2005),规格 BH300×200×6×10～BH1200×600×14×25。

(11)《结构用高频焊接薄壁 H 型钢》(JG/T 137—2007),规格 FLH100×50×2.3×3.2～FLH400×200×6×8。

(12)《结构用无缝钢管》(GB/T 8162—2008),规格 ○32×2.5～○630×16。

(13)《电焊(直缝)钢管》YB242～263,规格 ○32×2～○152×5.5。

(14)《通用冷弯开口型钢尺寸、外形、重量及偏差》(GB/T 6723—2008),包括冷弯角钢、冷弯 C 型钢、冷弯 Z 型钢。

部分国产热轧型材及冷弯型钢的规格、尺寸见附录 1。

2.4.3　焊接材料

焊条的型号根据熔敷金属力学性能、药皮类型、焊接方位和焊接电流种类分为很多种类,焊条直径的基本尺寸有 1.6、2.0、2.5、3.2、4.0、5.0、5.6、6.0、6.4、8.0 等规格。

碳素钢焊条有 E43 系列(E4300～E4316)和 E50 系列(E5001～E5048)两类,低合金钢焊条也有 E50 系列(E5000—×～E5027—×)和 E55 系列(E5500—×～E5518—×)两类。

焊丝是成盘的金属丝,按其化学成分及采用熔化极气体保护电弧焊时熔敷金属的力学性能进行分类,直径有 0.5、0.6、0.8、1.0、1.2、1.4、1.6、2.0、2.5、3.0、3.2 等规格。碳素钢焊丝和低合金钢焊丝的型号有 ER50 系列、ER55 系列、ER62 系列、ER69 系列等。

2.4.4　螺栓

钢结构用螺栓主要有普通螺栓和高强度螺栓两大类。普通螺栓包括 C 级螺栓、A 级和 B 级螺栓。C 级螺栓也称粗制螺栓,一般由 Q235 钢制成,包含 4.6 级和 4.8 级两个级别。级别符号含义以 4.6 为例:"4"表示材料的最低抗拉强度为 400N/mm^2,".6"表示屈强比(屈服强度与抗拉强度的比值)为 0.6。C 级螺栓加工粗糙,制造安装方便,但需要的数量较多。A、B 级螺栓也称精制螺栓,加工尺寸精确,制造安装复杂,目前在钢结构中比较少用。常用 C 级螺栓的规格见附录二。

高强度螺栓采用经过热处理的高强度钢材做成,从性能等级上可分为 8.8 级和 10.9 级,记作 8.8S、10.9S,符号含义同普通螺栓。高强度螺栓从受力特征上可分为摩擦型连接、承压型连接两类。根据螺栓构造及施工方法不同，可分为大六角头高强度螺栓和扭剪型高强度螺栓两类，尺寸及规格见附录 2。8.8 级仅用于大六角头高强度螺栓，10.9 级用于扭剪型高强度螺栓和大六角头高强度螺栓。一个螺栓连接副包括螺栓、螺母、垫圈三部分。

2.4.5 圆柱头栓钉

圆柱头栓钉是一个带圆柱头的实心钢杆，在钉头埋嵌焊丝，起到拉弧的作用。它需要专用焊机焊接，并配置焊接瓷环，以保证焊接质量。圆柱头栓钉适用于各类钢结构构件的抗剪件、埋设件和锚固件。

焊接瓷环根据焊接条件分为下列两种类型：B1 型，用于栓钉直接焊于钢梁、钢柱上，B2 型用于栓钉穿透压型钢板后焊于钢梁上。圆柱头栓钉的规格、外形尺寸见附录 2。国家标准《电弧螺柱焊用圆柱头焊钉》（GB/T 10433—2002）规定的公称直径有 6～22mm 共七种，钢结构及组合楼板中常用的栓钉直径有 16mm、19mm 和 22mm 三种。

2.4.6 锚栓

锚栓是用于钢构件与混凝土构件之间的连接件，如钢柱柱脚与混凝土基础间的连接、钢梁与混凝土墙体的连接等。锚栓分受力和构造配置两种，受力时仅考虑承受拉拔力，构造配置主要起安装定位作用。

锚栓是一种非标准件，直径和长度随工程情况而定，用于柱脚时通常采用双螺母紧固，以防止松动。锚栓一般采用未经加工圆钢制作而成，材料宜采用 Q235 钢或 Q345 钢。锚栓的常用规格及尺寸见附录 2。

2.5 钢结构工程的基本构造

2.5.1 门式刚架

在工业发达国家，门式刚架轻型房屋已经发展数十年，目前已广泛地应用于各种房屋中。近年来，随着我国《门式刚架轻型房屋钢结构技术规程》（CECS102：98）的颁布和修订，我国也开始较多的采用这种结构。

1. 门式刚架结构形式简介

门式刚架分为单跨（图 2-33（a））、双跨（图 2-33（b））、多跨（图 2-33（c））刚架以及带挑檐的（图 2-33（d））和带毗屋的（图 2-33（e））刚架等形式。多跨刚架中间柱与

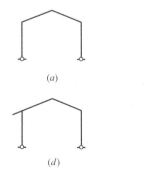

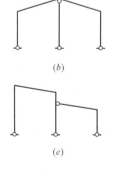

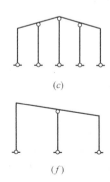

图 2-33 门式刚架的形式

刚架斜梁的连接，可采用铰接（俗称摇摆柱）。多跨刚架宜采用双坡或单坡屋盖（图 2-33（f）），必要时也可采用由多个双坡单跨相连的多跨刚架形式。

2. 门式刚架的构造

在门式刚架轻型房屋钢结构体系中，屋盖应采用压型钢板屋面板和冷弯薄壁型钢檩条，主刚架可采用变截面实腹刚架，外墙宜采用压型钢板墙板和冷弯薄壁型钢墙梁，也可采用砌体外墙或底部为砌体、上部为轻质材料的外墙。门式刚架为平面结构体系，为保证结构的整体性、稳定性及空间刚度，在每榀刚架间应有纵向构件或支撑系统连接。主刚架斜梁下翼缘和刚架柱内翼缘的平面外稳定性，由与檩条或墙梁相连接的隅撑来保证；主刚架间的交叉支撑可采用张紧的圆钢。门式刚架轻型房屋钢结构构造详见图 2-34，目前有檩体系为常用。

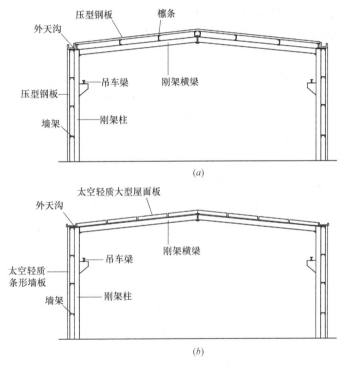

图 2-34　门式刚架的构造设计

（a）有檩体系；（b）无檩体系

单层门式刚架轻型房屋可采用隔热卷衬做屋盖隔热和保温层，也可以采用带隔热层的板材作屋面。根据跨度、高度及荷载不同，门式刚架的梁、柱可采用变截面或等截面的实腹焊接 H 形截面或轧制 H 形截面。设有桥式吊车时，柱宜采用等截面构件。变截面构件通常改变腹板的高度，做成楔形，必要时也可以改变腹板厚度。结构构件在运输单元内一般不改变翼缘截面，必要时可改变翼缘厚度，邻接的运输单元可采用不同的翼缘截面。

门式刚架可由多个梁、柱单元构件组成，柱一般为单独单元构件，斜梁可根据运输条件划分为若干个单元。单元构件本身采用焊接，单元之间可通过端板以高强度螺栓连接。

3. 门式刚架结构设计要素

（1）建筑尺寸

门式刚架的跨度，应取横向刚架柱轴线间的距离。门式刚架的高度，应取柱脚至柱与斜梁上皮之间的高度。门式刚架的高度，应根据使用要求的室内净高确定，设有吊车的厂房应根据轨顶标高和吊车的净高要求而定。柱的轴线可取通过柱下端（较小端）中心的竖向直线；工业建筑边柱的定位轴线宜取柱外皮；斜梁的轴线可取斜梁上表面平行的轴线。

门式刚架的跨度，宜为 9～36m，以 3m 为模数。边柱的宽度不相等时，其外侧要对齐。门式刚架的高度，宜为 4.5～9.0m，必要时可适当加大。门式刚架的间距，即柱网轴线在纵向的距离宜为 6m，也可采用 7.5m 至 9m，最大可采用 12m。跨度较小时可用 4.5m。

（2）结构平面布置

门式刚架轻型房屋钢结构的纵向温度区段长度不大于 300m，横向温度区段长度不大于 150m。当需要设置伸缩缝时，可在搭接檩条的螺栓连接处采用长圆孔并使该处屋面板在构造上允许胀缩，或者设置双柱。在多跨刚架局部抽掉中柱处，可布置托架。山墙处可设置由斜梁、抗风柱和墙架组成的山墙墙架，或直接采用门式刚架。

（3）墙梁布置

墙梁即墙檩，主要作用是承受墙板传来的水平风荷载。门式刚架轻型房屋钢结构的侧墙，在采用压型钢板作围护面时，墙梁宜布置在刚架柱的外侧，其间距随墙板板型及规格而定，但不应大于计算确定的值。外墙在抗震设防烈度不高于 6 度的情况下，可采用砌体；当为 7 度、8 度时，不宜采用嵌砖砌体；9 度时宜采用与柱柔性连接的轻质墙板。

（4）支撑布置

在每个温度区段或者分期建设的区段中，应分别设置能独立构成空间稳定结构的支撑体系。柱间支撑的间距根据安装条件确定，一般取 30～40m，不大于 60m。房屋高度较大时，柱间支撑要分层设置。在设置柱间支撑的开间，应同时设置屋盖横向支撑以组成几何不变体系。端部支撑宜设在温度区段端部的第二个开间，这种情况下，在第一开间的相应位置宜设置刚性系杆。刚架转折处（如柱顶和屋脊）也宜设置刚性系杆。

由支撑斜杆等组成的水平桁架，其直腹杆宜按刚性系杆考虑，可由檩条兼作；若刚度或承载力不足，可在刚架斜梁间设置钢管、H 型钢或其他截面形式的杆件。

门式刚架轻型房屋钢结构的支撑，宜采用张紧的十字交叉圆钢组成，用特制的连接件与梁柱腹板相连；有吊车时宜采用单角钢或双角钢。连接件应能适应不同的夹角。圆钢端部应有丝扣，校正定位后将拉条张紧固定。

4. 门式刚架维护结构

门式刚架维护结构，按其是否需要保温，分为单层彩色压型钢板（简称单层彩钢板）、复合彩色压型钢板。

（1）单层彩色压型钢板

彩色压型板是采用彩色图层钢板，经辊压冷弯成各种波型的压型板，它适用于工业与民用建筑、仓库、特种建筑、大跨度钢结构房屋的屋面、墙面以及内外墙装饰等，具有质轻、高强、色泽丰富、施工方便快捷、抗震、防火、防雨、寿命长、免维护等特点，现已被广泛推广应用，见图 2-35 所示。

（2）聚苯乙烯泡沫夹芯板（简称 EPS 夹芯板）

聚苯乙烯泡沫夹芯板是由彩色钢板作表层，闭孔自熄型聚苯乙烯泡沫做芯材，通过自

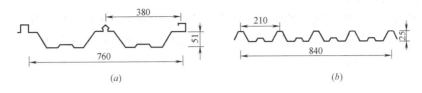

图 2-35　彩色压型板
(a) 屋面板；(b) 墙板

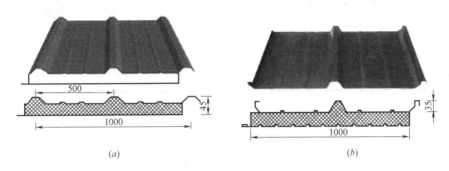

图 2-36　聚苯乙烯泡沫夹芯板
(a) 屋面板；(b) 墙板

动化连续成型机将彩色钢板压型后用高强度黏合剂粘合而成的一种高效新型复合建筑材料，主要适用于公共建筑、工业厂房的屋面、墙壁和洁净厂房以及组合冷库、楼房接层、商亭等，它具有保温、防水一次完成，施工速度快、经久耐用、美观大方等特点。目前，生产的聚苯乙烯泡沫塑料夹芯板分为拼接式、插接式、隐藏式和咬口式、阶梯式等多种形式。聚苯乙烯泡沫夹芯由厚度、聚苯乙烯泡沫的容重等指标来控制其保温效果，见图 2-36 所示。

（3）彩色钢板玻璃棉夹芯板

彩色钢板玻璃棉夹芯板是上下两层彩色压型钢板通过龙骨和玻璃棉组合而成，分为屋面用板和墙面用板两类。玻璃棉夹芯由厚度、玻璃棉的容重等指标来控制其保温效果。挂网式玻璃棉夹芯板是用不锈钢丝代替下层彩色压型钢板的一种新型保温屋面材料。玻璃棉夹芯板具有良好的防火性能，广泛适用于大型公共建筑、工业厂房及其他建筑的墙面和屋面，见图 2-37 所示。这是一种现场复合板。

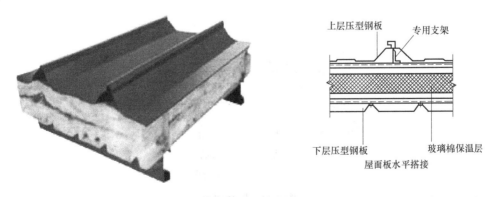

图 2-37　彩色钢板玻璃棉夹芯板

（4）彩色岩棉夹芯板

彩色岩棉夹芯板是用立丝状纤维的岩棉做芯材，以彩色钢板作表层，通过自动化连续成型机，经压型后用高强黏合剂粘合而成。由于彩色钢板和芯材岩棉均为非燃烧体，故其防火性能极佳，见图2-38所示。

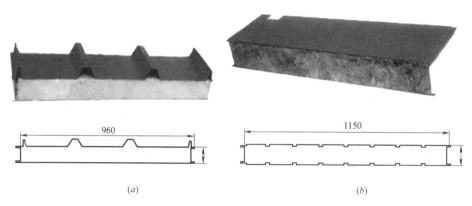

（a）　　　　　　　　　　　　　　　　（b）

图2-38　　彩色岩棉夹芯板

（a）屋面板；（b）墙板

除板以外，安装时还需要一些配件，如图2-39～图2-41中的彩板泛水和窗套侧板、屋脊盖板等折件。

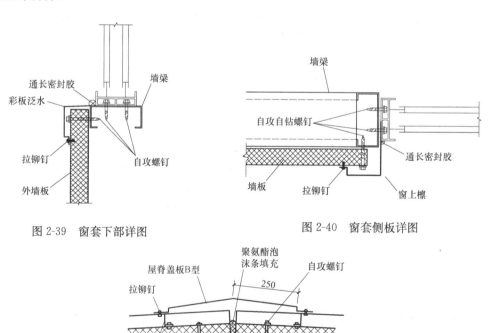

图2-39　窗套下部详图　　　　　　　　图2-40　窗套侧板详图

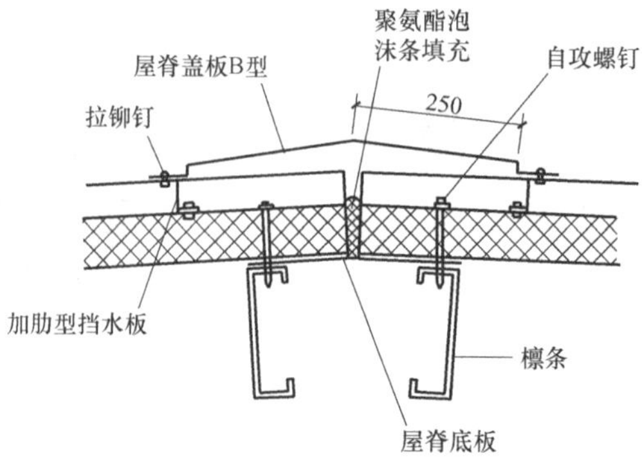

图2-41　屋脊详图

维护结构的造价与其制作钢板的板厚、夹芯的厚度和容重、板型的选用，都有关系。

2.5.2 钢框架结构体系

框架钢结构是一种常用的钢结构形式，多用于大跨度公共建筑、工业厂房和一些对建筑空间、建筑体型、建筑功能有特殊要求的建筑物和构筑物中，如剧院、商场、体育馆、火车站、展览厅、造船厂、飞机厂、停车库、仓库、工业车间、电厂锅炉刚架等，并在高层和超高层建筑中有了越来越广泛的应用，最近以来，钢结构框架住宅体系，越来越受到人们的重视。

1. 框架钢结构体系简介

框架结构一般可分为单层单跨、单层多跨和多层多跨等结构形式，以满足不同建筑造型和功能的需求，见图 2-42 所示。

根据结构的抗侧力体系的不同，钢结构框架可分为纯框架、中心支撑框架、偏心支撑框架、框筒，见图 2-43 所示。

纯框架结构延性好，但抗侧力刚度较差；中心支撑框架通过支撑提高框架的刚度，但支撑受压会屈曲，支撑屈曲将导致原结构的承载力降低；偏心支撑框架可通过偏心梁段剪切屈服限制支撑的受压屈曲，从而保证结构具有稳定的承载力和良好的耗能性能，而结构抗侧力刚度介于纯框架和中心支

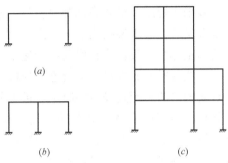

图 2-42 不同层、跨形态的框架结构
(a) 单层单跨；(b) 单层多跨；(c) 多层多跨

撑框架之间；框筒实际上是密柱框架结构，由于梁跨小、刚度大，使周围柱近似构成一个整体受弯的薄壁筒体，具有较大的抗侧刚度和承载力，因而框筒结构多用于高层建筑。

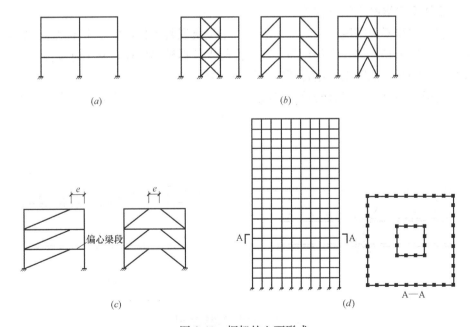

图 2-43 框架的立面形式
(a) 纯框架结构；(b) 各种中心支撑框架结构；(c) 偏心支撑框架结构；(d) 框架结构

2. 钢框架外维护结构的构造

钢框架结构因为钢梁、钢柱截面小，墙板一般采用预制板材。预制板材主要有钢板、挤压铝板、以钢板为基材的铝材罩面的复合板、夹心板、预制轻混凝土大板等。各种墙板的夹层或内侧应配有隔热保温材料，并由密封材料保证墙体的水密性。墙板通过连接件与楼板或直接与框架梁柱连接。当墙板直接与框架梁柱连接时，不仅满足建筑维护、防水和美观要求，而且由于墙板对框架梁柱的加劲作用，在一定程度上可以提高结构和构件的刚度，减小结构位移。

现代多层民用钢结构建筑外墙面积相当于总建筑面积的 30%～40%，施工量大，且高空作业，故难度大，建筑速度缓慢；同时出于美观要求，耐久性要求和减轻建筑物自重等因素的考虑，外围护墙已走上了采取标准化、定型化、预制装配、多种材料复合等构造方式，多采用轻质薄壁和高档饰面材料，幕墙就是其中的主要一种类型。

幕墙是悬挂于骨架结构上的外围护墙，除承受风荷载外，不承受其他外来荷载，并通过连接固定体系将其自重和风荷载传递给骨架结构。却控制着光线、空气、热量等内外交流，幕墙按材料区分为轻质混凝土悬挂板、玻璃、金属、石板材等幕墙。

目前国内的装配式轻质混凝土墙板可分为两大体系，一类为基本是单一材料制成的墙板，如高性能 NALC 板，即配筋加气混凝土条板，该板具有较良好的承载、保温、防水、耐火、易加工等综合性能。另一类为复合夹芯墙板，该板内外侧为强度较高的板材，中间设置聚苯乙烯或矿棉等芯材，其种类较多。如天津大学等单位研究的 CS 板，即由两片钢丝网，中间夹 60～80mm 的聚苯乙烯板，并配置斜插焊接钢丝，形成主体骨架，后在两侧面浇筑细石混凝土，其保温、隔热、防渗、强度和刚度等均能达到规范要求。

3. 楼板构造

钢框架结构的楼盖按楼板形式分类，一般有三种主要形式：

（1）现浇钢筋混凝土组合楼盖

这类组合楼盖楼面刚度较大，但由于在现场浇筑混凝土板，施工工序复杂，需要搭设脚手架，安装模板和支架，绑扎钢筋，浇筑混凝土及拆模等作业，施工进度慢。

（2）压型钢板—混凝土板组合楼盖，见图 2-44（a）、（b）

压型钢板—混凝土板组合楼盖是目前在多层乃至高层钢结构中采用最多的一类，它不

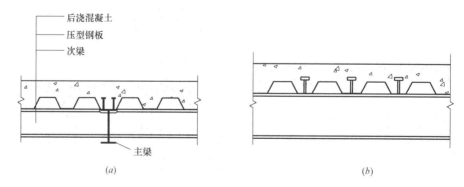

（a）　　　　　　　　　　　　　　（b）

图 2-44　组合楼盖的类型

（a）压型钢板楼板的组合梁；肋平行于钢梁；（b）压型钢板楼板的组合梁；肋垂直于钢梁

仅具备很好的结构性能和合理的施工工序，而且综合经济效益显著。这类组合楼盖有压型钢板—混凝土板、剪力键和钢梁三部分组成。

下面重点介绍压型钢板组合楼板。

压型钢板组合楼板是利用凹凸相同的压型钢板做衬板，与现浇混凝土浇筑在一起支承在钢架上构成整体型楼板。压型钢板组合楼板主要由面层、组合板和钢梁三部分组成，如图 2-45 所示。该楼板整体性、耐久性好，并可利用压型钢板肋间的空隙敷设室内电力管线。主要适用于大空间、多高层民用建筑和大跨度工业厂房中。

压型钢板组合楼板按压型钢板的形式不同有单层压型钢板组合楼板和双层压型钢板组合楼板两种，如图 2-45 所示。

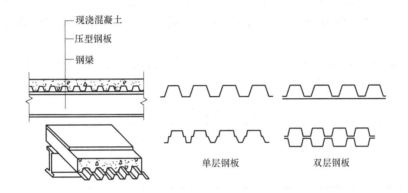

图 2-45　压型板混凝土组合楼板

4. 屋顶的构造

屋顶是房屋最上层覆盖的外围护构件。它主要有两方面的作用：一是防御自然界的风、雨、雪、太阳辐射热和冬季低温等的影响，使屋顶覆盖下的空间有一个良好的使用环境。因此，屋顶在构造设计时应满足防水、保温、隔热、隔声、防火等要求。二是承受作用于屋顶上的风荷载、雪荷载和屋顶自重等，同时还起着对房屋上部的水平支撑作用。所以，要求屋顶在构造设计时，还应保证屋顶构件的强度、刚度和整体空间的稳定性。

为了减小承重结构的截面尺寸、节约钢材，除个别有特殊要求者外，首先应采用轻型屋面。轻型屋面的材料宜采用轻质高强、耐火、防火、保温和隔热性能好，构造简单，施工方便，并能工业化生产的建筑材料。如压型钢板等。下面介绍一下压型钢板和夹芯板。

（1）压型钢板

压型钢板是采用镀锌钢板、冷轧钢板、彩色钢板等作原料，经辊压冷弯成各种波形的压型板，具有轻质高强、美观耐用、施工简便、抗震防火的特点。它的加工和安装已做到标准化、工厂化、装配化。

我国的压型钢板是由冶金工业部建筑研究总院首先开发研制成功的，至今已有十多年历史。目前已有国家标准《建筑用压型钢板》（GB/T 12755—2008）和部颁标准《压型金属板设计施工规程》（YBJ 216—1988），并已正式列入《冷弯薄壁型钢结构技术规范》（GB 50018—2002）中使用。

压型钢板的截面呈波形，从单波到 6 波，板宽 360～900mm。大波为 2 波，波高 75～130mm，小波（4～7 波）波高 14～38mm，中波波高达 51mm。板厚 0.6～1.6mm（一般可用 0.6～1.0mm）。压型钢板的最大允许檩距，可根据支承条件、荷载及芯板厚度，由产品规格中选用。

压型钢板的质量为 0.07～0.14kN/m²。分长尺和短尺两种。一般采用长尺，板的纵向可不搭接。适用于平坡屋顶。

（2）夹芯板

实际上这是一种保温和隔热与面板一次成型的双层压型钢板。由于保温和隔热芯材的存在，芯材的上、下均需加设钢板。上层为小波的压型钢板，下层为小肋的平板。芯材可采用聚氨酯、聚苯或岩棉，芯材与上下面板一次成型。也有在上下两层压型钢板间在现场增设玻璃棉保温和隔热层的做法，但这种做法仍属加设保温层的压型钢板系列。夹芯板的板型，见表 2-4 所示。

夹芯板的重量为 0.12～0.25kN/m²。一般采用长尺，板长不超过 12m，板的纵向可不搭接，也适用于平坡屋顶。

常用夹芯板板型及檩距　　　　表 2-4

序号	板型	截面形状（mm）	板厚 S（mm）	面板厚（mm）	支撑条件	荷载(kN/m²)/檩距(m)			
						0.5 (0.6)	1.0	1.5	2.0
1	JxB45 −500 −1000	适用于:屋面板	75	0.6	简支连续	5.0	3.8	3.1	2.4
			100	0.6	简支连续	5.4	4.0	3.4	2.8
			150	0.6	简支连续	6.5	4.9	4.0	3.3
2	JxB42 −333 −1000	适用于:屋面板	50	0.5	简支连续	(4.7) (5.3)	(3.6) (4.1)	(3.0) (3.3)	
			60	0.5	简支连续	(5.0) (5.6)	(3.9) (4.3)	(3.1) (3.5)	
			80	0.5	简支连续	(5.5) (6.2)	(4.4) (4.8)	(3.4) (3.9)	
3	JxB −Qy −1000	适用于:墙板	50	0.5	简支连续	3.4 3.9	2.9 3.4	2.4 2.7	
			60	0.5	简支连续	3.8 4.4	3.3 3.7	2.6 3.0	
			80	0.5	简支连续	4.5 5.2	3.7 4.2	2.9 3.3	

序号	板型	截面形状 (mm)	板厚 S (mm)	面板厚 (mm)	支撑 条件	荷载(kN/m²)/檩距(m)			
						0.5 (0.6)	1.0	1.5	2.0
4	JxB —Q —1000	彩色涂层钢板　聚苯乙烯 拼接式加芯墙板 插接式加芯墙板 岩棉 插接式加芯墙板	50	0.5	简支 连续	3.4 3.9	2.9 3.4	2.4 2.7	
			60	0.5	简支 连续	3.8 4.4	3.3 3.7	2.6 3.0	
			80	0.5	简支 连续	4.5 5.2	3.7 4.2	2.9 3.3	
						同序号 3			

注：表中屋面板的荷载标准值，已含板自重。墙板为风荷载标准值，均按挠跨比 1/200 确定檩距，当挠跨比为 1/250 时，表中檩距应乘以系数 0.9。

2.5.3 网架结构体系

1. 网架结构形式简介

钢网架的结构质量轻，刚度大，整体效果好，抗震能力强，由很多杆件从两个或多个方向有规律地组成高次超静定空间结构，它改变了一般平面桁架受力体系，能承受来自各方的荷载，见图 2-46 所示。钢网架结构的适应性大，既能适用于中小跨度的建筑，也适用于矩形、圆形、扇形及各种多边形的平面建筑形式。钢网架结构的取材方便，一般多用于 Q235 钢或 Q345 钢，杆件截面形式多采用钢管或型钢。钢网架由于结构、杆件、接点的规格化，适于工厂化生产，加速了工程的进度，提高了质量。通过多年的实践和发展，

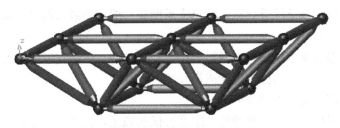

图 2-46　网架结构实体图

钢网架结构的计算及深化设计已有通用的计算机计算程序，制图简单，加上网架具有的特点和优越性，给我国网架结构的发展提供了有利的条件。

（1）钢网架的特点

1）钢网架结构最大的特点是由于杆件之间的互相支撑作用，刚度大，整体性好，抗震能力强，而且能够承受由于地基不均匀沉降所带来的不利影响。即使在个别杆件受到损伤的情况下，也能自动调节杆件的内力，保持结构的安全。

2）钢网架结构是由很多杆件从两个方向或多个方向有规律的组成高次超静定空间结构，它改变了一般平面桁架受力体系，能承受来自各方面的荷载。

3）钢网架的结构自重轻，节约钢材。如已建成的首都体育馆 112.2m×99m×6.0m，用钢量为 65kg/m²，北京首都机场航空货运楼 198m×81m×3.2m，用钢量为 25kg/m²，广州新白云国际机场货运站 608m×120.5m×2.397m，用钢量为 32kg/m²。由于钢网架结构的高度较小，可以有效的利用建筑空间。

4）钢网架结构的适用性大，既适用于中小型跨度的工业与民用公共建筑，也适用于大跨度的工业与民用公共建筑。而且从建筑平面的形式来讲，可用于矩形（北京体育馆）、圆形（上海体育馆）、扇形（上海文化馆）、马鞍形（上海体育馆）、飘带形（广州奥林匹克中心）、鱼形（广州会展中心）等。

5）钢网架结构取材方便，一般多采用 Q235 钢或 Q345 钢，杆件多采用高频焊管或无缝钢管或其他钢管。

6）钢网架结构由于它的杆件、螺栓球、焊接球、锥头、高强螺栓等已标准化、系列化，适于工业化生产。

7）钢网架结构的计算已有通用的计算机程序和软件，具有制作施工图，查看内力、作材料表和网架的安装图等的功能，给钢网架结构的发展提供了有利的条件。

（2）钢网架的结构形式

网架常采用平面桁架和角锥体形式，近年来又成功地研究了三层网架以及周边支承和多点支承相结合的支承形式。

周边支承的网架可分为周边支承在柱上或周边支承在圈梁上两类形式。周边支承在柱上时，柱距可取成网格的模数，将网架直接支承在柱顶上，这种形式一般用于大、中型跨度的网架。周边支承在圈梁上时，它的网格划分比较灵活，适用于中小跨度的网架。

多点支承的网架可分为四点支承的或多点支承的网架：四点支承的网架，宜带悬挑，一般悬挑出中间跨度的 1/3。多点支承的连续跨悬挑出中间跨度的 1/4。这样可减少网架跨中弯矩，改善网架受力性能，节约钢材。多点支承网架可根据使用功能布置支点，一般多用于厂房、仓库、展览厅等建筑。对点支承网架一般受力最大的是柱帽部分，设计施工时，应注意柱帽处的处理。

周边支承和多点支承相结合的网架多用于厂房结构。三边支承的网架多用于机库和船体装配车间，一般在自由边处加反梁或设托梁。

网架结构常用形式，见图 2-47 所示。

网架结构的组成方式、几何特征、刚度特征和施工，见表 2-5 所示。

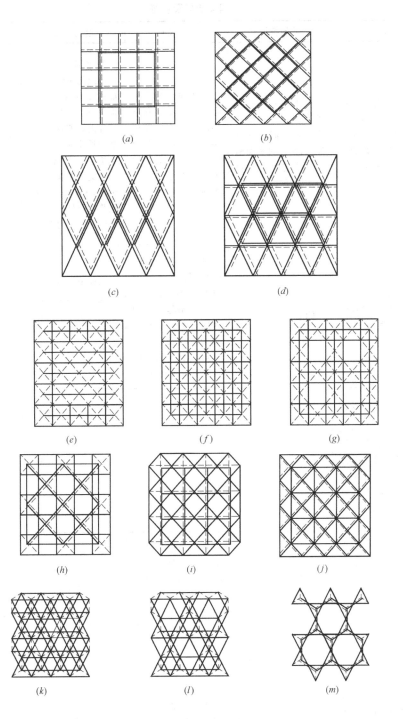

图 2-47　网架形式

(a) 两向正交正放网架；(b) 两向正交斜放网架；(c) 两向斜交斜放网架；(d) 三向网架；

(e) 单向折线形网架；(f) 正放四角锥网架；(g) 正放抽空四角锥网架；(h) 棋盘形四角锥网架；

(i) 斜放四角锥网架；(j) 星形四角锥网架；(k) 三角锥网架；

(l) 抽空三角锥网架；(m) 蜂窝形三角锥网架

网架组成及特征

表 2-5

名称	组成方式	几何特征	刚度特征	受力特征	施 工
两向正交正放网架	由两个分别平行于建筑物边界方向的平面桁架交叉组成。各向桁架的交角为90°，即上下弦杆均正放	上下弦杆的长度相等，且上下弦杆和腹杆位于同一垂直面内，在各向平面桁架的交点处有一根公用的竖杆	基本单元为几何可变。为增加其空间刚度并有效地传递有效水平荷载，应沿网架支承周边的上（下）弦平面内设置附加斜杆	受平面尺寸及支承情况的影响极大。周边支撑接近正方形平面，受力均匀，杆件内力差别不大。随边长比加大，单向受力特征明显。对于点支承网架，支撑附近的杆件及主桁架跨中弦杆内力大，其他部位内力小	杆件类型少，可先拼装成平面桁架，然后再进行总拼，较有利于施工
斜放网架两向正交	同上，只是将它在建筑平面上放置时转动45°角，即上下弦杆均斜放	同上	由于网架为等高，故角部短桁架刚度较大，并对与它垂直的长桁架起一定的弹性支承作用，从而减少了桁架中部的弯矩。刚度较两向正交正放网架为大	矩形平面时，受力较均匀。网架处的四角支座产生向上的拉力，可设计成不带角柱	同上
两向斜交斜放网架	由两个方向的平面桁架交叉组成，但其交角不是正交，而是根据下部两个方向支撑结构间距变化而成任意交角，即上下弦杆均斜放	同上	同上	受力性能不理想	同上。但节点构造复杂
三向网架	由三个方向的平面桁架交叉组成。其交角为60°角。其上下弦杆有正放和斜放	同上。网架的网格一般是正三形	基本单元为几何不变。各向桁架的跨度、节点数及刚度各异，整个网架的空间刚度大于两向网架。适合于大跨度工程	所有杆件均为受力杆件，能均匀地把力传至支撑系统，受力性能好	节点构造复杂（最多一个节点汇交13跟杆件）；用于圆形平面时，周边有不规则网格
单向折线形网架（折线形网架）	由于一系列平面桁架互相斜交成V形而成，即上下弦杆均正放，也可看成无上下弦杆的正放四角锥	同上	比单纯的平面桁架刚度大，不需布置支撑体系。为加强其空间，应在其周边增设部分上弦杆件	只有沿跨度方向上下弦杆，呈单向受力状态	杆件类型较少

续表

名称	组成方式	几何特征	刚度特征	受力特征	施 工
正放四角锥网架	已倒置四角锥为组成单元,将各个倒置的四角锥底边相连,再将锥顶用与上弦杆平行的杆件连接起来,其上下弦杆均与边界平行,即上下弦杆均正放	上下弦平面内的网格均呈正方形,上弦网格的形心与下弦网格的角点投影重合,并且没有垂直腹杆	空间刚度比其他四角锥网架及两向网架为大	受力比较均匀	上下弦杆等长。如果腹杆与上下弦平面为45°角,则杆件全部等长。如以四角锥为预制单元,有利于定型化生产。屋面板规格少
正放抽空四角锥网架	同上。除周边网格中的锥体不变外,其余网格可根据网架的支承情况有规律的抽掉一些锥体而成	同上	空间刚度较正放四角锥网架为小	下弦杆内力增大,且均匀性较差	同上。但杆件数目减少,相应构造简单
棋盘形四角锥网架	将斜放四角锥网架转动45°角而成,即上下弦正放,下弦杆斜放	上弦网格正交正放,下弦网格正交斜放,上下弦的网格投影重合	同上。当周边布置成满锥时,刚度较好	这种网架受压上弦杆短,受拉下弦杆长,能充分发挥杆件截面的作用,受力合理	节点汇交杆件少,上弦节点处6根,下弦节点出8根,节点构造简单
斜放四角锥网架	以倒置四角锥为组成单元,但以各个倒置的四角锥体底边的角与角相连,即上弦杆斜放,下弦杆正放	上弦网格正交斜放,而下弦网格与边界平行	空间刚度叫正放四角锥网架为小	同上	同上
星性四角锥网架	其组成单元体由两个倒置的三角小桁架正交而成,在节点处有一根公用的竖杆。将单元体的上弦连接起来就形成网架的上弦,将各星体顶点相连就形成网架下弦,即上弦杆斜放,下弦杆正放	上弦杆为倒三角形的底边,下弦杆为倒三角形顶点的连线,网架的斜腹杆均与上弦杆位于同一垂直面内	其刚度稍差,不如正放四角锥网架	同上。其竖杆受压,内力等于上弦节点荷载	节点汇交杆少,上下弦节点处5根,节点构造简单
三角锥网架	以倒置三角锥为组成单元,将各个倒置的三角锥体底边相连即形成网架的上弦,再将锥顶用杆件连接起来即形成网架的下弦。三角锥的三角棱即为网架的斜腹杆	其上下网格均为三角形。倒置三角形的锥顶与上弦三角形的投影重合,平面为六边形	基本单元为几何不变体系,整体抗扭和抗弯刚度较好。适用于大跨度工程中	受力比较均匀	如果网架刚度为 $h=\sqrt{\dfrac{2}{3}}s$, s 为弦杆长度,则全部杆件均等长。上下弦节点汇交的杆件均为9根,可统一节点构造

续表

名称	组成方式	几何特征	刚度特征	受力特征	施 工
抽空三角锥网架	同上。适当抽去一些三角锥单元的腹杆和下弦杆	上弦平面为正三角形,下弦平面为正三角形及正六边形组合成,平面为六边形	刚度较三角锥差。为增加刚度,其周边宜布置成满锥	下弦杆内力增大且均匀性稍差	节点和杆件数量比三角锥数量少。上弦网格与三角锥网格一样密,有利于铺设屋面板。下弦杆稀疏,有利于施工及省料
蜂窝形三角锥网架	将倒置的三角锥体底面角与角相连形成网架的上弦。锥顶杆件相连即形成网架的下弦	上弦平面为有规律排列的三角形与六边形。下弦网格为单一的六边形。其斜腹杆与下弦杆位于同一平面内	同上	这种网架受压上弦杆短,受拉下弦杆长,能充分发挥杆件截面的作用,受力合理	在常见的网架形式中,杆件数和节点数量少。但上弦平面的三角形及六边形网格增加了屋面板的规格

除以上所述平面桁架系网架及角锥体网架两大类外,还有三层网架及组合网架等结构形式。

三层网架分全部三层和局部三层两种,一般中等跨度的网架,可采用后者。因材料关系,内力值受到限制的情况下采用局部三层网架会取得良好的效果。对大跨度的机库或体育馆则全部采用三层网架较为合理;三层网架对中、小跨度来说,因构造复杂,一般不采用,近年来有些跨度超过50m的网架也有采用的。

所谓组合网架是指利用钢筋混凝土屋面板代替网架上弦杆的一种结构形式,它可使屋面板与网架结构共同工作,节约钢材,改善网架的受力性质。这是一种有很大发展前途的结构形式。这种组合网架不但适用于屋面,更适用于屋盖,因目前尚属于发展阶段,应用面有限,故本书不做介绍。

本书中的大、中、小跨度划分系针对屋盖网架而言;当跨度 $L_2 > 60$m 为大跨度;$L_2 = 30 \sim 60$m 为中跨度;$L_2 < 30$m 为小跨度。

2. 网架结构构造

(1) 杆件和节点的设计和构造

1) 杆件

网架杆件可采用普通型钢和薄壁型钢。管材可采用高频电焊钢管或无缝钢管,当有条件适应采用薄壁管形截面。杆件的钢材应按国家标准《钢结构设计规范》(GB 50017—2003) 的规定采用。网架杆件的截面应根据承载力和稳定性的计算和验算确定。

常用钢管直径(mm) 有: $\phi 48 \left(1\frac{7}{8}\text{in}\right)$、$\phi 51 (2\text{in})$、$\phi 57 \left(2\frac{1}{4}\text{in}\right)$、$\phi 60 \left(2\frac{3}{8}\text{in}\right)$、$\phi 63 \left(2\frac{1}{2}\text{in}\right)$、$\phi 70 \left(2\frac{3}{4}\text{in}\right)$、$\phi 76 (3)$、$\phi 83 \left(3\frac{1}{4}\text{in}\right)$、$\phi 89 \left(3\frac{1}{2}\text{in}\right)$、$\phi 95 \left(3\frac{3}{4}\text{in}\right)$、$\phi 102 (4\text{in})$、$\phi 108 \left(4\frac{1}{4}\text{in}\right)$、$\phi 114 \left(4\frac{1}{2}\text{in}\right)$、$\phi 127 (5\text{in})$、$\phi 152 (6\text{in})$、$\phi 159 \left(6\frac{1}{4}\text{in}\right)$等。

常用的钢管壁厚有: 3mm、3.5mm、4mm、4.5mm、5mm、6mm、7mm、8mm、10mm、12mm 等。

　　杆件长度和网架网格尺寸有关，确定网格尺寸时除考虑最优尺寸及屋架板制作条件因素外，也应考虑一般常用的定尺长度，以避免剩头过长造成浪费。钢管出厂一般均有负公差。

　　2）节点

　　网架节点有焊接钢板节点、螺栓球节点和焊接球节点。

　　焊接钢板节点可有十字节点板和盖板组成，适用于连接型钢杆件。十字节点板宜由二块带企口的钢板对插焊成，也可由三块钢板焊成，见图 2-48a、b 所示。小跨度网架的受拉节点可不设置盖板。十字节点板节点与盖板所用钢材应于网架杆件钢材一致。焊接钢板节点可用于两向网架，也可用于四角锥体组成的网架。由于焊接板节点现切实焊多，给施工带来不便，这种节点现也很少使用。

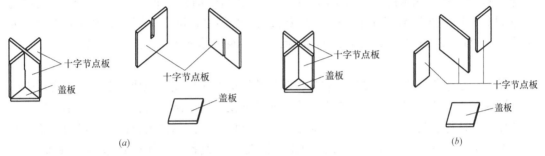

图 2-48　十字节点板

　　螺栓球节点，见图 2-49 所示，有以下部件构成：球体、高强度螺栓、六角形套管、销子（或螺钉）、锥头或封板。球体是锻压或构造的实心钢球，在钢球中按照网架结构汇交的角度进行钻孔并车出螺纹。球的大小根据螺栓直径和伸入球的螺纹长度确定。为了缩小球的体积，在杆件端头焊上锥形套筒，螺栓通过套筒再与螺栓球相连，螺栓上放置一个两侧开有长槽的无纹螺母，用一个销钉穿入长槽通过螺栓小孔将螺栓与无纹螺母连在一起。螺栓可以在杆件端部转动，当螺栓插入球的螺母后，便可以用扳手拧动无纹螺母，螺母转动时通过销钉带动螺栓转动，螺栓的螺纹便逐渐拧入球体内，直到最后紧固为止，相当于对节点施加预应力的过程。预应力的大小与拧紧程度成正比。此时螺栓受预拉力，套筒受预压力；在节点上形成自平衡内力，而杆件不受力。当网架承受荷载后，拉杆内力通过螺栓受拉传递，随着荷载的增加，套筒预压力也随之减小，到破坏时杆件拉力全由螺栓

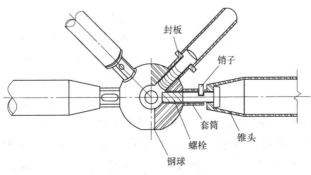

图 2-49　螺栓球节点

承受。对于压杆，则通过套筒受压来传递内力，螺栓预拉力随荷载的增加而减少，到破坏时杆件压力全由套筒承受。

螺栓球节点的优点是安装、拆卸方便。球体与杆件的规格便于系列化、标准化，适用于工厂化生产。采用螺栓球节点的结构适应性较大，用同一尺寸的螺栓球和杆件可以拼装各种不同形式的网架结构。但也存在如节点构造复杂、机械加工量大、加工工艺要求高、需要钢件品种多、制造费用较高等问题。一般适用中、小跨度网架，杆件最大拉力已不超过700kN，杆件长度已不超过3m为宜。

螺栓球节点的钢管、封板、锥头和套筒宜采用国家标准《碳素结构钢》（GB/T 700—2006）规定的Q235钢或国家标准《低合金高强度结构钢》（GB/T 1591—2008）规定的Q345（16Mn）钢。钢球宜采用国家标准《优质碳素结构钢》（GB/T 699—1999）规定的45钢。螺栓、销子或螺钉，宜采用国家标准《合金结构钢》（GB/T 3077—1999）规定的40Cr钢、40B钢或20MnTiB钢等。产品质量应符合国家标准《钢网架螺栓球节点用高强度螺栓》（GB/T 16939—1997）及行业标准《钢网架螺栓球节点》（JG 10—1999）的规定。

焊接空心球节点应用历史长，它是将两块圆钢板经热压或冷压成两个半球后再对焊而成。焊接空心球节点构造简单，受力明确，连接方便，对于圆钢管杆件要求切割面垂直于杆件轴线，杆件会与空心球自然对中而不产生节点偏心。因球体无方向性，可与任意方向的杆件连接，见图2-50所示。但球体的制造需要冲压设备，冲压时钢板需用圆形毛坯，钢材的利用率低，节点用钢量约占整个网架用钢量的10％～30％，它较板节点用钢量稍多。焊接球节点的焊接工作量大，仰、立焊缝较多，且对焊接质量和杆件尺寸的准确度要求较高。

焊接空心球的钢材宜采用国家标准《碳素结构钢》（GB/T 700—2006）规定的Q235或国家标准《低合金高强度结构钢》（GB/T 1591—2008）规定的Q345（16Mn）钢。产品质量应符合行业标准《钢网架焊接空心球节点》（JG/T 11—2009）的规定。

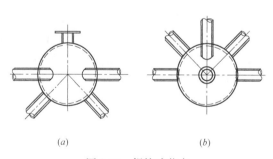

(a)　　　　　　(b)

图2-50　焊接球节点

网架屋面维护结构同门式刚架、钢框架，在此不再详述。

2.5.4　索膜结构简介

1. 索膜结构的发展

（1）膜建筑的起源与发展

一片只能承受拉力的柔性薄膜，在受到一种有压差的气体压力时，能出现充气现象。每一个充气受压的薄膜都能承受外力，这就使得这种加压介质变成支撑介质，即成为一种结构物件，这就是充气承重结构。充气结构可以是封闭的如肥皂泡，也可以是开敞的如飞翔的动物的翅膀。由此看来，充气结构是以自然界的有机体和无机体中常见的物理现象为基础的。充气结构已经在技术领域应用了几个世纪，如帆船、降落伞、热气球等，如工业革命以来经常遇到的情况一样，在充气结构的一般应用方面，建筑再次落后于其他技术领域。最早将充气原理用到建筑上的是英国的工程师F. W. 兰彻斯特，他在1918年获得了《一个供野战医院、仓库或类似功能的改进的帐篷结构》的专利。

像许多专利申请案一样，F. W. 兰彻斯特的专利在当时只是一种构思，而没有真正的成为使用的产品。1946 年有一位名为华特·贝尔德（Walter Bird）的美国工程师为美国军方做了一个直径 15m 圆形充气的雷达罩，用来保护雷达不受气候侵袭，又可让电波无阻的通过，从而使沉睡了多年的专利付诸实用，并由此产生了一个新的工业。1956 年以后，美国一共建立了约 50 多家的膜结构公司，制造各种膜产品，应用于体育设施、展览场、设备仓库、轻工业厂房等。但早期的膜结构产品多因设计人不周全，或制作粗糙，或业主维护不当，以致造成许多不幸事件，大多数的膜结构企业亦因之倒闭。1960 年间，德国斯图加特大学的弗雷·奥托先生（Frei Otto），对充气结构的发展作了详细论述，先后于 1962 和 1965 年发表了研究膜结构的成果（1962 年 F. 奥托所著的《拉力结构》第一册出版，其中很长的一章论述了充气结构），并同帐篷制造厂商合作，做了一些帐篷式膜结构和钢索结构，其中最受人注目的是 1967 年在蒙特利尔博览会的西德馆，它通过支撑在不同高度桅杆上预应力双曲钢索网覆盖了大片平面，以轻质透明有机织物片作为维护结构连接于索网下，预应力提供了索网形状稳定性和抵抗外部效应的刚度。

1967 年斯图特加特第一届国际充气结构会议以后，有更多的人参与继续进行充气结构的研究。1970 年，日本大阪国际博览会中出现了许多充气建筑，其中最具代表性的建筑有富士馆和美国馆，反映了当时充气建筑的阶段成就，也标志着膜结构成为现代工程结构的开端。

当初大阪博览会上的美国馆，由于是临时性的展览建筑，采用的膜材算不上先进，但在强度上也经受了两次速度高达每小时 140km 以上台风的考验。通过这个工程使设计者认识到，需要一种强度更高、耐久性更好、不燃、透光和能自洁的建筑织物。20 世纪 70 年代，美国制造商开发的玻璃纤维织物即满足了如上的要求。主要的改进是涂覆的面层采用了聚四氟乙烯（PTFE，商品名称 Teflon 特氟隆）。这种材料于 1973 年首次应用于美国加利福尼亚拉维思学院一个学生活动中心的屋顶上。经过 20 多年的考验，材料还保持着 70%～80% 的强度，仍然透光并且没有褪色，拉维思学院膜结构的使用经验表明，涂覆 PTEE 面层的玻璃纤维织物，不但有足够的强度承受张力，在使用功能上也具有很好的耐久性。乐观估计，这种材料的使用年限将远不止当初所估计的 25 年。几乎同时即 1973 年在圣克·克罗拉的加州分校建造了一座气承式游泳馆（活动屋顶）的学生活动中心，从此永久性膜结构便正式在美国风行。

1960 年，美国的发明家和工程师富勒（B. Fuller）提出了"张拉整体（Tensegrity）"的概念，即以连续的受拉钢索为主，以不连续的压杆为辅，组成一种结构体系，然而他的概念始终没有在工程中实现。盖格创造性地把这个概念运用到以索、膜与压杆组成的"索穹顶"（cable dome）设计上，荷载从中心受拉环通过一系列辐射状脊索，受拉环索与斜拉索传到周围的受压圈梁上。索穹顶首先用在 1986 年韩国汉城奥运会的体操馆与击剑馆上，其直径分别为 120m 与 93m。其后又得到了不断的发展，跨度最大的是美国佛罗里达州的"太阳海岸穹顶"，直径达 210m，见图 2-51 所示。此外，美国李维（M. Levy）也继承了"张拉整体"的构想，并采用了富勒的三角形网格，设计了双曲抛物面的张拉整体穹顶，其代表作为 1996 年在美国亚特兰大举行的奥运会主馆——佐治亚穹顶，这个 240m×192m 的椭圆形索膜结构成为世界上最大的室内体育馆。依靠索来支承膜的索穹顶是膜结构体系的一大进展。

图2-51 美国佛罗里达州的"太阳海岸穹顶"

张拉膜结构利用预应力技术，即可以将膜材固定在如网架这样的刚性支撑上，也可以利用索网将其绷紧而承重如悬挂结构，或可以将两者结合共同来实现膜结构的设计理念。张拉膜结构的产生与发展，促进了预应力钢结构的发展，同时，使得膜建筑以其丰富的建筑造型展现在世人面前。正如人们所看到的一样，20世纪70～80年代后，随着世界经济的迅猛发展，特别是机械、化工、计算机等科学技术的不断创新，膜材的进一步突破，膜建筑如雨后春笋般的，大量用于滨海旅游、博览会、文艺、体育等大空间的公共建筑上。膜建筑以其优美的曲线和曲面所塑造的形态，与自然环境的完美结合，打破了以往梁柱结构的坚硬的造型约束，展示了更自由的建筑形体和更丰富的建筑语言。它时而生动活泼；时而飘逸自然；时而刚劲有力……夜晚，在周围环境光和内部照明的共同作用下，膜结构表面发出自然柔和的光辉，令人陶醉。20世纪末，英国所建造的千年穹顶（Millennium Domn），见图2-52所示，直径320m，以12根高达100m的桅杆所支撑的圆形屋顶的张力膜结构，集中体现了20世纪建筑技术的精华，展示了膜结构无与伦比的魅力，预示着膜结构将成为21世纪建筑的主流。

（2）膜建筑在我国的发展与展望

膜结构在我国也经过了一定的发展时期。早在20世纪60年代，上海展览馆就采用过一个临时性的空气支承式膜结构，此后很长时间进展不大。最近这十几年，中国的膜结构取得了很大的进展，并且出现了向大型工程发展的趋势，其中在体育场中的应用是具有举足轻重的影响。1997年上海第八届全运会的八万人体育场，其

图2-52 英国建造的千年穹顶

挑篷采用了以径向悬挑钢桁架组成的大跨度空间结构，上覆以伞形膜结构，这是中国首次将膜结构应用到大面积的永久性建筑上。接着是专门用于足球比赛的上海虹口体育场，采用了鞍形大悬挑空间索桁架支承的膜结构。这两个体育场采用的是进口的玻璃纤维织物，施工安装也主要依靠外国公司。这在很大程度上传播了国外的先进经验，也激励了中国人用自己的力量修建膜结构，影响深远。继上海体育场之后，国内最大的膜结构工程当属青岛颐中体育场的看台屋盖，见图2-53所示。

青岛颐中体育场膜结构，为我国第一个自行设计和安装的整体张拉索膜结构。罩篷是由60个锥形膜单元组成的脊谷式张拉膜结构，长轴266m，由86m长的直线段和两端半径为90m的半圆弧组成，短轴180m；立柱顶点标高42.5m，内环索标高约36.5m，篷盖悬挑沿周边均约40m；膜覆盖面积30000m²，可容纳6万名观众，于2000年7月竣工。整个篷盖由钢结构支撑系统、钢索、膜组成的一个典型索膜张拉体系，每个单元由一个立

柱支撑，通过谷索、脊索、内外边索的张拉作用成形。

我国成功举办奥运会后，又为我国乃至世界的膜结构建筑做出了巨大贡献，呈现出一批大体量、大跨度、造型新颖、施工技术先进的膜结构建筑，如水立方、鸟巢等。

膜结构目前被列入世界最轻的建筑结构之中。膜建筑屋面的重量仅为常规钢屋面的 1/30，这很显然降低了墙体与基础的造价；由于膜工程中所有的加工与制作均在工厂内完成，施工现场的安装施工工期几乎要比传统的建筑施工周期快一倍；膜建筑中所用的膜材，热传导性较低，单层膜的保温效果可与砖墙相比，优于玻璃，其半透明性在建筑内部产生均匀的自

图 2-53　青岛颐中体育场

然漫散射光，减少了白天电力照明的时间，非常节能；膜材对紫外线有较高的过滤性，可过滤大部分的紫外线；同时膜材有很高的自洁性，通过雨水的冲刷，可保持外观的自洁，所以说膜建筑是 21 世纪的绿色环保建筑；由于膜建筑自重轻，可以不需要内部支撑而覆盖大面积的空间，人们可更自由地创造更大的建筑空间，从目前我们所掌握的技术来看，我们可建造 1000m 的跨度。也就是说，跨度越大，越能体现出膜建筑的经济性；膜建筑在吸声、防火方面也表现不俗；由于膜建筑的特点，建筑师可充分地展开想象的翅膀，实现传统建筑所实现不了的建筑梦想。目前膜建筑被广泛的用于以下各个领域：

文化设施——展览中心、剧场、会议厅、博物馆、植物园、水族馆等。

体育设施——体育场、体育馆、健身中心、游泳馆、网球馆、篮球馆等。

商业设施——商场、购物中心、酒店、餐厅、商店门头（挑檐）、商业街等。

交通设施——机场、火车站、公交车站、收费站、码头、加油站、天桥连廊等。

工业设施——工厂、仓库、科研中心、处理中心、温室、物流中心等。

景观设施——建筑入口、标志性小品、步行街、停车场等。

我们相信，随着社会的发展，21 世纪，膜建筑可谓前程似锦。

2. 索膜建筑的结构形式

膜结构，由膜面和支承结构共同组成的，属于建筑物或构筑物的一部分或整个结构称为膜结构。纵观膜建筑的发展成就，它的结构类型和形式比较多。按支承方式来分，有充气膜结构和张力膜结构。其中充气膜结构又有气承式和气肋式，就是向气密性好的膜材所覆盖的空间注入空气，利用内外空气的压力差使膜材受拉，结构就具有一定的刚度来承重。而张力膜结构是对膜施加预应力，使得结构具有一定的刚度和稳定的形状。它又分为刚性支承体系、柔性支承体系和混合支承体系。所谓刚性支承体系，又称框架膜结构，膜直接张复在刚架、网架（网壳）等变形较小的结构上；柔性支承体系，又称索膜结构，膜张复在柔性索、索网、索结构上，索与膜共同受力；混合支体承系，膜部分张复在刚架等刚性支撑上，部分张复在柔性索上。按膜对建筑覆盖的形式来分，膜结构又分为开敞式膜结构、封闭式膜结构和开合式膜结构。按膜材层数来分，有单层膜结构、双层膜结构。双层膜结构，内膜为保温、隔热，满足声学性能，外膜为直接受荷载作用。

我国 2002 年由上海市建设工程标准定额管理总站编制的《膜结构技术规程》，在综合

考虑了国内外的实践经验的基础上，根据造型需要和支撑条件等，将膜结构分为以下四种结构型式：

（1）气承式膜结构：主要依靠膜曲面的气压差来维持膜曲面的形状。该结构要求有密闭的充气空间，并应设置维持内压的充气装置。

（2）索系支承式膜结构：由空间索系作为主要的受力构件，在索系上布置按要求设计的张紧的膜材。见图 2-51 所示美国佛罗里达州的"太阳海岸穹顶"。

图 2-54　枣庄三中体育场看台（王松岩提供）

（3）骨架支承式膜结构：由钢构件或其他刚性结构作为承重骨架，在骨架上布置按设计要求的张紧的膜材。见图 2-54 所示，枣庄三中体育场看台。

（4）整体张拉式膜结构：由桅杆等支撑结构提供吊点，并在周边设置锚固点，通过预张拉而形成的稳定体系。见图 2-52 所示，千年穹顶。

3. 索膜结构建造材料

（1）膜材

用于膜结构中的膜材是一种具有高强度、柔韧性很好的柔性材料。它是由织物基材和涂层复合而成的一种复合材料。其构造，见图 2-55 所示。膜材的弹性模量较低，这有利于膜材形成复杂的曲面造型。

膜结构对膜材有以下性能要求：

1）高抗张拉强度。

2）高抗撕裂强度。

3）材料尺寸的稳定性，即对伸长率的要求。

4）抗弯折性，要有一定的柔软度。

5）要有较高的透明度和放射太阳光的能力。

6）耐久性，包括防水、耐热、抗腐、自洁性。

7）防火性能。

8）可加工性，便于裁剪和拼接。

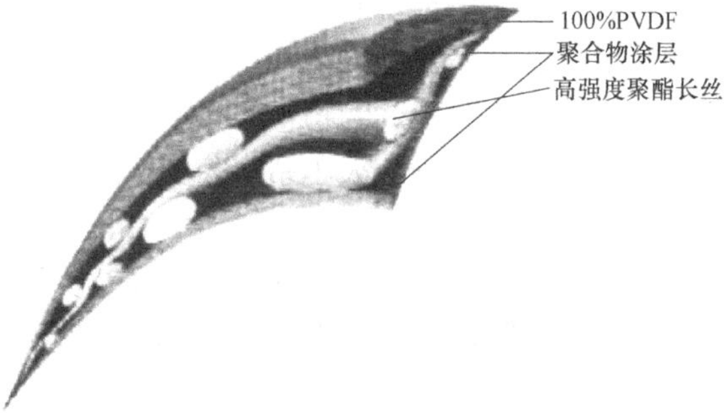

100%PVDF
聚合物涂层
高强度聚酯长丝

图 2-55　膜材的组成结构示意图

膜材的优点很多，是理想的膜结构覆盖材料。它轻质高强，中等强度的 PVC 膜，其厚度仅 0.61mm，但它的拉伸强度相当于钢材的一半；中等强度的 PTFE 膜，其厚度仅 0.8mm，但它的拉伸强度已达到钢材的水平。膜材对自然光有反射、吸收和透射能力；它不燃、难燃或阻燃；具有耐久、防火、气密良好等特性；表面经处理（涂覆 PVC 或 PVDF）的膜材，自身不发黏，有很好的自洁性能。但它也有不足之处，例如，膜材的不可回收性，使得膜材成为并不完全彻底的环保材料。不过，我们正在努力克服。

膜材基本上是一种织布，织材由纤维构成。通常运用的纤维可分为下列几种：

1）尼龙（Nylon）：抗拉力较 Polyester 稍佳，但其弹力系数较低，使得在载重的情形下可能造成皱褶的概率大为升高，且受湿度变化的影响较大，使得在裁切前后容易产生误差，并且易受紫外线影响而逐渐失去抗拉力。

2）聚酯类（Polyester）：其抗拉力较 Nylon 稍差，但其具有良好的张力、耐久性、成本低的特点，刚性大的特质能弥补其不足。聚酯为最常用之基材。未处理的 Polyester 纤维易受紫外线破坏，但在保护涂层覆盖后，与同样处理的 Nylon 相比更能抵抗紫外线，因此就实用而言，Polyester 的抗紫外线能力较 Nylon 为佳。

3）玻璃纤维（Fiber Glass）：具有弹性系数高及抗拉强度高的优点，但其纤维易受重复的压折而破坏，为克服此缺点，运用较细纤维能在一定的程度上降低破坏的可能。玻璃纤维不易受紫外线破坏，因此大为应用于永久性的建构上。

4）人造纤维（Kevlar）：具有弹性系数高及抗撕裂能力强的特点，伸缩性较玻璃纤维为佳，但不及 Nylon 与 Polyester。暴露于紫外线下同样会使基材的特性恶化。

涂层材料常运用的有以下几种：

1）聚氯乙烯（PVC）：柔软、弹性大，可随织布的曲率变化而紧密附着在基材上，能抵抗紫外线并且能有颜色之变化。常用于 Nylon 与 Polyester 之被覆处理。

2）聚四氟乙烯（PTFE）：化学性质稳定，能抵抗湿度的变化及有机物质的破坏，防火并且不易随时间而老化，被覆之后可提高织布的抗拉强度及弹性系数。目前只有白色的涂层可选择。

3）硅树脂（Silicone）：通常用于玻璃纤维的覆盖层，弹性能维持长久，可提高织布的抗拉强度及弹性系数，防火、抗紫外线。Silicone 覆盖层与 PTFE 覆盖层的玻璃纤维膜材，物理性质相当。

4）涂层处理：涂层通常是为了额外保护织布上的覆盖层免于紫外线的破坏而增加的又一层涂层，增加了膜材的自洁性。如 PVC 上再涂覆 PVDF 二氟化乙烯等。

由以上基层和涂层组合，常用建筑膜材由以下几种：

1）PTFE 玻璃纤维膜材：由聚四氟乙烯（PTFE）涂层和玻璃纤维基层复合而成。PTFE 膜材，品质卓越，价格也较高。由于聚四氟乙烯 PTFE 和玻璃纤维都是不宜老化的材料，它们的化学性质均非常稳定，故该膜材被叫做"永久性膜材"。我国鸟巢就是应用的这种膜材。

2）PVC 聚酯纤维膜材：在聚酯纤维（PES）基布上涂层聚氯乙烯（PVC）的膜材。该膜材价格适中，应用广泛，但需将其表面进行处理才能使用，否则很容易老化和吸尘。

3）硅树脂玻璃纤维膜材：在玻璃纤维基布上涂层硅树脂的膜材。该膜材质地较软，可以折叠，使用较少。

4）PTFE 芳纶膜材：在芳纶基布上涂层 PTFE 的膜材。芳纶纤维的抗拉强度比玻璃纤维的抗拉强度大近一倍，且不宜被拉长变形，还可以折叠，由于它带有天然的淡黄色，影响了它的使用。

5）加面层的 PVC 膜材：在 PVC 膜材表面上，再涂覆聚偏氟乙烯或聚氟乙烯，性能优于纯 PVC 膜材，价格相应略高于纯 PVC 膜材。

不同基层与不同涂层组合后，膜材的性能差别很大。

常用的彩色膜材几乎都是 PVC 类膜材，也有在硅树脂玻璃纤维膜材表面进行彩色处理的膜材。彩色的 PVC 膜材有亚克力（Acrylic）表面处理的，也有 PVDF 和 PVF 表面处理的膜材，其表面处理的方式与白色的 PVC 膜材一样。彩色膜材也有双色的，即膜材两面有不同的颜色，使得膜结构有不同的视觉效果。

目前，在国外市场上使用的新型膜材主要有以下几种：

1）PTFE/PVC 聚酯纤维膜材：一面涂层 PTFE，另一面涂层 PVC 的聚酯纤维膜材。由德国的杜肯膜材公司生产，它将 PTFE 膜材的自洁性和 PVC 膜材的柔软性柔和为一体，大大提高了膜材的使用效果。

2）纯 PTFE 膜材：即在 PTFE 基布上涂层 PTFE，所用的材料全部是 PTFE。该材料非常柔软，可以折叠，拼接方法与 PTFE 玻璃纤维相同，同时该材料的透光率可达到 40％。

3）ETFE 膜材：有全透明和半透明的 ETFE 膜材。该材料没有基布，一般用于充气式双层形式。

4）PTFE 膜贴合玻璃纤维膜材：该材料是将两层 PTFE 膜通过高温、高压将其贴合在玻璃纤维网布上的膜材，该材料的透光率可达到 50％以上，是需要透光的工程首选的理想材料。

5）吸音膜材：采用特殊的织布工艺和涂层处理的玻璃纤维网格布，可起到吸音和隔音的作用。一般用于双层膜结构的内膜材料。

目前，膜材的分类国内还未见较为统一的标准。由上海市建设工程标准定额管理总站编制《膜结构技术规程》采用国外的分类标准。国外的膜材按基材和涂层将其分为 A、B、C 三大类，A 类膜材是玻璃纤维基材加聚四氟乙烯涂层，一般简称 A 膜；B 类膜材是玻璃纤维基材加聚氯乙烯、氟化树脂等涂层，一般简称 B 膜；C 类膜材是聚酯纤维、聚乙烯醇类纤维和聚酰胺类纤维基材氯丁橡胶、聚氯乙烯等涂层，一般简称 C 膜。

在实际工程中，膜材应根据建筑物的使用年限、建筑功能、建筑物所处的环境、建筑物防火要求及建筑的荷载、工程造价、膜材的抗老化试验等因素，进行合理与正确的选择，使膜结构在设计、施工中作到安全可靠、技术先进、经济合理。国家标准《建筑结构可靠度统一标准》（GB 50068—2001）中 1.0.5 条规定："将易于替换的结构构件的设计使用年限定为 25 年，临时性的设计使用年限定为 5 年。"

不同种类、不同品牌及同一品牌不同型号的膜材，其性能和价格各不相同。膜材的选择在很大程度上取决于建筑物的功能、防火要求、设计寿命和投资额。一般来说，应考虑下列因素：

1）强度，包括膜材的抗拉强度和抗撕裂强度等。这主要由膜面的工作应力来决定。

2）耐久性，包括抗老化性能、徐变性能及适应气候的能力。

3）防火性能，即要求材料是阻燃的还是不燃的，这往往是由建筑物的功能和当地对建筑材料防火性能的要求而决定的。

4）价格，膜材的价格往往起决定性作用。

5）膜材的可加工性能、幅宽及拟建工程的膜面形状等。

（2）索及膜结构配件

索是膜结构建筑的重要受力构件。大多数膜结构工程都是通过钢索来张拉膜面的。按索的应用形式来分，有形成自由造型的边索、维持形状和稳定的脊索和谷索、顶升飞柱及传递荷载的拉锁等。

由若干根高强钢丝按几种不同方式制成的钢缆索，可承受结构的张力，简称为钢索。从钢索材料构成要素来进行分类，大致可分为钢缆绳、钢绞线和半平行钢丝索三类。半平行钢丝索是由若干高强度钢丝并拢经大节距扭绞而成，能够充分发挥高强钢丝的强度，弹性模量也与高强钢丝接近，大多用于大跨度建筑或重要的膜结构建筑中；钢绞线是由若干根钢丝捻绞在一起而成，由于各钢丝之间受力不均匀，其抗拉强度和弹性模量都要低于半平行钢丝索；钢丝绳是由若干股钢绞线沿同一方向缠绕而成，其抗拉强度和弹性模量又略低于钢绞线，其优点是较柔软，适用于需要弯曲且曲率较大的构件，在一些小型膜结构中应用较多。

索在应用过程中，要做防腐处理。钢索的防腐处理一般有三种：钢绞线镀锌、裹以树脂防护套、表面喷涂。国内用于膜结构的钢索大多为镀锌钢索。国外膜结构用索大都为不锈钢索。一般来说，外露的拉锁宜采用不锈钢拉索，以充分体现膜结构的轻盈、美观；穿在膜套中的边索可以考虑采用无油镀锌索。由于不锈钢索其制成材料强度高，索具小巧、精致、耐久，所以条件许可时，应优先选用。

索具的选择与钢索宜配套。其力学性能应满足以下要求：

1）在索破断拉力的作用下，没有明显的屈服。

2）在各种荷载组合和外界环境变化下，确保安全可靠。

3）在动荷载反复作用下，不会出现疲劳失效，也不会导致索端头的局部疲劳失效。

索具应做表面镀锌处理，并应做超声波探伤。索具与索的连接处应进行密封处理，还应保证索具与索的连接处的强度不低于索的抗拉强度的 95%。

索和索具的强度校核大都采用容许应力法。对于索，安全系数一般不小于 2.0，即索的抗拉破断力应不小于其最大工作应力的 2.0 倍。索具的安全系数一般不小于 2.2。

在膜结构工程中，有些部位还配有必要的配件，见图 2-56 所示。这些配件一般可根据图纸，到专门的厂家加工生产。

4. 索膜结构的计量与计价

根据《建筑工程工程量清单计价规范》，膜结构报价工程量计算规则是：按设计图示尺寸以需要覆盖的水平面积计算，见图 2-57 所示。

支持和拉固膜布的钢柱、拉杆、金属网架（参见钢结构工程的计量与计价）及钢筋绳、锚固的锚头等应包括在报价内。

支承柱的钢筋混凝土的柱基、锚固的钢筋混凝土基础以及地脚螺栓等按混凝土及钢筋混凝土相关项目编码列项。

图 2-56　膜角配件

膜结构投标报价采用综合单价，包括膜材、钢结构支承、索及其他膜结构配件（不包括基础的费用，若有基础，另外报价）。

膜材的价格受市场影响较大，不同品牌、不同材质的膜材价格差异很大。一般来说，PVC 膜材的价格比较便宜，目前国产的产品不少，加工制作也比较方便，一般用于对防火

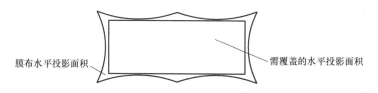

图 2-57　膜结构工程量计算示意图

性能及耐久性要求不是很高的建筑或小品等。PVC 涂层覆盖聚酯纤维膜材目前在国内的市场价格为 80～140 元/m²，加工费在 50～70 元/m²，膜结构的支承结构用钢量一般在 10～30kg/m²，现阶段国内膜结构公司的投标价（含配套钢结构）一般在 650～900 元/m²。

PTFE 涂层覆盖玻璃纤维膜材目前的市场价格为 400～700 元/m²，加工难度较大，加工费用也较高，目前国内采用得较少。国外建成工程的造价折合人民币一般在 1800～3000 元/m²。

第3章 建筑工程造价基本原理

3.1 工程造价概述

3.1.1 工程造价的含义

目前工程造价有两种含义,但都离不开市场经济的大前提。

第一种含义:工程造价是指建设一项工程预期开支的全部固定资产投资费用。也就是一项工程通过建设形成相应的固定资产、无形资产所需一次性费用的总和。显然这一含义是从投资者——业主的角度来定义的。投资者选定一个投资项目,为了获得预期的效益,就要通过项目评估进行决策,然后进行设计招标、工程招标,直至竣工验收等一系列投资管理活动。再投资活动中支付的全部费用形成了固定资产和无形资产。所有这些开支就构成了工程造价。从这个意义上说,工程造价就是工程投资费用,建设项目工程造价就是建设项目固定资产投资。

第二种含义:工程造价指工程价格。即为建成一项工程,预计或实际在土地市场、设备市场、技术劳务市场,以及承发包市场等交易活动中所形成的建筑安装工程的价格和建设工程总价格。显然,工程造价的第二种含义是以社会主义商品经济和市场经济为前提的。它以工程这种特定的商品形式作为交易对象,通过招投标、承发包或其他交易方式,再进行多次性预估的基础上,最终由市场形成的价格。

通常是把工程造价的第二种含义只认定为承发包价格。应该肯定,承发包价格是工程造价中一种重要的,也是最典型的价格形式。它是在建筑市场上通过招投标,由需求主体投资者和供给主体建筑商共同认可的价格。

所谓工程造价的两种含义是以不同角度把握同一事物的本质。从建设工程投资者来说,面对市场经济条件下的工程造价就是项目投资,是"购买"项目要付出的价格;同时也是投资者作为市场供给主体时"出售"项目时定价的基础。对于承包商、供应商和规划、设计等机构来说,工程造价是他们作为市场供给主体出售商品和劳务价格的总和,或是特指范围的工程造价,如建筑安装工程造价。

区别工程造价两种含义的理论意义在于,为投资者和以承包商为代表的供应商在工程建设领域的市场行为提供理论依据。当政府提出降低工程造价时,是站在投资者的角度充当着市场需求主体的角色;当承包商提出要提高工程造价、提高利润率,并获得更多的实际利润时,他是要实现一个市场供给主体的管理目标。这是市场运行机制的必然。不同利益主体绝不能混为一谈。同时,两种含义也是对单一计划经济理论的一个否定和反思。区别两种含义的现实意义在于,为实现不同的管理目标,不断充实工程造价的管理内容,完善管理方法,更好的为实现各自的目标服务,从而有利于推动建筑业乃至整个社会的经济增长。

工程造价的特点依赖于工程建设的特点,工程造价有以下的特点:

1. 工程造价的大额性

能够发挥投资效用的任何一项工程，不仅实物形体庞大，而且造价高昂。工程造价的大额性使它关系到各方面重大经济利益，同时也会对宏观经济产生重大影响。这就决定了工程造价的特殊地位，也说明了造价管理的重要意义。

2. 工程造价的个别性、差异性

任何一项工程都有特定的用途、功能、规模。因此，对每一工程的结构、造型、空间分割、设备配置和内外装饰都有具体要求，所以工程内容和实物形态都有个别性、差异性。产品的差异性决定了工程造价的个别性差异。同时，每项工程所处地区、地段都不同，使这一特点得到强化。

3. 工程造价的动态性

任何一项工程从决策到竣工交付使用，都有一个较长的建设期，而且由于不可控因素影响，在施工期内许多影响工程造价的动态因素，如工程变更、设备材料价格变动、政策性费率、汇率等的变动，这种变化必然会影响到造价的变动。所以，工程造价在整个建设期中处于不确定状态，直至竣工决算后才能最终确定工程的实际造价。

4. 工程造价的层次性

工程造价的层次性取决于工程的层次性，一个工程项目往往含有多项能够独立发挥专业效能的单项工程。一个单项工程又是由能够各自发挥专业效能的单位工程组成。与此相适应，工程造价有三个层次：建设项目总造价、单项工程造价和单位工程造价。如果专业分工更细，单位工程（如土建工程）的组成部分——分部分项工程也可以成为交工对象。从造价的计算和工程管理的角度看，工程造价的层次性也是非常突出的。

5. 工程造价的兼容性

造价的兼容性首先表现在它具有两种含义，其次表现在造价构成因素的广泛性和复杂性。在工程造价中，首先，成本因素非常复杂。其中为获得建设工程用地支出费用，项目科研和规划费用、与政府一定时期政策（特别是产业政策和税收政策）相关的费用占有相当的份额。再次，盈利的构成也较为复杂，资金成本较大。

工程造价涉及到国民经济各部门、各行业，涉及到社会生产中的各个环节，也直接关系到人民群众的生活和城镇居民的居住条件，所以它的作用范围和影响程度都很大。其作用主要有以下几点：

（1）建设工程造价是项目决策的工具。建设工程投资大、生产和使用周期长等特点决定了项目决策的重要性。工程造价决定着项目的一次性投资费用。

（2）建设工程造价是制定投资计划和控制投资的有效工具。

（3）建设工程造价是筹集建设资金的依据。

（4）建设工程造价是合理利益分配和调节产业结构的手段。

（5）工程造价是评价投资效果的重要指标。

建设工程造价是一个包含着多层次工程造价的体系，就一个工程项目来说，它既是一个建设项目的总造价，又包含单项工程的造价和单位工程的造价，同时也包含单位生产能力的造价，或每平方米建设面积的造价等。所有这些，使工程造价本身形成了一个指标体系。所以它能够为评价投资效果提供多种指标，并能够形成新的价格信息，为今后类似项目的投资提供参考系。

3.1.2　工程造价管理

1. 工程造价管理含义

工程造价管理有两种含义：一是建设工程投资费用管理。二是工程价格管理。工程造价确定依据的管理和工程造价专业队伍建设的管理则是为这两种管理服务的。

工程投资费用管理，属于投资管理范畴。明确的说，它属于建设工程投资管理范畴。

作为工程造价的第二种含义的管理，即是工程价格管理，属于价格管理的范畴。在社会主义市场经济条件下，价格管理分两个层次。在微观上讲，是生产企业在掌握市场价格信息的基础上，为实现管理目标而进行的成本控制、计价、定价和竞价的系统活动。它反映了微观主体按支配价格运动的经济规律，对商品价格进行能动的计划、预测、监控和调整，并接受价格对生产的调节。在宏观层次上，是政府根据社会经济发展的要求，利用法律手段、经济手段和行政手段对价格进行管理和调控，以及通过市场管理规范市场主体价格行为的系统活动。工程建设关系国计民生，同时，政府投资公共、公益性项目在今后仍然会占相当份额。因此国家对工程造价的管理，不仅承担一般商品价格的调控职能，而且在政府投资项目上也承担着微观主体的管理职能，是工程造价管理的一大特色。区别两种管理职能，进而制定不同的管理目标，采用不同的管理方法是必然的发展趋势。

2. 工程造价管理的基本内容

工程造价管理的基本内容就是合理地确定和有效地控制工程造价，见表 3-1 所示。

所谓工程造价的合理确定，就是在建设程序的各个阶段，合理确定投资估算、概算造价、预算造价、承包合同价、结算价、竣工结算价。

各阶段工程造价的确定　　　　　　　　　　　　　　　　　　表 3-1

工程造价的合理确定	
项目建议书阶段	按照有关规定，应编制初步投资估算。经有关权威部门批准，作为拟建项目列入国家中长期计划和开展前期工作的控制造价
可行性研究阶段	按照有关规定编制的投资估算，经有关权威部门批准，即为该项目控制造价
初步设计阶段	按照有关规定编制的初步设计总概算，经有关权威部门批准，即作为拟建项目工程造价的最高限额。对初步设计阶段，实行建设项目招标承包制签订承包合同协议的，其合同价也应在最高限价（总概算）相应的范围内
施工图设计阶段	按规定编制施工图预算，用以核实施工图阶段预算造价是否超过批准的初步设计概算
招标阶段	对施工图预算为基础的招投标的工程，承包合同价也是以经济合同形式确定的建筑安装工程总造价
工程实施阶段	按照承包方实际完成的工程量，以合同价为基础，同时考虑物价上涨所引起的造价变动，考虑到设计中难以预计的而在施工阶段实际发生的工程和费用，合理确定结算价
竣工验收阶段	全面汇集在工程建设过程中实际花费的全部费用，编制竣工决算，如实体现该建设工程的实际造价

工程造价的有效控制，就是在优化建设方案、设计方案的基础上，在建设程序的各个阶段，采用一定的方法和措施把工程造价控制在合理的范围和核定的造价限额以内。具体说，要用投资估算价控制设计方案的选择和初步设计概算造价；用概算造价控制技术设计和修正概算造价；用概算造价或修正概算造价控制施工图设计和预算造价。以求合理使用

人力、物力和财力，取得较好的投资效益（控制造价在这里强调的是控制项目投资）。

3.2 建筑安装工程费用构成

建筑工程费用由分部分项工程费用、措施项目费用、其他项目费用、规费和税金组成。这是建筑工程清单计价模式下的建筑工程费用项目组成，见图 3-1 所示。这种费用组成，把实体消耗所需的费用、非实体消耗所需的费用、招标人特殊要求所需的费用分别列出，清晰、简单，突出非实体消耗的竞争性。分部分项工程费用、措施项目费用、其他项目费用均实行"综合单价"，体现了与国际惯例做法的一致性。考虑我国的实际情况，将规费、税金单独列出。

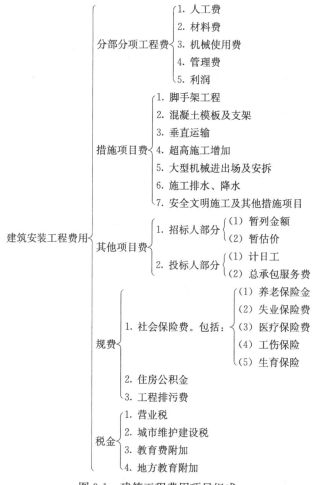

图 3-1 建筑工程费用项目组成

下面对建筑安装工程费用构成做详析介绍。

1. 分部分项工程费用

分部分项工程费由人工费、材料费、机械使用费、管理费、利润组成。

（1）人工费

人工费指为直接从事建筑安装工程施工的生产工人支付的有关费用。人工单价内容包括：基本工资、辅助工资、工资性津贴、福利费、劳动保护费。

1) 基本工资：指按企业工资标准发放给生产工人的基本工资。

2) 辅助工资：指生产工人除法定节假日以外非工作时间的工资。包括：职工学习、探亲、女工哺乳期的工资，病假在六个月以内的工资及产、婚、丧假期的工资等。

3) 工资性津贴：指在基本工资之外的各类补贴。包括：物价补贴、煤和燃气补贴、交通补贴、住房补贴和流动施工津贴等。

4) 福利费：指按规定标准计提的生产工人福利费。

5) 劳动保护费：指按国家有关部门规定标准发放的生产工人劳动保护用品的购置费及修理费，防暑降温费，以及在有碍身体健康环境中施工的保健费用等。

（2）材料费

材料费指施工过程中耗用的，构成工程实体的原材料、辅助材料、构配件（半成品）、零件的费用，以及材料、构配件的检验试验费用。

材料单价内容包括：材料原价（或供应价格）、材料运杂费、采购及保管费、检验试验费等 4 项费用（元/每计量单位）。

1) 材料原价（或供应价格）：指材料的出厂价、进口材料抵岸价格或市场批发价(元/每计量单位)。

2) 材料运杂费：指材料自来源地运至工地仓库或指定堆放地点所发生的装、卸、运输费用，以及运输、装卸过程中不可避免的损耗，运输过程中包装材料的摊销等费用。

3) 采购及保管费：指材料采购和保管、供应所发生的采购费、仓储费、工地保管费、仓储损耗费等。

4) 采购及保管费＝(材料原价＋材料运杂费)×采购及保管费率（元/每计量单位）

5) 检验试验费：指规范规定的对建筑材料、构件进行鉴定、检查所发生的费用。包括自设试验室进行试验所耗用的材料和化学药品等费用。不包括新结构、新材料的试验费和建设单位对具有出厂合格证明的材料进行检验，对构件做破坏性试验的费用。

（3）施工机械使用费

施工机械使用费指施工机械作业所发生的机械使用费用及机械安装、拆卸、场外运输费等。它包括土（石）方机械、打桩机械、水平运输机械、垂直运输机械、混凝土及砂浆机械、泵类机械、焊接机械、动力机械、地下工程机械、加工机械、其他机械等机械使用的费用。

机械台班单价内容包括：折旧费、大修理费、经常修理费、机上人工费、燃料动力费、机械安拆和场外运输费、养路费及车船使用税等 7 项费用（元/台班），或机械台班单价＝租赁单价（元/台班）。

1) 折旧费：指施工机械在规定的使用年限内，陆续收回其原值及购置资金的时间价值。

2) 折旧费＝预算价格×(1－残值率)×时间价值系数/耐用总台班（元/台班）

3) 大修理费：指施工机械按规定的大修理间隔台班进行必要的大修理，以恢复其正常功能所需的费用。

大修理费＝一次大修理费×寿命期内大修理次数/耐用总台班（元/台班）

4) 经常修理费：指施工机械除大修理以外的各级保养和临时故障排除所需的费用。

5) 机上人工费：指机上司机（司炉）和其他操作人员的工作台班人工费及上述人员

工作台班以外的人工费。

6）燃料动力费：指施工机械在运转作业中所消耗的固体燃料、液体燃料及水、电等费用。燃料动力费＝∑（台班燃料动力消耗数量×相应燃料单价）（元/台班）

7）除大型机械安拆和场外运输费以外的其他机械安拆和场外运输费。

8）养路费及车船使用税：指施工机械按国家规定和省有关部门规定应交纳的养路费、车船使用税、保险费及年检费等。

（4）管理费

是指建筑安装企业组织施工生产和经营管理所需费用。包括：

1）管理人员工资：是指管理人员的基本工资、工资性补贴、职工福利费、劳动保护费等。

2）办公费：指企业办公用的文具、纸张、账表、印刷、邮电、书报、会议、水电燃气等费用。

3）差旅交通费：指职工因公出差的差旅费、住勤补助费、市内交通费和午餐补助费、职工探亲路费、劳动力招募费、工伤人员就医路费，工地转移费及管理部门使用的交通工具油料、燃料、养路费及牌照费等。

4）固定资产使用费：指属于固定资产的房屋、设备、仪器等的折旧、大修、维修或租赁费等。

5）工具用具使用费：指不属于固定资产的工具、器具、家具、交通工具、检验用具、消防用具等的购置、维修和摊销费用等。

6）劳动保险费：是指由企业支付离退休职工的易地安家补助费、职工退职金、六个月以上的病假人员工资、职工死亡丧葬补助费、抚恤费、按规定支付给离休干部的各项经费。

7）工会经费：是指企业按职工工资总额计提的工会经费。

8）职工教育经费：是指企业为职工学习先进技术和提高文化水平，按职工工资总额计提的费用。

9）财产保险费：是指施工管理用财产、车辆保险。

10）财务费：是指企业为筹集资金而发生的各种费用。

11）税金：是指企业按规定缴纳的房产税、车船使用税、土地使用税、印花税等。

12）其他：包括技术转让费、技术开发费、业务招待费、绿化费、广告费、公证费、法律顾问费、审计费、咨询费等。

（5）利润

利润是指施工企业完成所承包工程应收取的利润。

2. 措施项目费

措施项目费：为完成工程项目施工，发生于该工程施工准备和施工过程中的技术、生活、安全、环境保护等方面的项目。《房屋建筑与装饰工程工程量计算规范》（GB 50854—2013）列支的措施项目费有：

（1）脚用架工程；

（2）混凝土模板及支架（撑）；

（3）垂直运输；

（4）超高施工增加；

（5）大型机械设备进出场及安拆；

（6）施工排水、降水；

（7）安全文明施工及其他措施项目，包括：

① 环境保护；

② 文明施工；

③ 安全施工；

④ 临时设施；

⑤ 夜间施工；

⑥ 非夜间施工照明；

⑦ 二次搬运；

⑧ 冬雨期施工；

⑨ 地上、地下设施、建筑物的临时保护设施；

⑩ 已完工程及设备采取的覆盖、包裹、封闭、隔离等必要保护措施。

《房屋建筑与装饰工程工程量计算规范》（GB 50854—2013）所列项目应根据工程实际情况计算措施项目费用，需分推的应合理计算摊销费用。

3. 规费

是指政府和有关权力部门规定必须缴纳的费用（简称规费）。包括：

（1）社会保险费：包括养老保险费、失业保险费、医疗保险费、工伤保险费、生育保险费。

1）养老保险费：是指企业按国家的规定标准为职工缴纳的养老保险费。

2）失业保险费：是指企业按照国家规定标准为职工缴纳的失业保险费。

3）医疗保险费：是指企业按照规定标准为职工缴纳的基本医疗保险费。

4）工伤保险费：是指企业按照规定标准为职工缴纳的工伤保险费。

5）生育保险费：是指企业按照规定标准为职工缴纳的生育保险费。

（2）住房公积金：是指企业按规定标准为职工缴纳的住房公积金。

（3）工程排污费：是指施工现场按规定缴纳的工程排污费。

4. 税金

税金是指国家税法规定的应计入建筑工程造价内的营业税、城市维护建设税、教育费附加、地方教育附加。国家为了集中必要的资金，保证重点建设，加强基本建设管理，控制固定资产投资规模，对各施工企业承包工程的收入征收营业税，以及对承建工程单位征收的城市建设维护税和教育附加费、地方教育附加。该费用由施工企业代收，与税务部门进行结算。

3.3　建筑工程清单计价依据

3.3.1　施工定额

1. 施工定额的概念

施工定额是以同一性质的施工过程——工序作为研究对象，表示生产产品数量与时间消耗综合关系的定额。即施工定额是在正常施工条件下，生产单位合格产品所消耗的人工、材料、机械台班的数量标准。

施工定额是企业内部用于组织生产和建筑施工管理的一种定额，其项目划分很细。根据施工定额可以直接计算出不同工程项目的人工、材料和机械台班的需要量，它是编制施工预算、编制施工组织设计以及施工队向工人班组签发施工任务单和限额领料卡的依据。

施工定额是建设定额中的基础性定额。在施工定额的基础上，经综合扩大，可编制预算定额。

2. 施工定额的作用

(1) 供建筑施工企业编制施工预算。

(2) 是编制施工项目管理规划及实施细则的依据。

(3) 是建筑企业内部进行经济核算的依据。

(4) 是与工程队或班组签发任务单的依据。

(5) 供计件工资和超额奖励计算的依据。

(6) 作为限额领料和节约材料奖励的依据。

(7) 是编制预算定额和单位估价表的基础。

施工定额是建筑企业内部使用的定额。它使用的目的是提高企业的劳动生产率，降低材料消耗，正确计算劳动成果和加强企业管理。

施工定额是以工作过程为标定对象，定额制定的水平要以"平均先进"的水平为准，在内容和形式上要满足施工管理中的各项需要，以便于应用为原则；制定方法要通过时间和长期积累的大量统计资料，并应用科学的方法编制。所谓平均先进水平，是指在施工任务饱满、动力和原料供应及时、劳动组织合理、企业管理健全等正常条件下，多数工人可以达到或超过，少数工人可以接近的水平。

3. 施工定额的组成

施工定额由劳动消耗定额、材料消耗定额、机械台班定额组成。

(1) 劳动消耗定额

劳动消耗定额简称劳动定额或人工定额，它规定在一定生产技术组织条件下，完成单位合格产品所必需的劳动消耗量的标准。这个标准是国家和企业对工人在单位时间内完成的产品数量和质量的综合要求，它是表示建筑安装工人劳动生产率的一个先进合理指标。

全国统一劳动定额与企业内部劳动定额在水平上具有一定的差距。企业应以全国统一劳动定额为标准，结合单位实际情况，制定符合本企业实际的企业内部劳动定额，不能完全照搬照套。

劳动定额按其表示形式有时间定额和产量定额两种。

1) 时间定额：是指在一定的生产技术和生产组织条件下，某工种、某技术等级的工人小组和个人完成单位合格产品所必须消耗的工作时间。定额时间包括工人有效的工作时间、必需的休息时间和不可避免的中断时间。时间定额以工日为单位，每一个工日按 8 小时计算，计算方法如下：

$$单位产品时间定额（工日）＝\frac{1}{每工产量}$$

$$单位产品时间定额（工日）＝\frac{小组成员工日数的总和}{台班产量（班组完成产品数量）}$$

2) 产量定额：是指在一定的生产技术和生产组织条件下，某工种、某技术等级的工人小组和个人，在单位时间内完成合格产品的数量。其计算方法如下：

$$产量定额 = \frac{1}{单位产品时间定额（工日）}$$

$$台班产量 = \frac{小组成员工日数的总和}{单位产品时间定额（工日）}$$

产量定额的计量单位，以单位时间的产品计量单位表示，如 m^3、m^2、kg 等。

产量定额是根据时间定额计算的，其高低与时间定额成反比，两者互为倒数关系，即：

$$时间定额 = \frac{1}{产量定额}, 产量定额 = \frac{1}{时间定额}$$

劳动定额的作用主要表现在组织生产和按劳分配两个方面。具体作用如下：

(1) 劳动定额是制定建筑工程定额的依据。

(2) 劳动定额是计划管理下达施工任务书的依据。

(3) 劳动定额是作为衡量劳动生产率的标准。

(4) 劳动定额是按劳分配和推行经济责任制的依据。

(5) 劳动定额是推广先进技术和劳动竞赛的基本条件。

(6) 劳动定额是建筑企业经济核算的依据。

(7) 劳动定额是确定定员编制与合理劳动组织的依据。

劳动定额的应用非常广泛，下面举例说明劳动定额在生产计划中的一般用途。

【例 3-1】 某工程有 $109.25m^3$ 一砖单面清水墙，每天有 12 名工人在现场施工，时间定额是 1.37 工日 $/m^3$。试计算完成该工程所需施工天数（计算结果保留整数）。

【解】 完成该工程所需劳动量 $= 1.37 \times 109.25 = 149.67$ 工日

需要的施工天数 $= 149.67 \div 12 = 12.47$（天）≈ 13 天

【例 3-2】 某住宅有内墙抹灰面积 $5186.18m^2$，计划 25 天完成任务。内墙的抹灰产量定额为 $10.20m^2/$工日。问安排多少人才能完成该项任务。

【解】 该工程所需劳动量 $= 5186.18 \div 10.20 = 508.45$ 工日

该工程每天需要人数 $= 508.45 \div 25 = 20.34$ 人 ≈ 21 人

(2) 材料消耗定额

材料消耗定额是指在节约与合理使用材料的条件下，生产单位合格产品所必须消耗的一定规格的建筑材料、半成品或构配件的数量标准。它包括材料的净用量和必要的工艺性损耗数量。

$$材料的消耗量 = 材料的净用量 + 材料损耗量$$

材料的损耗量与材料的净用量之比的百分数为材料的损耗率。用公式表示为：

$$材料的损耗率 = \frac{材料的损耗量}{材料的净用量} \times 100\%$$

或：　　　　$$材料的损耗量 = 材料净用量 \times 材料损耗率$$

材料的损耗率是通过观测和统计得到的，通常由国家有关部门确定。

材料消耗定额不仅是实行经济核算，保证材料合理使用的有效措施，而且是确定材料需用量、编制材料计划的基础，同时也是定额承包或限额领料、考核和分析材料利用情况的依据。

材料消耗定额是通过施工过程中材料消耗的观测测定，在实验室条件下的实验以及技术资料的统计和理论计算等方法制订的。

材料消耗定额应用如下：

1）$10m^2$ 块料面层材料消耗量的计算

块料面层一般是指有一定的规格尺寸的瓷砖、花岗石板、大理石板及各种装饰板材，通常以 $10m^2$ 为单位，其计算公式如下：

$$10m^2面层用量=\frac{10}{(块长+拼缝)\times(块宽+拼缝)}\times(1+损耗率)$$

【例3-3】 石膏装饰板规格为 $500mm\times500mm$，其拼缝宽度 $2mm$，损耗率 1%，计算 $10m^2$ 需用石膏板的块数。

【解】 石膏装饰板材消耗量 $=\dfrac{10}{(0.5+0.002)\times(0.5+0.002)}\times(1+1\%)=40$块

2）普通抹灰砂浆配合比用料计算

抹灰砂浆配合比通常是按砂浆的体积比计算的，每 m^3 砂浆各种材料消耗量计算公式如下：

$$砂的消耗量(m^3)=\frac{砂的比例数}{配合比总比例数-砂比例数\times砂空隙率}\times(1+损耗率)$$

$$水泥消耗量(kg)=\frac{水泥比例数}{砂比例数}\times砂用量\times(1+损耗率)$$

$$石灰膏的消耗量(m^3)=\frac{石灰膏比例数}{砂比例数}\times砂用量\times(1+损耗率)$$

【例3-4】 水泥、石灰、砂的配合比是 $1:1:3$，砂的空隙率是 41%，水泥密度 $1200kg/m^3$，砂的损耗率 2%，水泥、石灰膏的损耗率各为 1%，求每 $1m^3$ 砂浆各种材料用量。

【解】 砂的消耗量 $=\dfrac{3}{(1+1+3)-3\times0.41}\times(1+2\%)=0.81m^3$

水泥的消耗量 $=\dfrac{1\times1200}{3}\times0.81\times(1+1\%)=327kg$

石灰膏的消耗量 $=\dfrac{1}{3}\times0.81\times(1+1\%)=0.27m^3$

当砂的用量超过 $1m^3$ 时，因其空隙容积已大于灰浆数量均按 $1m^3$ 计算。

（3）机械台班消耗定额

机械台班消耗定额，简称机械台班定额。它是指施工机械在正常的施工条件下，合理地均衡地组织劳动和使用机械时，该机械在单位时间内的生产效率。

机械台班定额按其表现形式不同可分为机械时间定额和机械产量定额两种。

1）机械时间定额

机械时间定额是指在合理的劳动组织与合理使用机械条件下，生产某一单位合格产品所必须消耗的机械台班数量。计算单位是用"台班"或"台时"表示。

工人使用一台机械，工作一个班次（8h）称为一个台班。它既包括机械本身的工作时间，又包括使用该机械的工人的工作。

2）机械产量定额

机械产量定额是指在合理的劳动组织与合理使用机械条件下，规定某种机械在单位时间（台班）内，必须完成合格产品的数量。其计算单位是用产品的计量单位来表示的。

机械时间定额与机械产量定额互为倒数关系。

$$机械时间定额＝\frac{1}{机械台班产量定额}$$

由于机械必须有工人小组配合，所以列出单位合格产品的时间定额，必须同时列出公认的时间定额。

$$单位产品人工时间定额（工日）＝\frac{小组成员工日数总和}{台班产量}$$

机械施工以考核产量定额为主，时间定额为辅。

3.3.2 消耗量定额

所谓定额，就是一种标准，是指施工企业科学组织施工生产和资源要素合理配置的条件下，用科学的方法制定出的完成单位质量合格产品所必需的劳动力、材料、机械台班的数量标准。在建筑工程定额中，不仅规定了该计量单位产品的消耗资源数量标准，而且还规定了完成该产品的工程内容、质量标准和安全要求。

定额的制定是在认真分析研究和总结广大工人生产实践经验的基础上，实事求是地广泛搜集资料，经过科学分析研究后确定的。定额的项目内容经过实践证明是切实可行的，因而能够正确反映单位产品生产所需要的数量。所以，定额中各种数据的确定具有可靠的科学性。

在建筑工程施工过程中，为了完成一定计量单位建筑产品的生产，消耗的人力、物力是随着生产条件和生产水平的变化而变化的。所以，定额中各种数据的确定具有一定的时效性

1. 消耗量定额的概念

消耗量定额是完成一定计量单位的合格产品所消耗的人工、材料和机械台班的数量标准。统一的消耗量定额是一种社会平均消耗水平，是一种综合性的定额。消耗量定额是我国自1992年实行"量价分离"的后预算定额的产物，是编制工程概预算的重要基础和依据。

消耗量定额的作用：

（1）是编制建筑工程预算，确定工程造价，进行工程拨款及竣工结算的依据。

（2）是编制招标控制价，投标报价的基础资料。

（3）是建筑企业贯彻经济核算制，考核工程成本的依据。

（4）是编制地区单位估价表和概算定额的基础。

（5）是设计单位对设计方案进行技术经济分析比较的依据。

预算定额的编制遵循了"平均合理"的原则，按照产品生产中所消耗的社会必要劳动时间来确定其水平，即社会平均水平。

消耗量定额的编制依据有：

（1）现行的施工定额和全国统一基础定额。

（2）现行的设计规范、施工及验收规范、质量评定标准和安全操作规程。

（3）通用标准图集和定型设计图纸，有代表性的设计图纸和图集。

（4）新技术、新结构、新材料和先进经验资料。

（5）有关科学实验、技术测定、统计分析资料。

（6）现行的人工工资标准、材料预算价格和施工机械台班预算价格。

（7）现行的预算定额及其编制的基础资料和有代表性的补充单位估价表。

2. 消耗量定额消耗指标的确定

人工、材料和机械台班的消耗指标，是消耗量定额的重要内容。消耗量定额水平的高低主要取决于这些指标的合理确定。

消耗量定额是一种综合性的定额，是以复合过程为标定对象，在企业定额的基础上综合扩大而成，在确定各项指标前，应根据编制方案所确定的定额项目和已选定的典型图纸，按定额子目和已确定的计算单位，按工程量计算规则分别计算工程量，在此基础上再计算人工、材料和机械台班的消耗指标。

（1）人工消耗指标的内容

消耗量定额中人工消耗指标包括了各种用工量。有基本用工、辅助用工、超运距用工、人工幅度差四项，其中后三项综合称为其他工。

1）基本用工：是指完成分项工程或子项工程的主要用工量。如铺地砖工程中的铺砖、调制砂浆、运地砖、运砂浆的用工量。

2）辅助用工：是指在现场发生的材料加工等用工。如筛砂子、淋石灰膏等增加的用工。

3）超运距用工：是指预算定额中材料及半成品的运输距离超过劳动定额规定的运距时所需增加的工日数。

4）人工幅度差：是指在劳动定额中未包括，而在正常施工中又不可避免的一些零星用工因素。这些因素不能单独列项计算，一般是综合定出一个人工幅度差系数，即增加一定比例的用工量，纳入消耗量定额。国家现行规定人工幅度差系数为10%。

人工幅度差包括的因素：工序搭接和工种交叉配合的停歇时间；机械的临时维护、小修、移动而发生的不可避免的损失时间；工程质量检查与隐蔽工程验收而影响工人操作时间；工种交叉作业造成已完工程局部损坏而增加的修理用工时间；施工中不可避免的少数零星用工所需要的时间。

消耗量定额子目中的用工数量，是根据它的工程内容范围和综合取定的工程数量，在劳动定额相应子目的人工工日基础上，经过综合，加上人工幅度差计算出来的。其基本计算公式如下：

$$基本用工数量 = \sum（工序或工作过程工程量 \times 时间定额）$$

$$超运距用工数量 = \sum（超运距材料数量 \times 时间定额）$$

其中，超运距＝消耗量定额规定的运距—劳动定额规定的运距

$$辅助工用工数量 = \sum（加工材料的数量 \times 时间定额）$$

$$人工幅度差（工日）=（基本工＋超运距用工＋辅助用工）\times 人工幅度差系数$$

$$合计工日数量（工日）=基本工＋超运距用工＋辅助用工＋人工幅度差用工$$

$$或合计工日数量（工日）=（基本工＋超运距用工＋辅助用工）\times（1＋人工幅度差系数）$$

（2）材料消耗指标的内容

材料消耗指标的构成包括构成工程实体的材料消耗、工艺性材料损耗和非工艺性材料损耗三部分。

直接构成工程实体的材料消耗是材料的有效消耗部分，即材料的净用量；工艺性材料损耗是材料在加工过程中的损耗（如边角余料）和施工过程中的损耗（如落地灰等）；非工艺性材料损耗，如材料保管不善、大材小用、材料数量不足和废次品的损耗等。

前两部分构成工艺消耗定额，施工定额即属此类，加上第三部分，即构成综合消耗定额，消耗量定额即属此类（由于考虑材料的非工艺性损耗，所以预算定额的材料消耗量大于施工定额的材料消耗标准，这是预算定额编制水平与施工定额编制水平的差距所在）。

1）主要材料净用量的计算

一般根据设计施工规范和材料规格采用理论方法计算后，再按定额项目综合的内容和实际资料适当调整确定。

2）材料损耗量的确定

材料损耗量，包括工艺性材料损耗和非工艺性材料损耗。其损耗率在正常条件下，采用比较先进的施工方法，合理确定。

3）次要材料的确定

在工程中用量不多、价值不大的材料，可采用估算等方法计算其用量后，合并为一个"其他材料"的项目，以百分数表示。

4）周转性材料消耗量的确定

周转性材料是指在施工过程中多次周转使用的工具性材料，如模板、脚手架等。消耗量定额中的周转性材料是按多次使用、分次摊销的方法进行计算的。周转性材料消耗指标有两个：一次使用量和摊销量。

一次使用量，是指在不重复使用的条件下的一次用量指标，它供建设单位和施工单位申请备料和编制作业计划使用。

摊销量，是应分摊到每一计量单位分项工程或结构构件上的消耗数量。

$$材料的摊销量 = \frac{一次使用量}{周转次数}$$

周转次数是指能够反复周转使用的总次数。

（3）机械台班消耗指标的内容

消耗量定额中的施工机械台班消耗指标，是以台班为单位进行计算的，每个台班为 8 小时。定额的机械化水平，应以多数施工企业采用和已推广的先进设备为标准。

编制消耗量定额，以施工定额中各种机械施工项目的台班产量为基础进行计算，还应考虑在合理施工组织条件下的机械停歇因素，增加一定的机械幅度差。

机械幅度差包括的因素有：

1）施工中作业区之间的转移及配套机械相互影响的损失时间。

2）在正常施工情况下机械施工中不可避免的工序间歇。

3）工程结束时工作量不饱满所损失的时间。

4）工程质量检查和临时停水停电等引起机械停歇时间。

5）机械临时维修、小修和水电线路移动所引起的机械停歇时间。

根据以上影响因素，在施工定额的基础上增加一个附加额，这个附加额用相对数表示,称为幅度差系数。大型机械的机械幅度差系数一般取1.3左右。

按工人小组产量计算公式为:

小组总产量＝小组总人数×∑(分项计算取定的比重×劳动定额每工综合产量)

$$定额机械台班使用量＝\frac{一次使用量}{周转次数}$$

按机械台班产量计算公式为:

$$定额机械台班使用量＝\frac{一次使用量}{周转次数}×机械幅度差系数$$

3.3.3 企业定额

1. 企业定额的概念

所谓企业定额,是指建筑安装企业根据本企业的技术水平和管理水平,编制完成单位合格产品所必需的人工、材料和施工机械台班的消耗量,以及其他生产经营要素消耗的数量标准。企业定额反映企业的施工生产与生产消费之间的数量关系,是施工企业生产力水平的体现,每个企业均应有反映自己企业能力的企业定额。企业的技术和管理水平不同,企业定额的定额水平也就不同。因此,企业定额是施工企业进行施工管理和投标报价的基础和依据,从一定意义上讲,企业定额是企业的商业秘密,是企业参与市场竞争的核心竞争能力的具体表现。

作为企业定额,必须具备以下特点:

(1) 其各项平均消费要比社会平均水平低,体现其先进性。

(2) 可以表现本企业在某些方面的技术优势。

(3) 可以表现本企业局部或全面管理方面的优势。

(4) 所有匹配的单价都是动态的,具有市场性。

(5) 与施工方案能全面接轨。

2. 企业定额的作用

(1) 企业定额可供建筑施工企业编制施工预算。

(2) 企业是编制施工组织设计的依据。

(3) 企业定额是建筑企业内部进行经济核算的依据。

(4) 企业定额定是与工程队或班组签发任务单的依据。

(5) 企业定额是计件工资和超额奖励计算的依据。

(6) 企业定额作为限额领料和节约材料奖励的依据。

(7) 企业是编制消耗量定额和单位估价表的基础。

3. 企业定额的编制原则

(1) 平均先进原则:指在正常的施工条件下,大多数生产者经过努力能够达到和超过水平,企业定额的编制应能够反映比较成熟的先进技术和先进经验,有利于降低工料消耗,提高企业管理水平,达到鼓励先进,勉励中间,鞭策落后的水平。

(2) 简明适用性原则:企业定额设置应简单明了,便于查阅,计算要满足劳动组织分工、明确经济责任与核算个人生产成本的劳动报酬的需要。同时,企业自行设定的定额标准也要符合《建设工程工程量清单计价规范》"四个统一"的要求,定额项目的设置要尽量齐全完备,根据企业特点合理划分定额步距,常用的对工料消耗影响大的定额项目步距可小一些，反之步距可大一些，这样有利于企业报价与成本分析。

（3）以专家为主编制定额的原则：企业定额的编制要求有一支经验丰富，技术与管理知识全面，有一定政策水平的专家队伍，可以保证编制施工定额的延续性、专业性和实践性。

（4）坚持实事求是、动态管理的原则：企业定额应本着实事求是的原则，结合企业经营管理的特点，确定、工、料、机各项消耗的数量，对影响造价较大的主要常用项目，要多考虑施工组织设计、先进的工艺，从而使定额在运用上更贴近实际，技术上更先进，经济上更合理，使工程单价真实反映企业的个别成本。

此外，还应注意到市场行情瞬息万变，企业的管理水平和技术水平也在不断地更新，不同的工程，在不同的时段，都有不同的价格，因此企业定额的编制还要注意便于动态管理的原则。

（5）企业定额的编制还要注意量价分离，及时采用新技术、新结构、新材料、新工艺等原则。

4. 企业定额编制的主要依据和内容

（1）企业定额的编制依据

企业定额的编制依据主要有：现行的建筑安装工程施工及验收规范，施工图纸，标准图集，企业现场施工的组织方案，现场调查和测算的具体数据，以及新工艺、新材料、新设备的使用情况。

（2）企业定额编制的内容

为适应工程量清单计价的要求，企业定额应包含工料消耗定额与管理费定额两个部分。这两部分定额编制时应考虑全省统一定额的水平，同时，更要兼顾企业各方面的实际情况，从而形成一个切实可行、实事求是的企业计价定额。

除工料消耗定额外，企业还需要根据建筑市场竞争情况和企业内部定额管理水平、财务状况编制一些费用定额，如现场施工措施费定额、管理费定额等。

编制企业定额最关键的工作是确定人工、材料、机械台班的消耗量，计算分项工程单价或综合单价。人工消耗量的确定，首先是根据企业环境，拟定正常的施工作业条件，分别计算测定基本用工和其他用工的工日数，进而拟定施工作业的定额时间。材料消耗量的确定是通过企业历史数据的统计分析、理论计算、实验试验、实地考察等方法计算确定材料包括周转材料的净用量和损耗量，从而拟定材料消耗的定额指标。机械台班消耗量的确定，同样需要按照企业的环境，拟定机械工作的正常施工条件，确定机械工作效率和利用系数，据此拟定施工机械作业的定额台班与机械作业相关的工人小组的定额时间。

下面以材料消耗量的测定为例，说明企业定额确定的原则。

【例 3-5】　某网架工程施工图材料表，见表 3-2 所示，檩托 90mm 高，24 个。试确定该工程 2 号杆件的损耗率。

杆件汇总表　　　　　　　　　　　　　表 3-2

序号	杆件编号	规格	根数（根）	下料长度（mm）	每米重（kg/m）	重量（kg）
1	1	φ48×3	104	1729	3.32	1464
2	1A		59	2226		

序号	杆件编号	规格	根数（根）	下料长度（mm）	每米重（kg/m）	重量（kg）
3	1B		53	2426		
4	2	$\phi60\times3.5$	9	1729	4.87	75.78
						1540

【解】 高频焊管定尺长度是 6000mm。

1. 本工程 2 号杆件的下料长度是 1729mm，应买该型号 $\phi60\times3.5$ 的钢管 3 根，即每根截取 3 根 2 号杆，用料 5187mm，剩余 813mm。

2. 用剩余料做檩托。其中 2 根每根截取 9 个檩托，用料：$9\times90=810$mm；剩料：3mm。

1 根截取 6 个檩托，用料：$6\times90=540$mm，剩料：$813-540=273$mm。

3. 该工程损耗量是 $3\times2+273=279$mm；净用量是 $5187\times3+810\times2+540=17721$mm。

$$损耗率=279/17721=1.57\%$$

不同的钢结构工程，损耗率不同；同一钢结构工程，由于企业的管理水平和技术水平不同，其损耗率也可能不同。目前钢结构工程的损耗率比较认可的材料损耗率为：轻钢取 5%，重钢取 8%。

5. 编制企业定额应该注意的问题

（1）企业定额牵涉到企业的重大经济利益，合理的企业定额的水平能够支持企业正确的决策，提升企业的竞争能力，指导企业提高经营效益。因此，企业定额从编制到施行，必须经过科学、审慎的论证，才能用于企业招投标工作和成本核算管理。

（2）企业生产技术的发展。新材料、新工艺的不断出现，会有一些建筑产品被淘汰，一些施工工艺落伍，因此，企业定额总有一定的滞后性，施工企业应该设立专门的部门和组织，及时搜集和了解各类市场信息和变化因素的具体资料，对企业定额进行不断的补充和完善调整，使之更具生命力和科学性，同时，改进企业各项管理工作，保持企业在建筑市场中的竞争优势。

（3）在工程量清单计价方式下，不同的工程有不同的工程特征、施工方案等因素，报价方式也有所不同，因此对企业定额要进行科学有效的动态管理，针对不同的工程，灵活使用企业定额，建立完整的工程资料库。

（4）要用先进的思想和科学的手段来管理企业定额，施工单位应利用高速度发展的计算机技术建立起完善的工程测算信息系统，从而提高企业定额的工作效率和管理效能。

3.3.4 《建设工程工程量清单计价规范》（GB 50500—2013）

1. 《建设工程工程量清单计价规范》（GB 50500—2003）的实施

随着我国建设市场的快速发展，招标投标制、合同制的逐步推行，以及加入世界贸易组织（WTO）与国际惯例接轨等要求，工程造价计价依据改革不断深化。为改革工程造价计价方法，推行工程量清单计价，建设部标准定额研究所受建设部标准定额司的委托，于 2002 年 2 月 28 日开始组织有关部门和地区工程造价专家编制了《建设工程工程量清单计价规范》（以下简称"计价规范"），经建设部批准为国家标准，于 2003 年 7 月 1 日正式实施。

工程量清单计价方法，是建设工程招标投标中，招标人按照国家统一的工程量计算规则提供工程数量，由投标人依据工程量清单自主报价，并按照经评审低价中标的工程造价计价方式。

实行工程量清单计价，是工程造价深化改革的产物；是规范建设市场秩序，适应社会主义市场经济发展的需要；是为促进建设市场有序竞争和企业健康发展的需要；有利于我国工程造价管理政府职能的转变；是适应我国加入世界贸易组织，融入世界大市场的需要。

2. "计价规范"编制的指导思想和原则

根据住房和城乡建设部令第 107 号《建筑工程施工发包与承包计价管理办法》，结合我国工程造价管理现状，总结有关省市工程量清单试点的经验，参照国际上有关工程量清单计价通行的做法，编制中遵循的指导思想是按照政府宏观调控、市场竞争形成价格的要求，创造公平、公正、公开竞争的环境，以建立全国统一的、有序的建筑市场，既要与国际惯例接轨，又考虑我国的实际。

编制工作除了遵循上述指导思想外，主要坚持以下原则：

（1）政府宏观调控、企业自主报价、市场竞争形成价格的原则。

（2）与现行预算定额既有机结合又有所区别的原则。

（3）既考虑我国工程造价管理的现状，又尽可能与国际惯例接轨的原则。

3. "计价规范"的特点

（1）强制性

强制性主要表现在：一是由建设主管部门按照强制性国家标准的要求批准颁布，规定全部使用国有资金或国有资金投资为主的大中型建设工程应按"计价规范"规定执行；二是明确工程量清单是招标文件的组成部分，并规定了招标人在编制工程量清单时必须遵守的规则，做到四统一，即统一项目编码、统一项目名称、统一计量单位、统一工程量计算规则。

（2）实用性

附录中工程量清单项目及计算规则的项目名称表现的是工程实体项目，项目名称明确清晰，工程量计算规则简洁明了；特别还列有项目特征和工程内容。易于编制工程量清单时确定具体项目名称和投标报价。

（3）竞争性

竞争性主要表现在两个方面：一是"计价规范"中的措施项目，在工程量清单中只列"措施项目"一栏，具体采用什么措施由投标人根据企业的施工组织设计，视具体情况报价；二是"计价规范"中人工、材料和施工机械没有具体的消耗量，投标企业可以依据企业的定额和市场价格信息，也可以参照建设行政主管部门发布的社会平均消耗量定额进行报价，"计价规范"将报价权交给了企业。

（4）通用性

采用工程量清单计价将与国际惯例接轨，符合工程量计算方法标准化、工程量计算规则统一化、工程造价确定市场化的要求。

4.《建筑工程工程量清单计价规范》（GB 50500—2008）修订概况

《建筑工程工程量清单计价规范》（GB 50500—2008）（以下简称"08 规范"）是在原《建筑工程工程量清单计价规范》（GB 50500—2003）（以下简称"03 规范"）的基础上进行修订的。"03 规范"实施以来，对规范工程招标中的发、承包计价行为起到了重要作用，为建立市场形成工程造价的机制奠定了基础。但在使用中也存在需要进一步完善的地方，如"03 规范"主要侧重于工程招标投标中的工程量清单计价，对工程合同签订、工程计量与价款支付、工程变更、工程价款调整、工程索赔和工程结算等方面缺乏相应的内容，不适应深入推行工程量清单计价改革工作。

为此，原建设部标准定额司于 2006 年开始组织修订，由标准定额研究所、四川省建设工程造价管理总站等单位组织编制组。修订中分析"03 规范"存在的问题，总结各地方、各部门推行工程量清单计价的经验，广泛征求各方面的意见，按照国家标准的修订程序和要求进行修订工作。

"08 规范"新增加条文 92 条，包括强制性条文 15 条，增加了工程量清单计价中有关招标控制价、投标报价、合同价款的约定、工程计量与价款支付、工程价款调整、工程索赔和工程结算、工程计价争议处理等内容，并增加了条文说明。

5. 《建筑工程工程量清单计价规范》（GB 50500—2013）修订概况《建筑工程工程量清单计价规范》（GB 50500—2013）（以下简称"13 规范"）是以"08 规范"为基础，通过认真总结我国推行工程量清单计价，实施"03 规范"、"08 规范"的实践经验，广泛深入征求意见，反复讨论修改而成。此次修编的目的主要是：

（1）为了更加广泛深入地推行清单计价，规范建设工程发承包双方的计量、计价行为好准则。

（2）为了与当前国家相关法律、法规和政策性的变化相适应，使其能够正确的贯彻执行。

（3）为了适应新技术、新工艺、新材料日益发展的需要，促使规范不断更新完善。

（4）总结实践经验，进一步建立健全我国统一的建设工程计价、计量规范标准体系。

综上所述，《建设工程工程量清单计价规范》是建筑工程计价的主要依据之一。不仅对工程量计算规则、计量单位、小数点等做了具体规定，同时还制定了严格的工程量清单、报价及计价等一系列表格，限于篇幅，本书在此不做详述，希望广大读者认真学习并掌握"13 规范"。

3.4　基本建设程序

1. 基本建设的概念

基本建设是国民经济各部门固定资产的再生产。即，是人们使用各种施工机具对各种建筑材料、机械设备等进行建造和安装，使之成为固定资产的过程。其中包括生产性和非生产性固定资产的更新、改建、扩建和新建。与此相关的工作，如征用土地、勘察、设计、筹建机构、培训生产职工等也包括在内。

基本建设一般有 5 部分的内容：建筑工程，设备安装工程，设备购置，工具、器具及生产家具的购置，其他基本建设工作。

2. 工程建设项目的划分

工程建设项目，是通过建筑业的勘察设计、施工活动以及其他有关部门的经济活动来实现的。它包括从项目意向、项目策划、可行性研究和项目决策，到地质勘察、工程设计、建筑施工、安装施工、生产准备、竣工验收和联动试车等一系列非常复杂的技术经济活动，既包括物质生产活动，又包括非物质生产活动。

建设工程建设项目是一个系统工程，根据工程建设项目的组成内容和层次不同，从大到小，依次可做如下划分：

（1）建设项目

建设项目是指按照一个总体设计或初步设计进行施工的一个或几个单项工程的总体。建设一个项目，一般来说是指进行某一项工程的建设，广义地讲是指固定资产的建构，也就是投资进行建筑、安装和购置固定资产的活动以及与此联系的其他工作。

建设项目一般针对一个企业、事业单位（即建设单位）的建设而言，如某工（矿）企业、某学校等。

为方便对建设工程管理和确定建筑产品价格，将建设项目的整体根据其组成进行科学的分解，可划分为若干单项工程、单位工程、分部工程、分项工程和子项工程。

（2）单项工程

单项工程是指在一个建设项目中，具有独立的设计文件，竣工后可以独立发挥生产能力或效益的工程。如学校中的一栋教学楼、某工（矿）企业中的车间等。单项工程具有独立存在意义，有许多单位工程组成。

（3）单位工程

单位工程是指竣工后不能独立发挥生产能力或效益，但具有独立设计，可以独立组织施工的工程。如教学楼中的土建工程、水暖工程等；生产车间中的管道工程和电气安装工程等。

（4）分部工程

分部工程是单位工程的组成部分。按照工程部位、设备种类和型号、工种和结构的不同，可将一个单位工程分解成若干个分部工程。如土建工程中土石方工程、砌筑工程、屋面工程等。

（5）分项工程

分项工程是分部工程的组成部分，也是建筑工程的基本构成要素。按照不同的施工方法、不同的材料、不同的结构构件规格，可将一个分部工程分解成若干个分项工程。如基础工程中的垫层、回填等。分项工程是可以通过较为简单的施工过程生产出来，并可以适当的计量单位测算或计算其消耗的假想建筑产品。分项工程没有独立存在实用意义，它只是建筑或安装工程构成的一部分，是建筑工程预算中所取定的最小计算单元，是为了确定建筑或安装工程项目造价而划分出来的假定性产品。

综上所述，一个建设项目由一个或几个单项工程组成，一个单项工程由几个单位工程组成，一个单位工程有可划分为若干个分部、分项工程。工程概预算的编制工作就是从分项工程开始，计算不同专业的单位工程造价，汇总各单位工程造价形成单项工程造价，进而综合成为建设项目总造价。因此，分项工程是组织施工作业和编制施工图预算的最基本单元，单位工程是各专业计算造价的对象，单项工程造价是各专业的汇总。

3. 基本建设程序

基本建设程序就是基本建设工作中必须遵循的先后次序。它包括从项目设想、选择、评估、决策、设计、施工到竣工验收、投入生产等整个工作必须遵循的先后次序。

基本建设程序的主要阶段包括：项目建议书阶段、可行性研究阶段、设计阶段和建设准备阶段、施工阶段、竣工验收阶段和项目后评估阶段。

建设工程周期长、规模大、造价高，因此，按照建设程序要分阶段进行，相应地也要在不同阶段进行多次计价，以保证工程造价确定与控制的科学性。多次计价是逐步深化、逐步细化、逐步接近实际造价的过程，其计价过程，见图 3-2 所示。

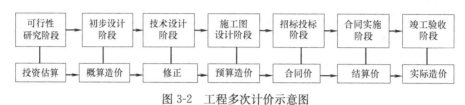

图 3-2　工程多次计价示意图

（1）投资估算

在编制项目建议书阶段和可行性研究阶段，必须对投资需要量进行估算。投资估算是指在项目建议书阶段和可行性研究阶段对拟建项目所需投资，通过编制估算文件预先测算和确定的过程，也称为估算造价。投资估算造价是决策、筹资和控制造价的主要依据。

（2）概算造价

概算造价是指在初步设计阶段，根据设计意图，通过编制工程概算文件预先测算和确定的工程造价。概算造价较投资估算造价准确性有所提高，但它受估算造价的控制。概算造价的层次性十分明显，分为建设项目概算总造价、各个单项工程概算综合造价、各个单位工程概算造价。

（3）修正概算造价

修正概算造价是指在采用三阶段设计的技术设计阶段，根据技术设计的要求，通过编制修正概算文件，预先测算和确定的工程造价。它对初步设计概算进行修正调整，比概算造价准确，但受概算造价控制。

（4）预算造价

预算造价是指在施工图设计阶段，根据施工图纸通过编制预算文件，预先测算和确定的工程造价。它同样受前一阶段所确定的工程造价的控制，但比概算造价或修正概算造价更为详尽和准确。

（5）合同价

合同价是指在工程招投标阶段通过签订总承包合同、建筑安装工程承包合同、设备材料采购合同，以及技术和咨询服务合同确定的价格。合同价属于市场价格的性质，它是由承包双方，即商品和劳务买卖双方根据市场行情共同议定和认可的成交价格，但它并不等同于实际工程造价。

（6）结算价

结算价是指在合同实施阶段，在工程结算时按照合同调价范围和调价方法，对实际发生的工程量增减、设备和材料价差等进行调整后计算和确定的价格。结算价是该工程的实际价格。

（7）决算价

决算价是指竣工决算阶段，通过为建设单位编制竣工决算，最终确定的实际工程造价。

工程造价的多次性计价是由一个由粗到细、由浅到深、由概略到精确的计价过程，也是一个复杂而重要的管理系统。计价过程各环节之间相互衔接，前者制约后者，后者补充前者。

国家要求，决算不能超过预算，预算不能超过概算。

第4章 工程量清单的编制

4.1 工程量清单编制的准备工作

1. 建设工程计价依据

本书主要介绍编制钢结构工程施工图概预算的编制依据。

（1）经过批准和会审的全部施工图设计文件

在编制施工图预算之前，施工图必须经过建设主管部门批准，同时还要经过图纸会审，并签署"图纸会审纪要"；审批和会审后的施工图纸及技术资料表明了工程的具体内容、各部分做法、结构尺寸、技术特征等，它是编制施工图预算、计算工程量的主要依据。同时，还要备齐图纸所需的全部标准图集、通用图集。

（2）经过批准的工程设计概算文件

设计单位编制的设计概算文件经过主管部门批准后，是国家控制工程投资的最高限额和单位工程预算的主要依据。施工企业编制的施工图预算或投标报价是由建设单位根据设计概算文件进行控制的。国家规定，预算不能超概算，结算不能超预算。

（3）经过批准的项目管理规划或施工组织设计文件

项目管理规划或施工组织设计是确定单位工程的施工方法、施工进度计划、施工现场平面布置和主要技术措施等内容的技术文件；是对建筑工程规划、组织施工有关问题的设计说明。拟建工程项目管理规划或施工组织设计经有关部门批准后，就成为指导施工活动的重要技术经济文件，它所确定的施工方案和相应的技术组织措施就成为预算部门必须具备的依据之一；经过批准的项目管理规划或施工组织设计，也是计取有关费用和某些措施项目单价的重要依据之一。

（4）计价规范

目前国家颁发的《建筑工程工程量清单计价规范》（GB 50500—2013）与《房屋建筑与装饰工程量计量规范》（GB 50854—2013）（以下简称"计价规范"与"计量规范"），详细地规定了分项项目的划分及项目编码，分项工程名称及工程内容，工程量计算规则和项目使用说明等内容，是编制施工图预算的主要依据。

（5）企业定额

清单计价充分体现企业的竞争性，三大生产要素：人工、材料、机械的消耗量由企业定额说了算，所以算标人员应充分熟悉自己企业的生产水平，掌握本企业定额的编制水平，并要有一定的风险胆识，快速地进行工程量清单的编制。

（6）人工工资标准、材料预算价格、施工机械台班单价

这些资料是计取人工费、材料费、施工机械台班使用费的主要依据，是编制综合单价的基础，是计取各项费用的重要依据，也是调整价差或确定市场价格的依据。

实行清单报价，要求定标人员在报价期间，迅速地落实价格，并将掌握的价格资料汇

集、整理，形成定价。实行清单计价，对定标人的要求比按定额计价的要求要高很多，清单计价要求定标人要有深厚且宽广的专业知识，如设计、施工、项目管理、工程经济、造价等，并且要有丰富的工程经验和风险胆识，例如施工期间材料是否会上涨、工程本身是否会出现变更、业主资金是否会及时到位、公司本身在组织施工过程中是否会出现一些问题等等，同时对本企业要熟悉。当然单位领导必须赋予定标人定价的权利。

（7）预算工作手册

该手册它主要包括：各种常用的数据和计算公式、各种标准构件的工程量和材料量、金属材料规格和计量单位之间的转换，以及投资估算指标、概算指标、单位工程造价指标和工期定额等参考资料。它能为准确、快速编制施工图预算提供方便。

（8）工程承发包合同文件

合同会对造价方面提出约束性条款，工程计价时必须考虑。

2. 单位工程施工图预算编制步骤

（1）收集编制预算的基础文件和资料

预算的基础文件和资料主要包括：施工图设计文件、施工项目管理文件、设计概算、企业定额、工程承包合同、材料和设备价格资料、机械和人工单价资料以及造价手册等。

（2）熟悉施工图设计图纸

在编制预算之前，应结合"图纸会审记录"，对施工图的结构、建筑做法、材料品种及其规格质量，设计尺寸等进行充分地熟悉和详细地审阅，（如发现问题，应及时向设计人员提出修改，其修改结果必须征得设计单位签认，在后期编制预算时采用）。要求通过图纸审阅，预算工程在造价工程技术人员头脑中形成完整的、系统的、清晰的工程实物形象，以免在工程量计算上发生错误，同时也便于加快预算速度。

熟悉施工图设计图纸的步骤如下：

1）首先熟悉图纸目录和设计总说明，了解工程性质、建筑面积、建设和设计单位名称、图纸张数等，做到对工程情况有一个初步的了解。

2）按图纸目录检查图纸是否齐全；建筑、结构、设备图纸是否配套；施工图纸与说明书是否一致；各单位工程图纸之间有无矛盾。

3）熟悉建筑总平面图，了解建筑物的地理位置、高程、朝向以及有关的建筑情况。掌握工程结构形式、特点和全貌；了解工程地质和水文地质资料。

4）熟悉建筑平面图，了解房屋的长、宽、高、轴线尺寸、开间大小、平面布局，并核对分尺寸之和是否与总尺寸相符。然后看立面和剖面图，了解建筑做法、标高等。同时，要核对平、立、剖之间有无矛盾。

5）根据索引查看详图，如做法不对，应及时提出问题、解决问题，以便于施工。

6）熟悉建筑构件、配件、标准图集及设计变更。

（3）熟悉施工项目管理规划大纲、实施细则和施工现场情况

施工项目管理规划大纲和实施细则是由施工单位根据工程特点编制的，它与预算编制关系密切。预算人员必须对分部分项工程的施工方案、施工方法、加工构件的加工方法、运输方式和运距、安装构件的施工方案和起重机械的选择、脚手架的形式和安装方法、生产设备的订货和运输方式等与编制预算有关的问题了解清楚。

施工现场的情况对编制单位工程预算影响也比较大。例如，施工现场障碍物的清除状况；场地是否平整；土方开挖和基础施工状况；工程地质和水文地质状况；施工顺序和施工项目划分状况；主要建筑材料、构配件和制品的供应情况，以及其他施工条件、施工方法和技术组织措施的实施状况，并做好记录以备应用。

（4）划分工程项目与计算工程量

1）合理划分工程项目

工程项目的划分主要取决于施工图纸、项目管理实施细则所采用的施工方法、"计价规范"规定的工程内容。一般情况下，项目内容、排列顺序、计量单位应与"计价规范"一致。

2）正确计算工程量

工程量是单位工程预算编制的原始数据，工程量计算是一项工程量大而又细致地工作。传统的预算编制，都是采用手算工程量，即图纸提取技术数据，根据工程量计算规则手工列式、计算结果，在整个预算的编制过程中，约占预算编制工作的 70% 以上的时间。工程量计算一般采用表格形式逐项分析处理（要充分利用 Excel 表格的巨大功能），复核后，按"计价规范"规定的清单格式进行列表汇总。

目前工程量的计算也有专门的计算软件来进行工程量的统计，如广联达的预算软件等。利用计价软件进行工程量的统计，除前面讲到的注意事项以外，还应熟悉计价软件的操作要点，以便于快速、正确地进行预算的编制。

（5）计算各项费用

计算人工费、材料费、机械费、管理费、规费、风险费、利润、税金等各项费用。

（6）工料分析及汇总

工料分析是预算书的重要组成部分，也是施工企业内部进行经济核算和加强经营管理的重要措施。也是投标报价时，评标的重要参数。

（7）编制说明、填写封面

编制说明主要来描述在工程预算编制过程中，预算书上所表达不了的而又需要审核单位或预算单位知道的内容。

按清单规定格式填写。在封面规定处加盖造价师印章，在单位位置加盖公章后，预算书即成为一份具有法律效力的经济文件。

（8）复核、装订、审批

审核无误后，一式多份，装订成册，报送相关部门。

4.2 工程量的计算

工程量是指以物理计量单位或自然计量单位所表示的各个具体分部分项工程和构配件的实物量。物理计量单位是指需要度量的具有物理性质的单位，如长度以米（m）为计量单位，面积以平方米（m^2）为计量单位，体积以立方米（m^3）为计量单位，质量以千克（kg）或吨（t）为计量单位等。自然计量单位指不需要度量的具有自然属性的单位，如屋顶水箱以"座"为单位，施工机械以"台班"为单位，等等。

计算单位的选择关系到工程量计算的繁简和准确性，因此，要正确采用各种计量单位。一般可以依据建筑构件的形体特点来确定：当构件三个度量都发生变化时，采用立方米（m³）为计量单位，如土石方工程、混凝土工程等；当构件的厚度有一定的规格而其他两个度量经常发生变化时，采用平方米（m²）为计量单位，如楼地面、屋面工程等；当构件的断面有一定的形状和大小，但长度经常发生变化时，采用米（m）为计量单位，如扶手、管道等；当构件主要取决于设备或材料的质量时，可以采用千克（kg）或吨（t）为计量单位，如钢筋工程、钢结构构件等；当构件没有一定的规格，其构造又较为复杂，可采用个、台、组、座等为计量单位，如卫生洁具、照明灯具等。

1. 工程量的作用和计算依据

（1）作用

计算工程量就是根据施工图、工程量计算规则，按照预算要求列出分部分项工程名称和计算式，最后计算出结果的过程。

计算工程量是施工图预算最重要也是工作量最大的一步，其结果的准确性直接影响单位工程造价的确定，这是造价工程师的基本功，需要大量的练习。要求预算人员具有高度的责任心，耐心细致地进行计算。准确计算工程量的前提是要具备识图、熟记工程量计算规则、掌握一定的计算技巧等基本技能。

（2）计算依据

项目管理规范实施细则或施工组织设计、设计图纸、《房屋建筑与装饰工程工程量计算规范》（GB 50854—2013）、预算工作手册等。

2. 工程量计算的基本要求、步骤和顺序

（1）工程量计算的要求

1）关于工程量计算时对小数点的规定；

"计价规范"规定，工程量在计算过程中，一般可保留三位小数。以"t"为单位，应保留小数点后三位，第四位四舍五入；以"m³"、"m²"、"m"为单位，应保留小数点后两位，第三位四舍五入；以"个"为单位，应取整数。计算的精确度要符合计价规范的要求。

2）工程量计算规则

工程量计算过程中，计算规则要与计量规范一致，这样才有统一的计算标准，防止错算。钢结构工程具体的计算规则详见"计量规范"附录 F 金属结构工程。同时，工程量计算的要求还有，工作内容必须与"计量规范"包括的内容和范围一致；计算单位必须与"计量规范"一致；计算式要力求简单明了，按一定顺序排列。为了便于工程量的核对，在计算过程时要注明层次、部位、断面、图号等。工程量计算式一般按照长、宽、高（厚）、的顺序排列。如计算体积时，按照长×宽×高等。

（2）工程量计算的步骤

工程量计算大体上可按照下列步骤进行：

1）计算基数

所谓基数，是指在工程量计算过程中反复使用的基本数据。在工程量计算过程中离不开几个基数，即"三线一面"。其中"三线"是指建筑平面图中的外墙中心线（$L_中$）、外墙外边线（$L_外$）、内墙净长线（$L_内$）。"一面"是指底层建筑面积（S_d），见图 4-1 所示。

$L_中 = (3.00 \times 2 + 3.30) \times 2 = 18.60m$；

$L_外 = (6.24 + 3.54) \times 2 = 19.56m$ 或 $L_外 = 18.60 + 0.24 \times 4 = 19.56m$；

$L_内 = 3.30 - 0.24 = 3.06m$；

$S_{底建}＝6.24×3.54＝22.09m^2$；

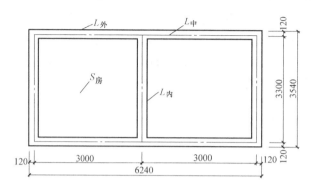

图 4-1 "三线一面" 示意图

利用好 "三线一面"，会使许多工程量计算化繁为简，起到事半功倍的作用。例如，利用 $L_{中}$ 可计算外墙基槽土方、垫层、基础、圈梁、防潮层、外墙墙体等工程量；利用 $L_{外}$ 可计算外墙抹灰、勾缝、散水工程量；利用 $L_{内}$ 可计算内墙防潮层、内墙墙体等分项工程量；利用 S_d 可计算场地平整、地面垫层、面层、天棚装饰等工程量。在计算过程中要尽可能注意使用前面已经计算出来的数据，减少重复计算。

2) 编制统计表

所谓统计表，在钢结构工程中主要是指门窗洞口面积统计表和钢结构构件加工及运输统计表。在工程量计算过程中，通常会多次用到这些数据，可以预先把这些数据计算出来供以后查阅使用。例如，计算墙板或墙体及抹灰工程量时会用到门窗的工程量。

3) 编制加工构件的加工委托计划

目前钢结构工程非常多，为了不影响施工进度，一般要把加工的构件提前编制出来，委托加工厂加工。这项工作多由造价人员来做，也有设计人员与施工人员来做的。需要注意的是，此项委托计划应把施工现场自己加工的与委托加工厂加工或去厂家订购的分开编制，以满足施工实际需要。

在做好以上三项工作的前提下，可进行下面的工作。

4) 计算工程量

5) 计算其他项目

不能用线面基数计算的其他项目工程量，如散水、楼梯扶手、坡道等，这些零星项目应分别计算，列入各章节中，要特别注意清点，防止遗漏。

6) 工程量整理、汇总

最后按计算规范的章节对工程量进行整理、汇总，核对无误后，为定价做准备。

(3) 工程量计算的一般顺序

工程量计算应按照一定的顺序依次进行，这样既可以节省时间加快计算速度，又可以避免漏算或重复计算。

1) 单位工程计算顺序

单位工程计算顺序一般有按施工顺序计算、按图纸编号顺序进行计算、按照 "计价规范" 中规定的章节顺序来计算工程量。

按照施工顺序进行工程量的计算，先施工的先算，后施工的后算，要求造价人员对施工过程非常熟悉，能掌握施工全过程，否则会出现漏项；按照图纸编号进行工程量的计算，由建施到结施、每个专业图纸由前到后，先算平面，后算立面，再算剖面；先算基本图，再算详图。用这种方法进行计算，要求造价人员对"计价规范"的章节内容要充分熟悉，否则容易出现项目之间的混淆及漏项；按照"计价规范"的章节顺序，由前到后，逐项对照，计算工程量。这种方法：一是要首先熟悉图纸。二是要熟练掌握"计价规范"。特别要注意有些设计采用的新工艺、新材料、或有些零星项目套不上"计价规范"的，要做补充项，不能因计价规范缺项而漏项。这种方法比较适合初学者、没有一定的施工经验的造价人员采用。

2）分项工程量计算顺序

分项工程量计算顺序有以下四种：

① 从图的左上角开始，顺时针方向计算，见图 4-2 (a) 所示。

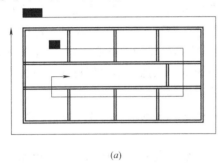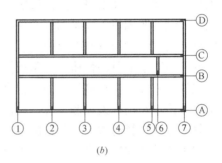

图 4-2

按顺时针方向计算法就是先从平面图的左上角开始，自左到右，然后再由上到下，最后转回到左上角为止，按照顺时针方向依次进行工程量计算。可用于计算外墙、外墙基础、外墙基槽、楼地面、天棚、室内装饰等工程的工程量。

② 按照横竖分割计算

按照"先横后竖、先上后下、先左后右"的计算方法计算，见图 4-2 (b) 所示。

先计算横向，先上后下有 D、C、B、A 四道；后计算竖向，先左后右有 1、2、3、4、5、6、7 共 7 道轴线。一般用于计算内墙、内墙基础、各种隔墙等工程量。

③ 按照轴线编号顺序计算法，

这种方法适合于计算内外墙基槽、内外墙基础、内外墙砌体、内外墙装饰等。

④ 按图纸上的构配件编号进行分类计算法。

按照图纸结构形式特点，分别计算梁、板、柱、框架、刚架等。

总之工程量计算方法多种多样，在实际工作中，造价人员要根据自己的工作经验、习惯，采取各种形式和方法，做到计算准确，不漏项、不错项。工程量计算的技巧无外乎这样几条：熟记工程量计算规则；结合设计说明看图纸；利用计算基数；准确而详细地填列工程内容，快速地套项，确定价格和费用。

（4）工程量计算格式

手工计算工程量是一项即繁杂又需要有条理的工作。每一项工程量的计算，都是针对特定的分部分项工程，所以都要有项目编码、项目名称、计量单位、工程数量、计算式等要素，为便于查找、统计，可设计成电子表格，见表 4-1 所示，在表中利用 Excel 的巨大功能进行统计、计算。

工程量计算表 表 4-1

项目编码	项目名称	计量单位	工程数量	计算式	备注

4.3 工程量清单的编制

1. 工程量清单编制的一般规定

工程量清单应由具有编制招标文件能力的招标人，或受其委托具有相应资质的工程造价咨询单位根据本办法进行编制。

工程量清单从广义上讲，是指按统一规定进行编制和计算的拟建工程分项工程名称及相应工程数量的明细清单，是招标文件的组成部分。"统一规定"是编制工程量清单的依据，"分项工程名称及其相应工程数量"是工程量清单应体现的核心内容，"是招标文件的组成部分"说明了清单的性质，它是招投标活动的主要依据，是对招标人、投标人均有约束力的文件，一经中标且签订合同，也是合同的组成部分。

工程量清单是招标人编制标底、投标人投标报价的依据，是投标人进行公正、公平、公开竞争和工程结算时调整工程量的基础。

工程量清单的编制，专业性强，内容复杂，对编制人的业务技术水平要求比较高，能否编制出完整、严谨的工程量清单，直接影响着招标工作的质量，也是招标成败的关键。因此，规定了工程量清单应由具有编制招标文件能力的招标人或具有相应资质的工程造价咨询单位进行编制。"相应资质的工程造价咨询单位"是指具有工程造价咨询单位资质并按规定的业务范围承担工程造价咨询业务的咨询单位。

工程量清单应反映拟建工程的全部工程内容及为实现这些工程内容而进行的其他工作。借鉴国外实行工程量清单计价的做法，结合我国当前的实际情况，我国的工程量清单由分部分项工程量清单、措施项目清单和其他项目清单组成。分部分项工程量清单应表明拟建工程的全部分项实体工程名称和相应数量，编制时应避免错项、漏项；措施项目清单应表明为完成分项实体工程而必须采取的一些措施性工作，编制时力求全面；其他项目清单主要体现了招标人提出的一些与拟建工程有关的特殊要求，编制时应力求准确、全面，这些特殊要求所需的费用金额应计入报价中。

《中华人民共和国招标投标法》规定，招标文件应当包括招标项目的技术要求和投标报价要求。工程量清单体现了招标人要求投标人完成的工程项目及相应工程数量，全面反映了投标报价要求。因此，"措施项目清单"、"其他项目清单"、"计日工表"也应根据拟建工程的实际情况由招标人提出，随工程量清单发至投标人。

2. 工程量清单格式

工程量清单格式是招标人发出工程量清单文件的格式。工程量清单要求采用统一的格式，其内容包括：封面、总说明、分部分项工程量清单、措施项目清单、其他项目清单和计日工表。它应反映拟建工程的全部工程内容及为实现这些工程内容而进行的其他工作项目。这些内容大家可通过"计价规范"学习、掌握，在此不再详述。

4.4 钢结构工程工程量清单编制案例

4.4.1 基础工程工程量清单及单一钢结构构件工程量清单的编制

1. 混凝土独立基础工程量清单的编制

钢筋混凝土独立基础（以下简称独基），是钢结构工程常用的基础形式。施工图中，一般要有基础设计说明、基础平面布置图和基础详图组成。有时基础设计说明同结构设计说明合一。

按"清单计价规范"，独基的计算规则是按图示尺寸计算其体积。基础与柱的分界线是：基础扩大面以上是柱子，以下是基础。下面通过［案例 4-1］来说明混凝土独立基础工程量清单的编制过程。

【案例 4-1】 某工程 C20 混凝土基础设计详图，见图 4-3 所示，C15 素混凝土垫层 100mm 厚，垫层每边宽出基础 100mm。试编制该混凝土独立基础的工程量清单。

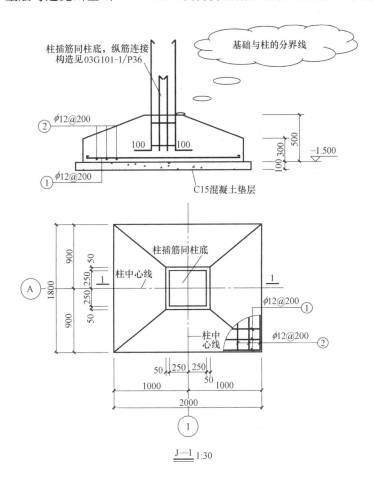

图 4-3 独立基础详图

【解】 （1）计算该基础的体积

$V_{基础} = [2.0 \times 1.8 \times 0.3 + 0.2 \div 6 \times (2.0 \times 1.8 + 4 \times 1.3 \times 1.2 + 0.6 \times 0.6)]$

$= [1.08 + 0.34] = 1.42 m^3$

$V_{垫层}=2.2×2×0.1=0.44m^3$

（2）清单编制，见表4-2所示

分部分项工程量清单　　　　　　　　　　　　　　表4-2

工程名称：××工程　　　　　　　　　　　　　　　第1页　共1页

序号	项目编码	项目名称	项目特征描述	计量单位	工程数量
1	010501003001	独立基础	1. C20混凝土,石子粒径＜40mm	m³	1.42

【案例分析】

（1）计算时小数点保留三位，编制清单时，第三位小数四舍五入，小数点保留两位（后面案例不再重述）。

（2）项目编码第10位~12位"001"是清单编制人员自行编制，必须从001开始编号，若该工程独立基础还有其他的种类，如混凝土强度等级不同，垫层设计有变化，它的编号要从002开始顺次往下编码。

（3）按"计价规范"规定的项目特征，结合图纸，认真填写项目名称一栏中该清单项目的特征，以便企业正确的进行报价（后面案例不在重述）。

实际工程中，独立基础工程量的统计程序是：根据基础平面布置图统计独立基础的类型及个数→分别计算每一类型的独立基础混凝土的工程量（个数×单一独立基础的体积）→将所有的独立基础的混凝土体积求和。

独立基础设计时，因为独立基础的受力不同，基础的设计尺寸和配筋不一样，所以要对基础进行编号。独立基础的编号目前一般是ZJx，ZJ即柱基汉语拼音的第一位字母组合，X是阿拉伯数字，从1开始编号，以区别不同的基础设计，最大数字即代表本工程基础有几种。

统计独立基础的类型及个数时，以图纸的轴线编号为依据，按照从左往右、从上往下的顺序依次统计，这样可避免统计时漏算或重复计算。

图4-4是某工程基础平面布置图的局部，我们来统计一下该工程基础的个数。按照编者的习惯，从①轴到④轴的顺序来统计基础的类型及个数。统计的结果详见表4-3所示。

基础工程量计算表　　　　　　　　　　　　　　表4-3

基础类型		ZJ1	ZJ2	ZJ3	ZJ4
基础的个数	①轴		1	2	
	②轴		1	1	1
	③轴		3		
	④轴		1		2
合计			6	3	3

工程量计算是非常烦琐、工作量很大、耗用时间最多的一项工作，工程量计算同时也是非常重要的一个环节。工程量计算结果准确与否直接影响造价的准确性。大家都知道，建筑工程造价具有多次性的计价特点，如施工图预算、施工预算、结算、审计等，所以造价人员的工程量计算书也要保存好，便于反复、多次计价。目前工程量计算有两种方式：一是应用工程软件来计算工程量。二是采用手算工程量。采用手算工程量时，尽量充分应

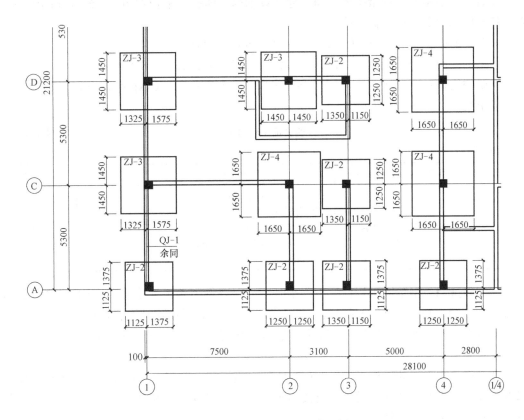

图 4-4　某工程基础平面布置图

用计算机技术，如利用 Excel 电子表格的强大功能，进行合计及统计等工作，既快捷又准确。同时采用电子版的工程量计算书，还便于工程量计算书的修改和保存，提高计算速度，减轻工作量。

2. 单一钢结构构件工程量清单的编制

【案例 4-2】　某钢结构工程 L—1g 施工图，见图 4-5 所示，钢梁采用 Q345B，H 钢截面尺寸：400mm×200mm×8mm×12mm，共 100 根，计算本构件的工程量。

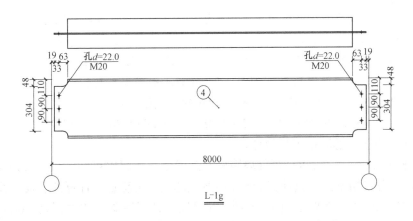

图 4-5　某工程钢梁的施工图

【解】 钢结构的工程量按图示净尺寸计算钢构件体积（不扣除切边、螺栓孔的体积），乘以其密度 $7.85kg/m^3$，以 t 计。

该钢梁的净长：$L_{净}=8000-2\times19=7962mm=7.962m$；

钢梁的截面面积：$S=(2\times0.2\times0.012+0.376\times0.008)=7.808\times10^{-3}m^2$；

钢梁的质量：$G=100\times7.962\times7.808\times10^{-3}\times7.85=48.801kg=0.049t$

清单编制，见表 4-4 所示：

分部分项工程量清单

工程名称：××工程   表 4-4   第 1 页 共 1 页

序号	项目编码	项目名称	项目特征描述	计量单位	工程数量
1	010604001001	钢梁	1. Q345B，焊接 H 型钢。 2. 每根重 0.062t。 3. 安装高度：8.00m。 4. 涂 C53-35 红丹醇酸防锈底漆一道 $25\mu m$	t	0.049

【案例分析】 钢结构工程计算工程量时，一定要将图示尺寸换算成钢构件的净尺寸，如【案例 4-2】中的钢梁的净长计算，其中切边、打孔等不扣除其面积，螺栓、焊缝增加的质量也不增加。另外清单中的工程量是图纸净量，不包括任何损耗，损耗在报价中考虑。

目前钢结构工程的结构形式有：门式刚架、钢框架、网架、管桁架等结构形式，设计基本上都是由专业设计软件设计，直接出施工图，其中包含材料表。钢结构工程计算工程量时要充分利用这些材料表。

4.4.2 门式刚架工程量清单编制

【案例 4-3】 某单位拟建一钢结构车间，采用单层门式刚架，施工图如下。本案例主要是根据该车间的施工图，编制钢结构部分的工程量清单（不包括基础及土建部分）。

编制依据：施工图和有关标准图；《建筑工程工程量清单计价规范》。

施工图，见图 4-6～图 4-23、表 4-5 所示：

（1）工程量计算

1）建筑面积

单层建筑工程建筑面积的计算按一层外墙外围面积计算，相关规则请读者阅读《建筑工程建筑面积计算规范》（GB5/T 0353—2005）。建筑面积计算是很重要的，它是计算如单方造价等指标的重要基础数据，造价人员必须熟练掌握。本书在此不详述。

本工程建筑设计采用墙包柱，由图 4-24 可知，轴线尺寸分别是 54m、30m，轴线到外墙外皮分别为 0.34m、0.387m，这样该建筑建筑面积是：

$$S=(54+2\times0.34)\times(30+2\times0.387)=54.68\times30.774=1682.72m^2$$

2）75mmEPS 夹芯墙板工程量计算

由建施图 1、2、3，可以计算外墙墙板的工程量。从图中可知，该工程外墙 1m 以下是砖墙，本工程省略不计，只计算 75mmEPS 夹芯墙板工程量。计算外墙板工程量时，需要将门窗洞口扣除，本案例由图 4-6～图 4-8 可以统计门窗洞口的面积是 $344m^2$（详细计算略），这样墙板的面积是：

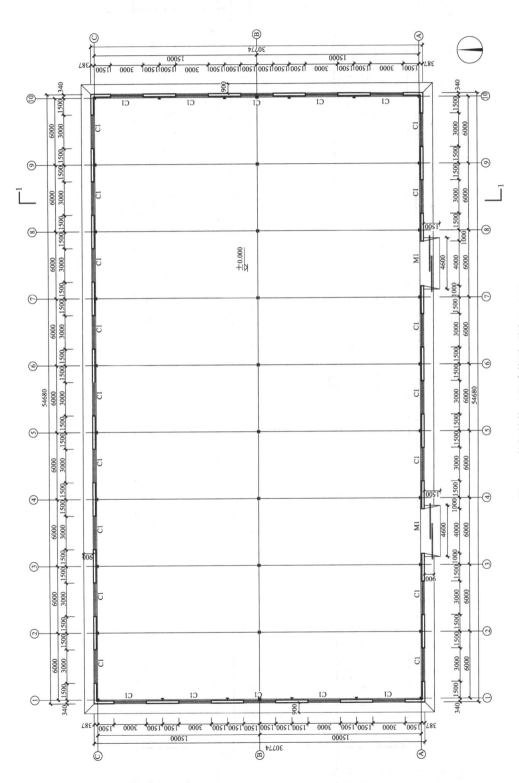

图 4-6 某钢结构工程建筑平面图 1∶100

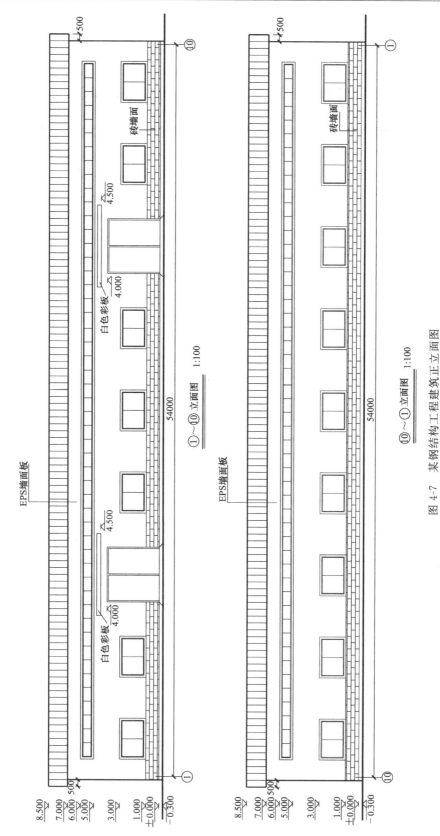

图 4-7　某钢结构工程建筑正立面图

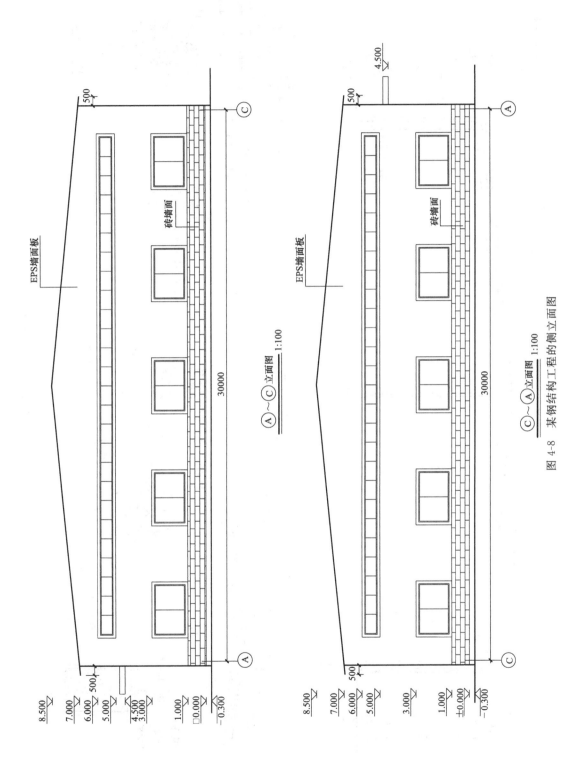

图 4-8　某钢结构工程的侧立面图

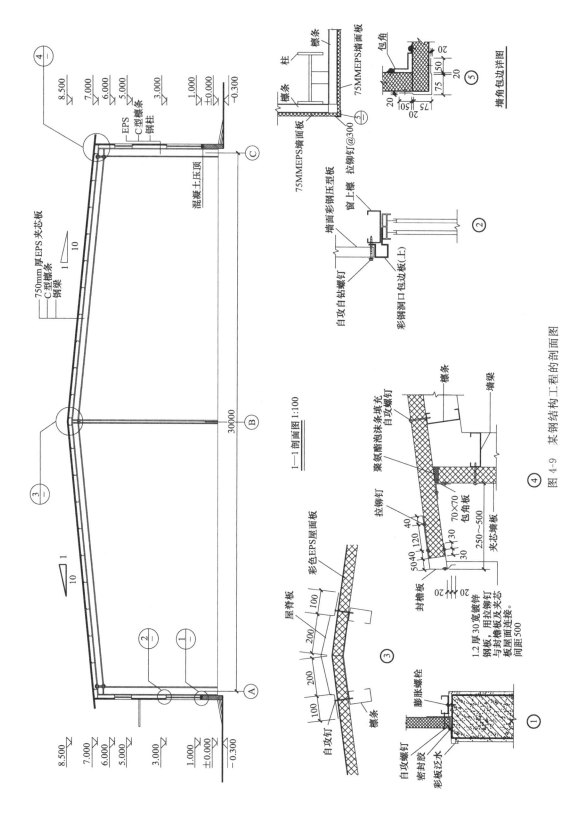

图 4-9 某钢结构工程的剖面图

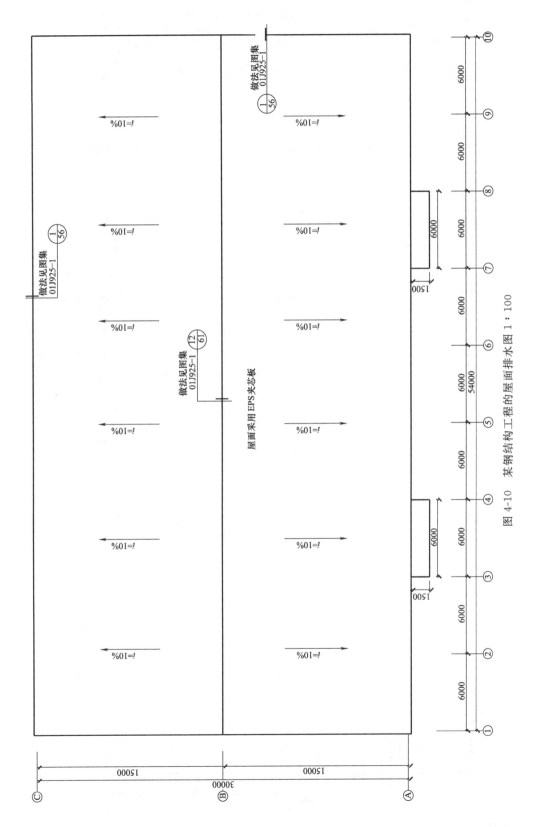

图 4-10 某钢结构工程的屋面排水图 1∶100

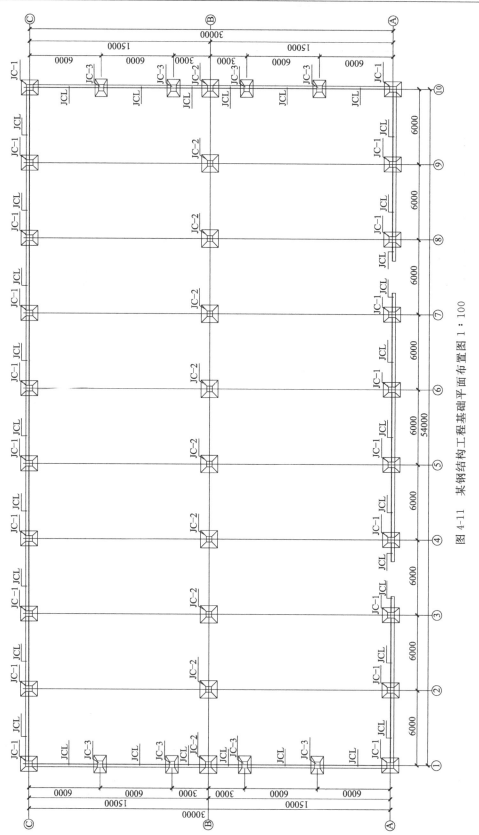

图 4-11 某钢结构工程基础平面布置图 1∶100

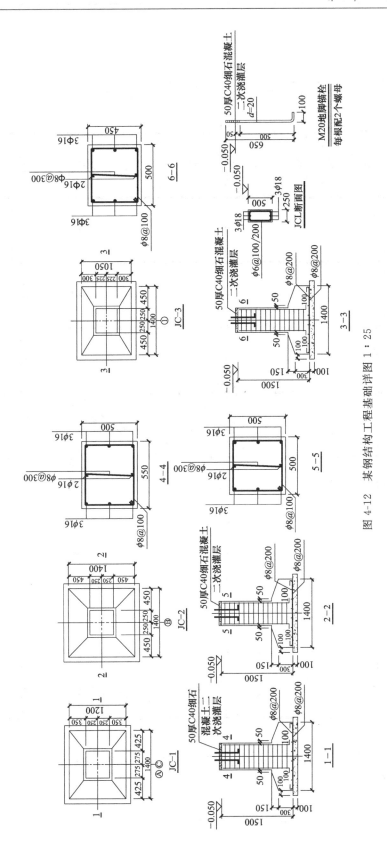

图 4-12　某钢结构工程基础详图 1∶25

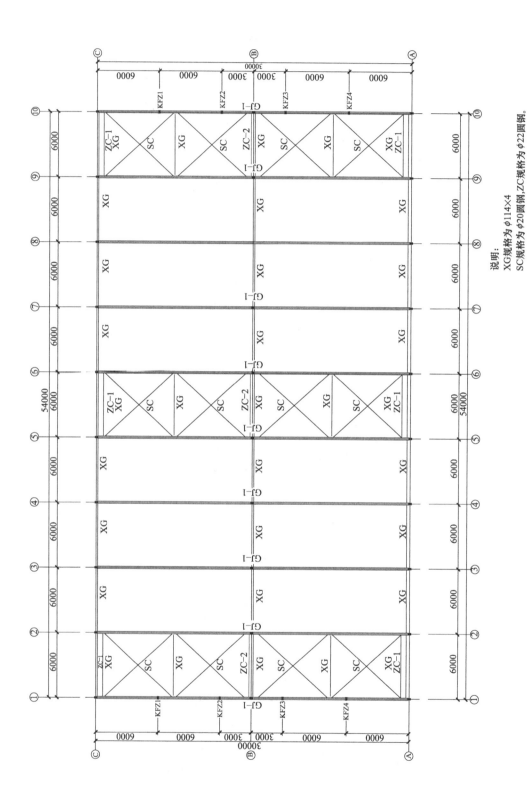

说明：
XG规格为 φ114×4
SC规格为 φ20圆钢，ZC规格为 φ22圆钢。

图 4-13　某钢结构工程结构平面布置图 1∶100

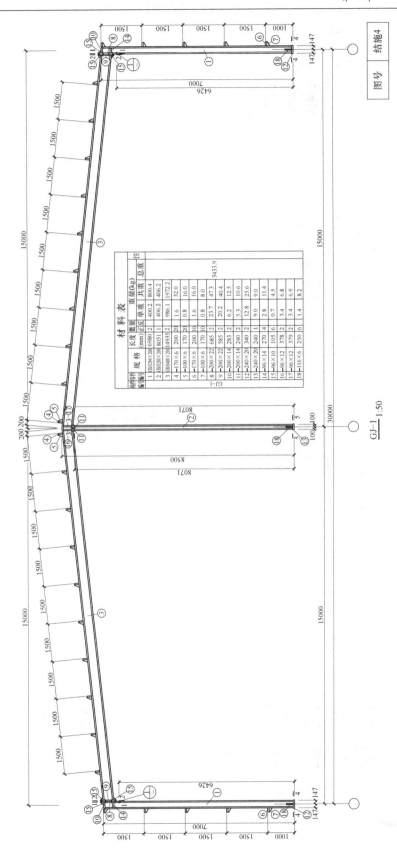

图 4-14 某钢结构工程钢架施工图

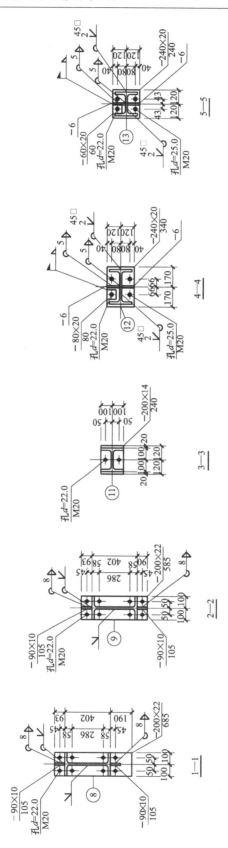

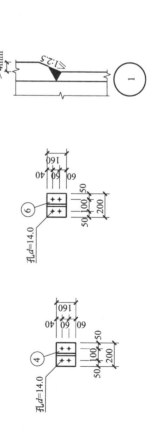

图 4-15　某钢结构工程刚架节点板详图

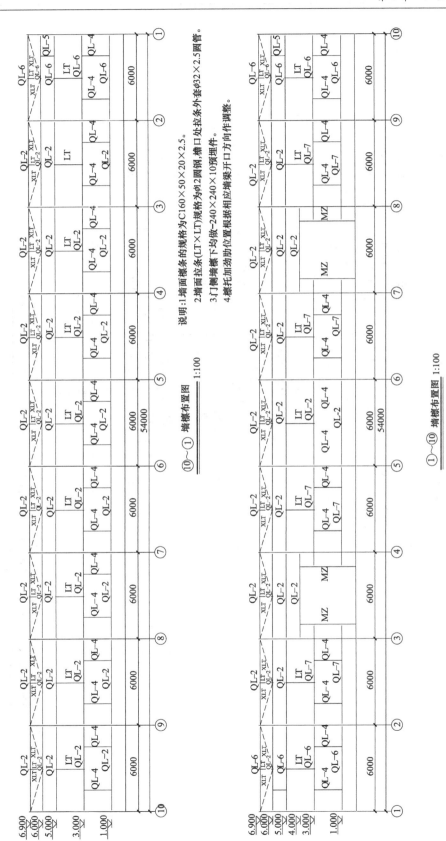

说明：1 墙面檩条的规格为C160×50×20×2.5。

2 墙面拉条(LT×LT)规格为φ12圆钢,檐口处拉条外套φ32×2.5圆管。

3 门窗洞口均做-240×240×10预埋件。

4 檩托加劲助位置根据相应墙梁开口方向作调整。

⑩～① 墙檩布置图 1:100

① ～ ⑩ 墙檩布置图 1:100

图 4-16　某钢结构工程墙檩布置图 1

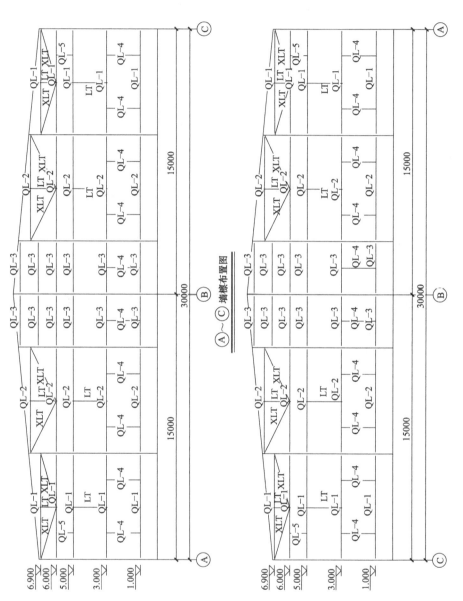

Ⓐ～Ⓒ 墙檩布置图

Ⓒ～Ⓐ 墙檩布置图

说明：1.墙面檩条的规格为C160×50×20×2.5。
2.墙面拉条(LT×LT)规格为φ12圆钢,槽口处直拉条外套32×2.5圆管。
3.檩托加劲助位置根据相应墙梁开口方向作调整。

图 4-17　某钢结构工程墙檩布置 2

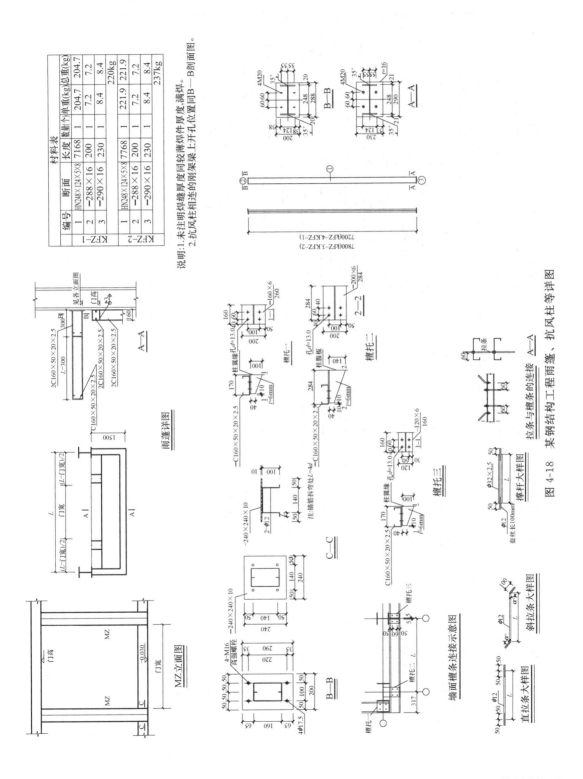

图 4-18 某钢结构工程雨篷、抗风柱等详图

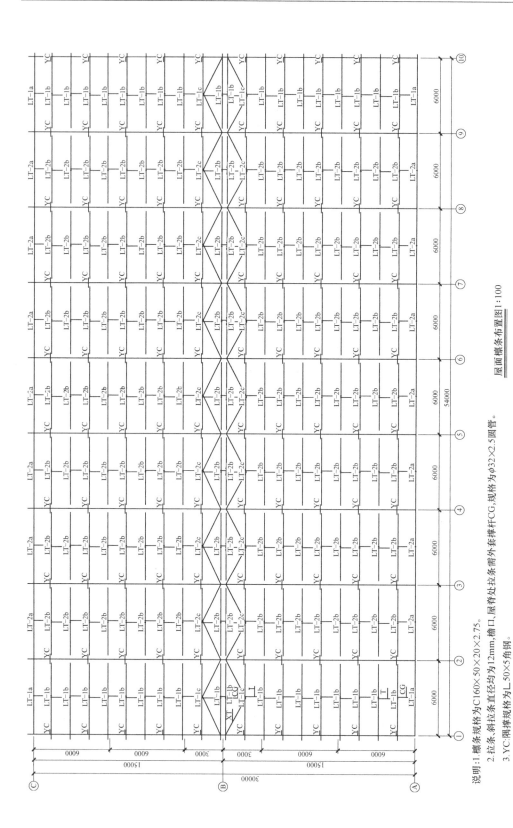

图 4-19　某钢结构工程屋面檩条布置图

说明:1.檩条规格为C160×50×20×2.75。

2.拉条、斜拉条直径均为12mm,檐口、屋脊处拉条帮外套撑杆CG,规格为φ32×2.5圆管。

3.YC:隅撑规格为L50×5角钢。

4.所有拉条均配有螺母、垫圈。

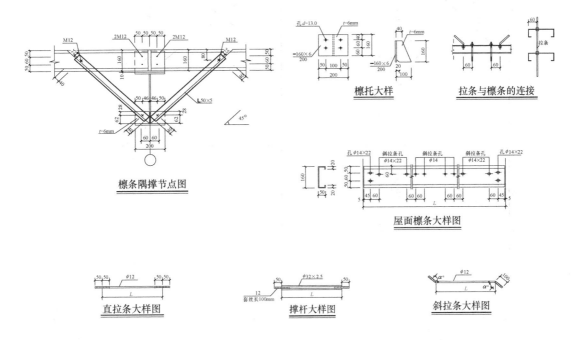

图 4-20 某钢结构工程详图 1

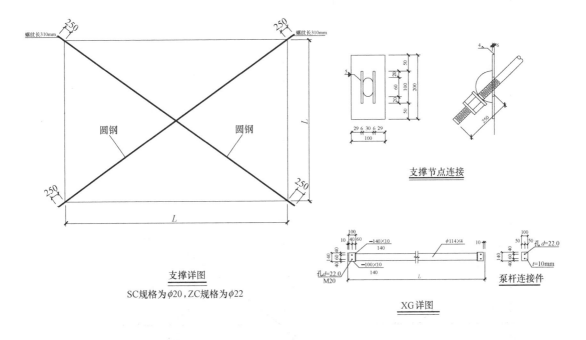

图 4-21 某钢结构工程详图 2

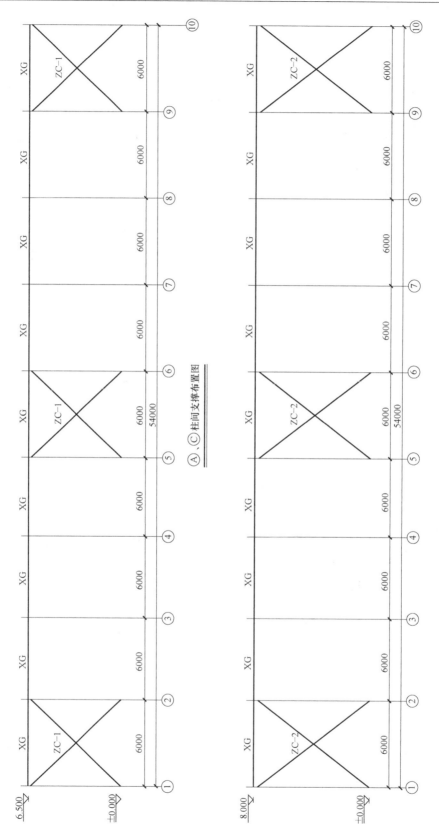

Ⓐ、Ⓒ柱间支撑布置图

Ⓑ柱间支撑布置图

图4-22　某钢结构工程柱间支撑布置图

屋面坡度系数表 表 4-5

坡度			延尺系数 C	隔延尺系数 D
B/A(A=1)	B/2A	角度 α		
1	1/2	45°	1.4142	1.7321
0.75		36°52′	1.2500	1.6008
0.70		35°	1.2207	1.5779
0.666	1/3	33°40′	1.2015	1.5620
0.65		33°01′	1.1926	1.5564
0.60		30°58′	1.1662	1.5362
0.577		30°	1.1547	1.5270
0.55		28°49′	1.1413	1.5170
0.50	1/4	26°34′	1.1180	1.5000
0.45		24°14′	1.0966	1.4839
0.40	1/5	21°48′	1.0770	1.4697
0.35		19°17′	1.0594	1.4569
0.30		16°42′	1.0440	1.4457
0.25		14°02′	1.0308	1.4362
0.20	1/10	11°19′	1.0198	1.4283
0.15		8°32′	1.0112	1.4221
0.125		7°8′	1.0078	1.4191
0.100	1/20	5°42′	1.0050	1.4177
0.083		4°45′	1.0035	1.4166
0.066	1/30	3°49′	1.0022	1.4157

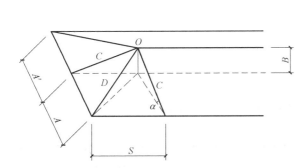

图 4-23 屋面坡度系数示意图

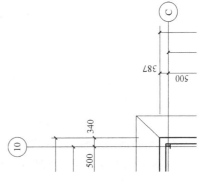

图 4-24 一层钢柱轴线与外墙关系图

注：1. $A=A'$，且 $S=0$ 时，为等两坡屋面；$A=A'=S$ 时，等四坡屋面；

2. 屋面斜铺屋面＝屋面水平投影面积×C；

3. 等两坡屋面山墙泛水斜长：$A×C$；

4. 等四坡屋面斜脊长度：$A×D$；

$$\text{两端山墙墙板面积} \qquad\qquad \text{门窗面积}$$

$$S=[(54.68+30.77)\times2]\times(7-1)+[1/2\times(30+2\times0.387)\times1.5]\times2-344$$
$$=1025.40+46.16-344=727.56\text{m}^2$$

3）75mmEPS 夹芯屋面板工程量计算

由图 4-6~图 4-9，该屋面是等两坡屋面，每边外伸 0.5m。查表 4-5 屋面坡度系数表可知：延尺系数为 1.0198。

$$S=(30.774+0.5\times2)\times(54.68+0.5\times2)\times1.0198=1804.21\text{m}^2$$

4）75mmEPS 夹芯板雨篷工程量计算

由图 4-10 可知： $S=1.5\times6\times2=18\text{m}^2$

5）基础锚栓（$d=20$mm）

由图 4-11，可以统计基础的个数是 38 个混凝土独立基础，具体计算详见【案例 4-1】。由图 4-14、图 4-15 可知，每个基础预埋锚栓 4 根，这样本工程总锚栓根数：

$$N=4\times38=152\text{根}$$

$\Phi20$ 锚栓质量是 2.466kg/m。

$$G=152\times(0.65+0.1)\times2.466=0.281\text{t}$$

6）钢梁、钢柱（含抗风柱）工程量计算

根据图 4-13，可以统计刚架的数量是 10 榀，由图 4-14，充分利用材料表，每榀刚架的质量是 3434kg；由图 4-18 抗风柱详图及其材料表可知，KFZ1 的质量 220kg、KFZ2 的质量 237kg，数量分别是 4 根。所以钢梁、钢柱（含抗风柱）工程量计算是：

$$G=10\times3434+220\times4+237\times4=36.168\text{t}$$

7）墙檩（也称为墙梁）工程量的计算

由图 4-17 可知，该工程墙檩的规格是：C160×50×20×2.5，查资料可知，该檩条质量：5.88kg/m。由图 4-16、图 4-17 可以统计出该墙檩的长度。具体计算过程如下：

QL1=6×5×4=120m；

QL2=6×5×4+6×4×8+6×(3+4+3+5+3+4+3)=462m；

QL3=3×6×4=72m；

QL4=2×10×2+2×2×16=104m；

QL5=1×2×2+1×2×2=8m；

QL6=6×5×3=90m；

QL7=6×(2+2+2+2)=48m；

合计：904m。

$$\text{质量统计}：G=904\times5.88/1000=5.316\text{t}$$

8）屋面檩条工程量的计算

由图 4-19 可知，该工程屋面檩条的规格是：C160×50×20×2.5，查资料可知，该檩条质量：5.88kg/m。由图 4-19 可以统计出屋面檩条的长度。具体计算过程如下：

$$6\times9\times22=1188\text{m}；$$

$$\text{质量统计}：G=1188\times5.88/1000=6.985\text{t}$$

9）雨篷及门框柱的工程量计算

因其材料规格同墙檩（C160×50×20×2.5），所以雨篷及门框柱材料的统计计算出后，其工程量可以合并到墙檩或屋面檩条中，一起报价。

雨篷工程量的计算：

长度统计：$6 \times 2 + 1.5 \times 2 \times 2 = 18$m；质量统计：$G3 = 18 \times 5.88/1000 = 0.106$t；

门框柱工程量的计算：

长度统计：$4 \times 2 + 4.03 \times 2 \times 2 = 24.12$m；质量统计：$G4 = 24.12 \times 5.88/1000 = 0.142$t。

合计：0.248t

钢结构工程在计算钢材的工程量时，除钢梁、钢柱等主要构件外，还有很多辅助钢构件，如隅撑（YC）、柱间支撑（ZC）、水平支撑（SC）、拉条（LT）（又分直拉条、斜拉条）、撑杆（CG）、系杆（XG）等钢构件，这些钢构件设计时选用不同类型的型钢，所以计算工程量时要分别计算，才能合理报价。

10）拉条（LT）工程量的计算

由图 4-16～图 4-19 可知，拉条布置在屋面檩条和墙面檩条之间，本工程拉条采用材料规格：Φ12；查资料可知，其质量是 0.888kg/m。所以计算重点应该是统计拉条的长度。

在钢结构工程中，通过图 4-18 拉条大样图可知：LT 的长度计算规则是轴线长 $+2 \times 50$；

XLT 的长度计算规则是轴线长 $+2 \times 100$。所以工程量计算如下：

长度统计：

$LT = [2 + (0.05 \times 2)] \times 16 + [0.9 + (0.05 \times 2)] \times 18 + [2 + (0.05 \times 2)] \times 4 \times 2 + [0.9 + (0.05 \times 2)] \times 2 \times 2 + [1.4 + (0.05 \times 2)] \times 2 \times 2 + [1.5 + (0.05 \times 2)] \times 20 \times 9 = 366.4$m；

$XLT = [(3^2 + 0.9^2)^{1/2} + (0.1 \times 2)] \times 2 \times 2 \times 2 + [(3^2 + 1.4^2)^{1/2} + (0.1 \times 2)] \times 2 \times 2 \times 2 + [(3^2 + 0.9^2)^{1/2} + (0.1 \times 2)] \times 2 \times 18 + [(3^2 + 1.5^2)^{1/2} + (0.1 \times 2)] \times 4 \times 9 = 302.644$m；

长度合计：$366.4 + 302.644 = 669.044$m；

质量统计：$G = 669.044 \times 0.888/1000 = 0.594$t

11）隅撑（YC）工程量的计算

由图 4-19 可知，隅撑规格：L50×5；查资料可知其质量是 3.77kg/m。图 4-19 可以统计隅撑的根数，图 4-20 可以计算隅撑的单根长度。

　　　　根数　　　隅撑(YC)单根长度

长度统计：$9 \times 10 \times 2 \times [(0.4 + 0.16)^2 \times 2]^{1/2} = 142.55$m；

质量统计：$G = 142.55 \times 3.77/1000 = 0.537$t

12）系杆（XG）工程量的计算

由图 4-13 可知系杆（XG）规格：Φ114×4，质量是 10.85kg/m；同时图 4-13 也是系杆（XG）的布置图，能统计出系杆（XG）的根数及长度。仔细阅读图 4-22 中系杆（XG）的大样图可知，系杆（XG）的长度计算规则是轴线长 -2×10。计算过程如下：

　　　系杆(XG)单根长度　　　　根数

长度统计：$(6 - 0.01 \times 2) \times (9 \times 3 + 3 \times 2) = 197.34$m；

质量统计：$G=197.34×10.85/1000=2.141t$

13）水平支撑（SC）工程量的计算

由图 4-13 可知水平支撑（SC）的规格：$\Phi 20$，质量是 $2.466kg/m$；同时图 4-13 也是水平支撑（SC）的布置图，能统计出水平支撑（SC）的根数及长度；仔细阅读图 4-22 中水平支撑（SC）的大样图可知，水平支撑（SC）的长度计算规则是轴线长$+2×250$。计算过程如下：

$$水平支撑（SC）的单根长度 \qquad 根数$$

长度统计：$\{[(7.29^2+6^2)^{1/2}]+0.25×2\}×8×3=238.60m$；

质量统计：$G=238.60×2.466/1000=0.588t$

14）柱间支撑（ZC）工程量的计算

由图 4-13 可知柱间支撑（ZC）的规格：$\Phi 22$，质量是 $2.984kg/m$；图 4-21 是柱间支撑（ZC）的布置图，能统计出柱间支撑（ZC）的根数及长度；仔细阅读图 4-22 中支撑的大样图可知，其长度计算规则是轴线长$+2×250$。计算过程如下：

$$ZC\text{-}2的长度 \qquad 根数 \qquad ZC\text{-}1的长度 \qquad 根数$$

长度统计：$[(8-0.25)^2+6^2]^{1/2}×2×3+[(6.5-0.25)^2+6^2]^{1/2}×2×3×2=162.78m$；

质量统计：$G=162.78×2.984/1000=0.486t$

15）撑杆（CG）工程量的计算

由图 4-19 可知撑杆（CG）的规格：$\Phi 32×2.5$，质量是 $1.82kg/m$；同时图 4-16、图 4-47、图 4-19 也是撑杆（CG）的布置图，可统计其根数及长度。计算过程如下：

长度统计：$0.9×(9+9+4)+1.4×4+1.5×9×4=79.4m$；

质量统计：$G=79.4×1.82/1000=0.145t$

以上钢结构构件工程量的计算对于编制该工程工程量清单来讲，项目全齐。但是清单计价包括内容很综合，如钢结构连接所用的螺栓，计算钢构件工程量时，"计价规范"是这样规定的：螺栓质量不增加，螺栓孔所占体积也不扣除。实际工作中，螺栓是按不同规格按个论价的，所以我认为螺栓的计价并没有包括在所依附的钢构件中，清单计价时需要统计螺栓个数，将其报价综合在所依附的钢构件中。

还有一些钢构件的连接板，统计工程量时也要注意其归属，如钢梁、钢柱上的节点板，统计其质量后，将其质量合并到所依附的主钢构上。

另外，墙板、屋面板施工中构造上需要一定的折件，做收边、包角用，费用不少。所以墙板、屋面板清单计价时，也需要将折件的费用综合进来，为此，计算墙板、屋面板工程量时，应根据图纸的构造要求，分别计算墙板、屋面板折件的面积，然后报价时将其费用平均到墙板、屋面板的单方造价中。

综上所述，以上类似项目的工程量也是必须要计算清楚的，否则会影响清单计价。

16）墙板收边、包角工程量的计算

折件形状图纸一般有构造详图，如本工程折件可参阅图 4-9。如设计没选折件做法，我们可参阅图集《压型钢板、夹芯板屋面及墙体建筑构造》（01J925-1）。计算过程如下：

墙板外包边 $S=(0.075+0.02+0.05)×2×6×4=6.96m^2$

墙板内包边 $S=(0.075+0.02+0.05)×2×6×4=6.96m^2$（详见图4-9详图⑤）

墙面与屋面处外包角板 $S=0.07\times2\times2\times\{54.68+2\times[(30.774/2)^2+1.5^2]^{1/2}\}=23.97\text{m}^2$

墙面与屋面处内包角板 $S=0.05\times2\times2\times\{(54.68-0.075\times2)+2\times\{[(30.774-0.075\times2)/2]^2+1.5^2\}^{1/2}\}=17.06\text{m}^2$（详见图4-9详图④）

门窗口套折件 $S=\{[(0.02+0.02+0.1)\times2]+0.075+0.16\}\times[26\times[(3+2)\times2+4\times(0.075+0.16)]+2\times[4\times4+4\times(0.075+0.16)]+2\times[(1+51)\times2+4\times(0.075+0.16)]\}=0.515\times\{284.44+33.88+209.88\}=272.023\text{m}^2$

合计：326.97m^2。

17）屋面收边、包角工程量的计算

封檐板 $S=(0.04+0.12+0.04+0.05+0.075+0.02+0.03+0.03\times2+0.05+0.02)\times2\times\{54.68+2\times[(30.774/2)^2+1.5^2]^{1/2}\}=86.46\text{m}^2$（详见图4-9详图④）

屋脊盖板 $S=(0.1+0.2+0.02)\times2\times(54.68+0.5\times2)=35.64\text{m}^2$

屋脊内托板 $S=0.1\times2\times(54.68-0.075\times2)=10.91\text{m}^2$（详见图4-9详图③）

檐口堵头板 $S=[(30.774/2)^2+1.5^2]^{1/2}\times2\times2\times(0.03+0.076+0.03)=8.41\text{m}^2$（参见建图4-9和标准图集01J925-1）

合计：141.42m^2。

18）高强度螺栓个数统计

M20：$N=(8\times2+2)\times10=180$ 个

M16：$N=8$ 个（雨篷预埋件处高强螺栓）

19）普通螺栓个数统计：

M12：（隔撑处）$N=8\times10\times9=720$ 个

M20：（系杆处）$N=4\times[(9+9+4)+4+9\times4]=248$个

M12：（檩托处）$N=4\times20+4\times20+4\times80+4\times198=1272$ 个

（2）工程量清单的编制

根据清单计价规范及以上工程量计算，工程量清单编制，见表4-6所示：

分部分项工程量清单　　　　　　　　　　　　　　表4-6

工程名称：××工程　　　　　　　　　　　　　　　第1页　共1页

序号	项目编码	项目名称	项目特征描述	计量单位	工程数量
1	010603001001	实腹钢柱	1. Q235B,热轧 H 型钢； 2. 每根重 0.46t； 3. 无损探伤 4. 涂 C53-35 红丹醇酸防锈底漆一道 25um	t	16.508
2	010604001001	钢梁	1. Q235B,标准 H 型钢； 2. 每根重 1.97t； 3. 无损探伤 4. 涂 C53-35 红丹醇酸防锈底漆一道 25μm	t	19.660

序号	项目编码	项目名称	项目特征描述	计量单位	工程数量
3	010605002001	钢板墙板(含雨篷板)	1. 板型:外板、内板均为0.425mm厚,中间为75mm厚的EPS夹芯板; 2. 安装在C型檩条上	m²	745.56
4	010606001001	钢支撑	1. 采用$\phi20$、$\phi22$的钢支撑; 2. 涂C53-35红丹醇酸防锈底漆一道25μm	t	1.074
5	010606001002	钢拉条	1. 钢拉条:$\Phi12$; 2. 涂C53-35红丹醇酸防锈底漆一道25μm	t	0.549
6	010606002001	钢檩条(含雨篷、门框柱)	1. 包括屋面檩条和墙面檩条; 2. 型号:C160×50×20×2.5; 3. 涂C53-35红丹醇酸防锈底漆一道25μm	t	12.549
7	010606013001	零星钢构件	1. 系杆(XG)规格:$\Phi114×4$; 2. 涂C53-35红丹醇酸防锈底漆一道25μm	t	2.141
8	010606013002	零星钢构件	1. 隔撑规格:L50×5; 2. 涂C53-35红丹醇酸防锈底漆一道25μm	t	0.537
9	010606012003	零星钢构件	1. 撑杆(CG)的规格:$\Phi32×2.5$; 2. 涂C53-35红丹醇酸防锈底漆一道25μm	t	0.145
10	010606012004	零星钢构件	1. 节点板:—6mm厚钢板; 2. 涂C53-35红丹醇酸防锈底漆一道25μm	t	0.790
11	010901002001	型材屋面	1. 板型:外板、内板均为0.425mm厚,中间为75mm厚的EPS夹芯板; 2. 安装在C型檩条上	m²	1804.21
12	010516001001	螺栓	1. m20地角锚栓:650mm长	t	0.281

注:1. 清单不包括土建部分及门窗部分;2. 不考虑防火涂装。

【清单编制说明】

(1) 钢结构工程在统计钢材的工程量时,都是计算其图示净尺寸质量,没包括任何损耗。钢结构构件制作过程中的损耗在清单计价时考虑。

(2) 由于钢材价格较高,所以计算其工程量时,小数点要保留三位小数。

(3) 项目特征描述要紧扣图纸,如墙板、屋面板基板厚度、涂层要求、H型钢是标准还是焊接，各钢构件材质及其规格要求等等，都要仔细核对图纸，一一陈述，因为这些直接影响报价。为了快速编制清单及进行清单报价，工程量计算时，就要将清单项目特征中要求注明的项目特征像材质、规格等从图纸中一并摘出，不能低头只顾计算工程量而忽视我们刚说的这些要素，否则编清单阐述项目特征或进行清单报价时还要重新翻阅图纸，这肯定会影响报价的速度。

（4）防火涂料要特别予以注意。由于钢结构工程的特点，钢结构工程按规范一般都要做防火处理，目前最常规的处理方法是采用防火涂料做涂层保护钢构件。不同钢构件其防火涂层要求不同，计算工程量时要特别注意加以区别（具体防火涂料工程量计算读者可参阅《钢结构工程计量与计价》一书），同时由于防火涂料施工的特殊性，有时要选择专业队伍施工，所以有时钢结构工程报价时防火涂料甩项。

（5）看懂图纸、深刻理解图纸，是工程量计算的关键。

（6）零星项目列项时，越仔细越好。如本案例零星项目设置，将隔撑、系杆、拉条等一一分别列出，因为其钢材价格是不同的，这样便于清单计价。

（7）螺栓个数、屋面板及墙板折件统计出来后，编清单时没有用到这些数据，但是清单报价时一定会用到的。一般应将螺栓的价格折合到钢梁或钢柱综合单价中，屋面板及墙面板折件费用均摊到屋面板、墙板的综合单价中。

以上工程量计算的格式，主要目的是讲明钢结构工程工程量计算的整个过程，其形式不便于清单计价时快速寻找需要的项目数据。读者熟练掌握钢结构工程识图及工程量计算后，可根据自己的工作经验，采用列表形式进行计算书的编制，这样思路清晰、分类明确，便于清单编制时数据的摘录。另外造价人员在计算工程量时，应充分利用 Excel 电表格，便于计算数据的准确及后期计算书的修改，见表 4-7 所示。

工程量计算书 表 4-7

单位工程名称：某钢结构车间 　　　　　　　　　建筑面积：1682.72m²

序号	各项工程名称	计 算 公 式	单位	数量
1	75mmEPS 夹芯墙板 （见图 4-6～图 4-8）	$S=[(54.68+30.77)\times2]\times6+(1/2\times30\times1.5)\times2-344$（门窗面积）$=727.56$	m²	727.56
2	墙板收边、包角 （见图 4-9 和图集 01J925-1）	墙板外包边 $S=(0.075+0.02+0.05)\times2\times6\times4=6.96$； 墙板内包边 $S=(0.075+0.02+0.05)\times2\times6\times4=6.96$； （详见图 4-9 详图⑤） 墙面与屋面处外包角板 $S=0.07\times2\times2\times\{54.68+2\times[(30.774/2)^2+1.5^2]^{1/2}\}=23.97$； 墙面与屋面处内包角板 $S=0.05\times2\times2\times\{(54.68-0.075\times2)+2\times\{[(30.774-0.075\times2)/2]^2+1.5^2\}^{1/2}\}=17.06$m²（详见图 4-9 详图④）； 门窗口套折件 $S=\{[(0.02+0.02+0.1)\times2]+0.075+0.16\}\times\{26\times[(3+2)\times2+4\times(0.075+0.16)]+2\times[4\times4+4\times(0.075+0.16)]+2\times[(1+51)\times2+4\times(0.075+0.16)]\}=0.515\times\{284.44+33.88+209.88\}=272.023$ 小计:326.97	m²	326.97

序号	各项工程名称	计算公式	单位	数量
3	75mmEPS夹芯屋面板 (见图4-6~图4-9)	$S=(30.774+0.5\times2)\times(54.68+0.5\times2)\times1.0198=1804.21$ (1.0198延尺系数,详见表4-5屋面坡度系数表)	m²	1804.21
4	屋面收边、包角 (见图4-9和图集01J925-1)	封檐板 $S=(0.04+0.12+0.04+0.05+0.075+0.02+0.03+0.03\times2+0.05+0.02)\times2\times\{54.68+2\times[(30.774/2)^2+1.5^2]^{1/2}\}=86.46$(详见图4-9详图④); 屋脊盖板 $S=(0.1+0.2+0.02)\times2\times(54.68+0.5\times2)=35.64$; 屋脊内托板 $S=0.1\times2\times(54.68-0.075\times2)=10.91$; (详见图4-9详图③) 檐口堵头板 $S=[(30.774/2)^2+1.5^2]^{1/2}\times2\times2\times(0.03+0.076+0.03)=8.41$	m²	141.42
		小计:141.42		
5	75mmEPS夹芯板雨篷 (见图4-10)	$S=1.5\times6\times2=18$	m²	18
6	基础锚栓($d=20$mm) (见图4-11、图4-12、图4-14、图4-15)	$N=4\times38=152$	个	152
7	钢梁、钢柱(含抗风柱) (见图4-13~图4-15、图4-18)	$G=10\times3.434+0.22\times4+0.237\times4=36.168$	t	36.168
8	檩条	墙檩 (规格:$C160\times50\times20\times2.5,5.88$kg/m) (见图4-16、图4-17)	长度统计:QL1=6×5×4=120m; QL2=6×5×4+6×4×8+6×(3+4+3+5+3+4+3)=462m; QL3=3×6×4=72m; QL4=2×10×2+2×2×16=104m; QL5=1×2×2+1×2×2=8m; QL6=6×5×3=90m; QL7=6×(2+2+2+2)=48m 小计:904m	t	12.549
			质量统计:904×5.88/1000=5.316t		
		屋面檩条 (规格:$C160\times50\times20\times2.5,5.88$kg/m) (见图4-19)	长度统计:6×22×9=1188m		
			质量统计:$G2=1188\times5.88/1000=6.985$t		
		雨篷檩条 (规格:$C160\times50\times20\times2.5,5.88$kg/m) (见图4-19)	长度统计:6×2+1.5×2×2=18m; 质量统计:$G3=18\times5.88/1000=0.106$t		
		门框柱的檩条 (规格:$C160\times50\times20\times2.5,5.88$kg/m) (见图4-19)	长度统计:4×2+4.03×2×2=24.12m; 质量统计:$G4=24.12\times5.88/1000=0.142$t		
			质量合计:12.549t		

序号	各项工程名称	计算公式	单位	数量
9	拉条(LT) (规格:Φ12;0.888kg/m) (见图4-16~图4-19)	长度统计: $LT=[2+(0.05\times2)]\times16+[0.9+(0.05\times2)]\times18+[2+(0.05\times2)]\times4\times2+[0.9+(0.05\times2)]\times2\times2+[1.4+(0.05\times2)]\times2\times2+[1.5+(0.05\times2)]\times20\times9=366.4m$; $XLT=[(3^2+0.9^2)^{1/2}+(0.1\times2)]\times2\times2\times2+[(3^2+1.4^2)^{1/2}+(0.1\times2)]\times2\times2\times2+[(3^2+0.9^2)^{1/2}+(0.1\times2)]\times2\times18+[(3^2+1.5^2)^{1/2}+(0.1\times2)]\times4\times9=302.644m$ 小计:669.044m 质量统计:$G=669.044\times0.888/1000=0.594t$	t	0.594
10	隔撑(YC) (规格:L50×5;3.77kg/m) (见图4-19、图4-20)	长度统计:$9\times10\times2\times[(0.4+0.16)^2\times2]^{1/2}=142.55m$; 质量统计:$G=142.55\times3.77/1000=0.537t$	t	0.537
11	系杆(XG) (规格:Φ114×4;10.85kg/m) (见图4-13、图4-22)	长度统计:$(6-0.01\times2)\times(9\times3+3\times2)=197.34m$; 质量统计:$G=197.34\times10.85/1000=2.141t$	t	2.141
12	水平支撑(SC) (规格:Φ20;2.466kg/m) (见图4-13、图4-21)	长度统计:$\{[(7.29^2+6^2)^{1/2}]+0.25\times2\}\times8\times3=238.60m$; 质量统计:$G=238.60\times2.466/1000=0.588t$	t	0.588
13	柱间支撑(ZC) (规格:Φ22;2.984kg/m) (见图4-21、图4-22)	长度统计:$[(8-0.25)^2+6^2]^{1/2}\times2\times3+[(6.5-0.25)^2+6^2]^{1/2}\times2\times3\times2=162.78m$; 质量统计:$G=162.78\times2.984/1000=0.486t$	t	0.486
14	撑杆(CG) (规格:Φ32×2.5;1.82kg/m) (见图4-16、图4-17、图4-19)	长度统计:$0.9\times(9+9+4)+1.4\times4+1.5\times9\times4=79.4m$; 质量统计:$G=79.4\times1.82/1000=0.145t$	t	0.145
15	节点板 (规格:6mm厚钢板)	门侧墙檩预埋件:$G1=4\times0.24\times0.24\times0.01\times7.85=0.018t$; 2. 雨篷处预埋件:$G_2=2\times0.2\times0.29\times0.01\times7.85=0.009t$; 3. 门柱处预埋件:$G_3=2\times0.24\times0.24\times0.01\times7.85=0.009t$; 4. 檩托板: 墙檩托板1N1=$5\times2\times2=20$个; 墙檩托板2N2=$5\times2\times2=20$个; 墙檩托板3$N_3$=$5\times8\times2=80$个; 屋面檩托板N=$22\times9=198$个; $G_4=7.85\times[20\times0.16\times0.2\times0.006+20\times0.2\times0.284\times0.006+80\times0.12\times0.16\times0.006+198\times(0.2\times0.16\times0.006+0.1\times0.16\times0.006)]=0.604t$; 5. 系杆连件:$G_5=2\times0.14\times0.1\times0.006\times7.85\times[(9+9+4)+4+9\times4]=0.082t$; 6. 支撑节点板:$G_5=0.1\times0.2\times0.006\times7.85\times(4\times3+4\times3+16\times3)=0.068t$ <div align="right">质量合计:0.79</div>	t	0.79
16	高强度螺栓	(M20)$N=(8\times2+2)\times10=180$个; (M16)$N=8$个(雨篷预埋件处高强度螺栓)	个	188
17	普通螺栓	(M12)(隔撑处)$N=8\times10\times9=720$个; (M20)(系杆处)$N=4\times[(9+9+4)+4+9\times4]=248$个; (M12)(檩托处)$N=4\times20+4\times20+4\times80+4\times198=1272$个	个	2240

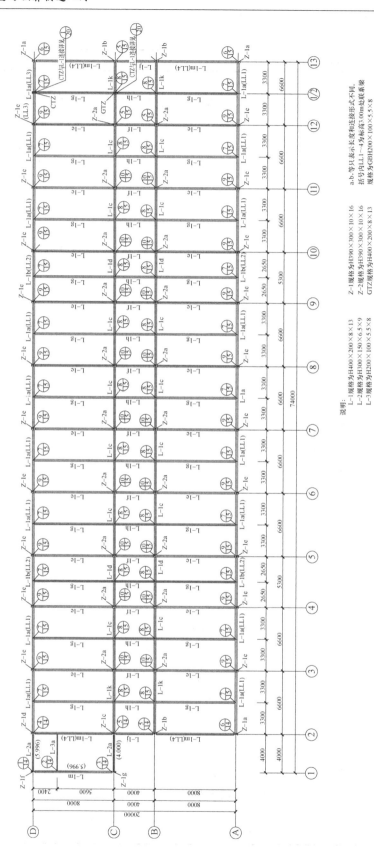

图 4-25 一层结构布置图 1：100

说明：
L-1规格为H400×200×8×13
L-2规格为H300×150×6.5×9
L-3规格为H200×100×5.5×8

Z-1规格为H390×300×10×16
Z-2规格为H390×300×10×16
GTZ规格为GBH200×200×8×13

a、b等只表示长度和连接形式不同，
括号内以LL1～4为钢标高3.00m处联系梁
规格为GBH200×100×5.5×8

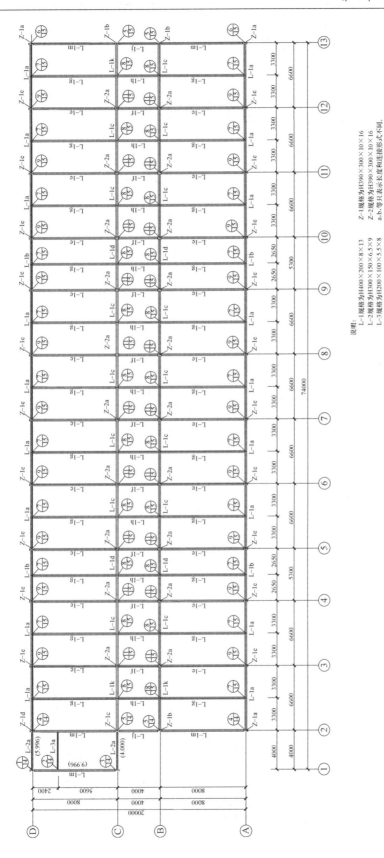

图 4-26 二层结构布置图 1 : 100

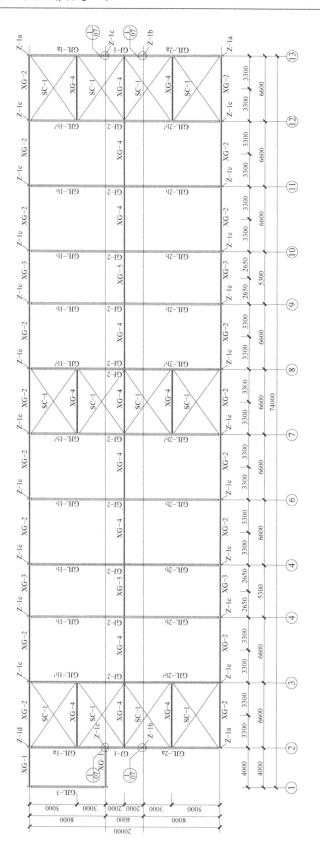

图 4-27　顶层结构布置图及部分附件详图

说明：
GJL-1规格为H400×200×8×13
GJL-2规格为H400×200×8×13
Z-1规格为H400×200×8×13

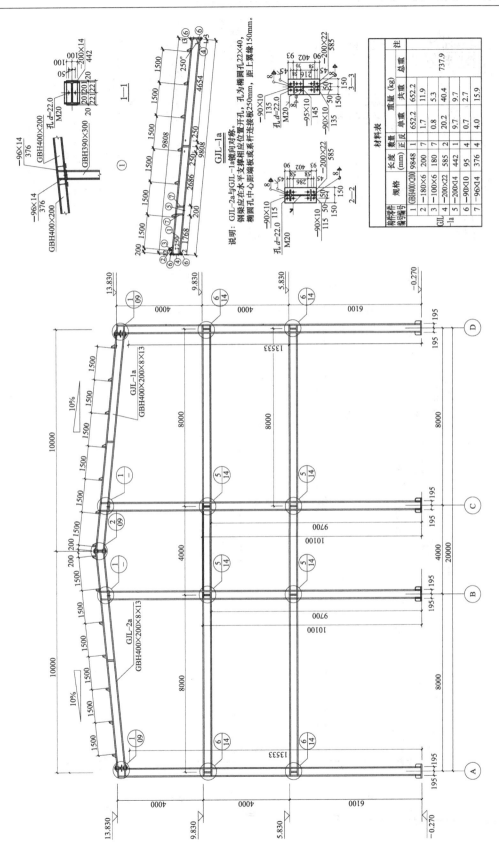

图 4-28 ②，⑬轴 GKJ 施工图 1：50

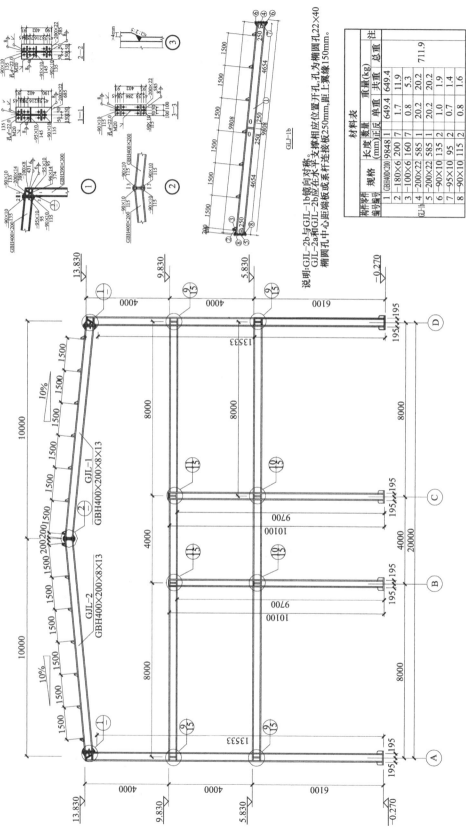

材料表

桁件零件编号	规格	长度(mm)	数量正反	重量(kg) 单重	共重	总重	注
1	GBH400×200	9848	1	649.4	649.4		
2	-180×6	200	7	1.7	11.9		
3	-100×6	160	7	0.8	5.3		
4	-200×22	585	1	20.2	20.2	711.9	
5	-200×22	585	1	20.2	20.2		
6	-90×10	135	2	1.0	1.9		
7	-95×10	95	2	0.7	1.4		
8	-90×10	115	2	0.8	1.6		

说明:GJL-2b与GJL-1b镜向对称。
GJL-2a和GJL-2b应在水平支撑相应位置开孔,孔为椭圆孔,椭圆孔22×40
椭圆孔中心距端板或系杆连接板250mm,距上翼缘150mm。

图 4-29 ③~⑫GKJ2 施工图 1:50

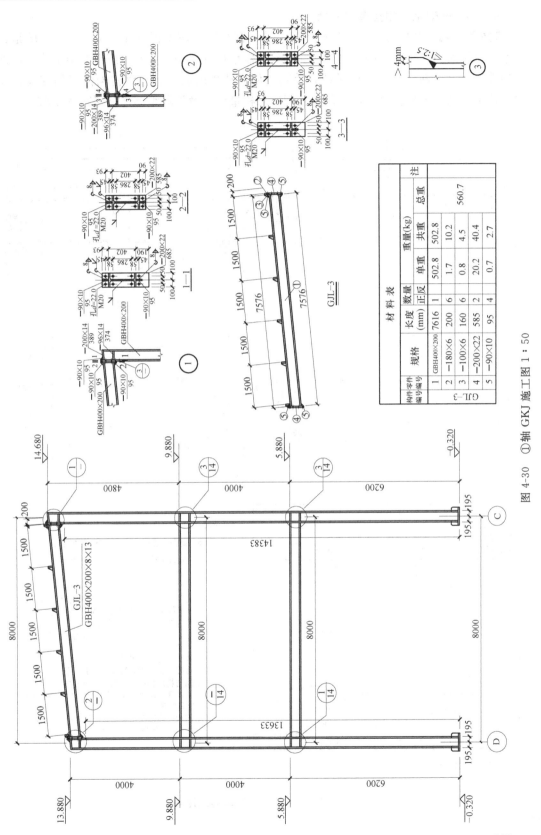

图 4-30 ①轴 GKJ 施工图 1∶50

4.4.3 钢框架工程量清单编制

【**案例 4-4**】 某单位拟建一生产车间，选用钢结构。该工程设计三层，一、二层是钢框架，三层为门式刚架，限于篇幅摘取部分主体结构施工图，主要介绍钢框架结构中主钢构构件（钢梁、钢柱）的工程量计算及其工程量清单的编制，次钢构构件（如支撑、隔撑、拉条、系杆等）在此不再体现，它们的工程量计算及清单编制详见【案例 4-3】。

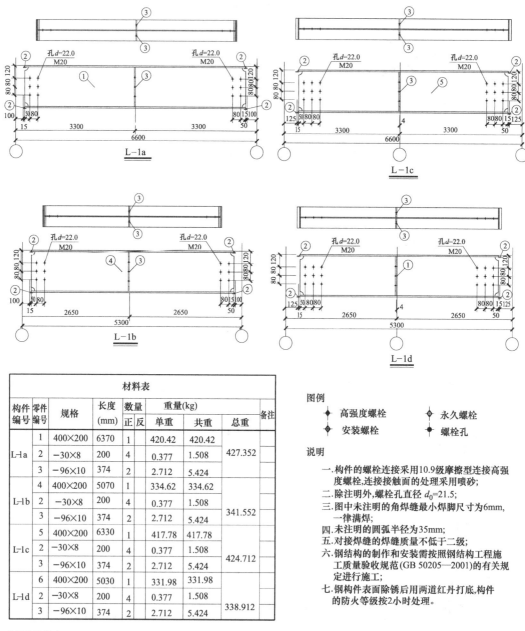

材料表								
构件编号	零件编号	规格	长度(mm)	数量		重量(kg)		备注
				正	反	单重	共重	总重	
L-1a	1	400×200	6370	1		420.42	420.42	427.352
	2	−30×8	200	4		0.377	1.508	
	3	−96×10	374	2		2.712	5.424	
L-1b	4	400×200	5070	1		334.62	334.62	341.552
	2	−30×8	200	4		0.377	1.508	
	3	−96×10	374	2		2.712	5.424	
L-1c	5	400×200	6330	1		417.78	417.78	424.712
	2	−30×8	200	4		0.377	1.508	
	3	−96×10	374	2		2.712	5.424	
L-1d	6	400×200	5030	1		331.98	331.98	338.912
	2	−30×8	200	4		0.377	1.508	
	3	−96×10	374	2		2.712	5.424	

本图构件总重：1532.582kg

图例

◆ 高强度螺栓 ◇ 永久螺栓
◆ 安装螺栓 ● 螺栓孔

说明

一. 构件的螺栓连接采用10.9级摩擦型连接高强度螺栓，连接接触面的处理采用喷砂；

二. 除注明外，螺栓孔直径 d_0=21.5；

三. 图中未注明的角焊缝最小焊脚尺寸为6mm，一律满焊；

四. 未注明的圆弧半径为35mm；

五. 对焊缝的焊缝质量不低于二级；

六. 钢结构的制作和安装需按照钢结构工程施工质量验收规范(GB 50205—2001)的有关规定进行施工；

七. 钢构件表面除锈后用两道红丹打底, 构件的防火等级按2小时处理。

图 4-31　钢梁 L-1a～L-1d 施工详图

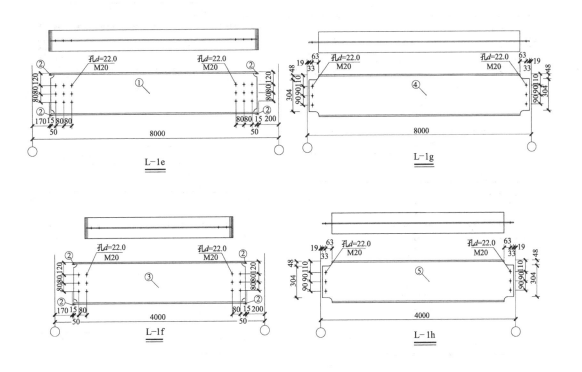

材料表								
构件编号	零件编号	规格	长度(mm)	数量		重量(kg)		备注
				正	反	单重	共重	总重	
L-1e	1	400×200	7600	1		501.6	501.6	503.108
	2	-30×8	200	4		0.377	1.508	
L-1f	3	400×200	4030	1		265.98	265.98	267.488
	2	-30×8	200	4		0.377	1.508	
L-1g	4	400×200	7962	1		525.492	525.492	525.492
L-1h	5	400×200	3962	1		261.492	261.492	261.492

本图构件总重：1557.58kg

图例

◆ 高强度螺栓　　◇ 永久螺栓

◈ 安装螺栓　　■ 螺栓孔

说明

一. 构件的螺栓连接采用10.9级摩擦型连接高强度螺栓,连接接触面的处理采用喷砂;

二. 除注明外,螺栓孔直径 d_0=21.5;

三. 图中未注明的角焊缝最小焊脚尺寸为6mm,一律满焊;

四. 未注明的圆弧半径为35mm;

五. 对接焊缝的焊缝质量不低于二级;

六. 钢结构的制作和安装需按照钢结构工程施工质量验收规范(GB 50205—2001)的有关规定进行施工;

七. 钢构件表面除锈后用两道红丹打底,构件的防火等级按2小时处理。

图 4-32　钢梁 L-1e～L-1h 施工详图

（1）主钢构工程量的计算

本案例计算书采用表 4-8 的形式，进行本工程工程量的统计。

工程量计算思路是：由图 4-25～图 4-27 结构布置图，按照轴线从左向右、从下向上分别统计钢梁、钢柱的类型及根数 → 由图 4-28～图 4-30，计算钢柱高度，计算钢柱工程量 → 由图 4-31～图 4-33，充分利用材料表，统计各类型钢梁的工程量，见表 4-7→ 分别按不同构件截面尺寸、不同钢材的种类进行汇总，见表 4-8。

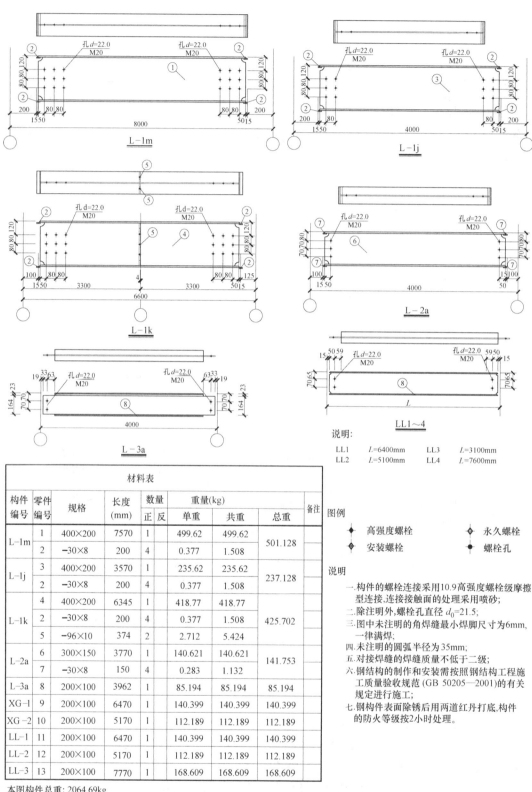

材料表								
构件编号	零件编号	规格	长度(mm)	数量		重量(kg)		备注
				正	反	单重	共重	总重	
L-1m	1	400×200	7570	1		499.62	499.62	501.128
	2	−30×8	200	4		0.377	1.508	
L-1j	3	400×200	3570	1		235.62	235.62	237.128
	2	−30×8	200	4		0.377	1.508	
L-1k	4	400×200	6345	1		418.77	418.77	425.702
	2	−30×8	200	4		0.377	1.508	
	5	−96×10	374	2		2.712	5.424	
L-2a	6	300×150	3770	1		140.621	140.621	141.753
	7	−30×8	150	4		0.283	1.132	
L-3a	8	200×100	3962	1		85.194	85.194	85.194
XG−1	9	200×100	6470	1		140.399	140.399	140.399
XG−2	10	200×100	5170	1		112.189	112.189	112.189
LL−1	11	200×100	6470	1		140.399	140.399	140.399
LL−2	12	200×100	5170	1		112.189	112.189	112.189
LL−3	13	200×100	7770	1		168.609	168.609	168.609

本图构件总重:2064.69kg

说明:

LL1 L=6400mm   LL3 L=3100mm
LL2 L=5100mm   LL4 L=7600mm

图例

◆ 高强度螺栓   ◇ 永久螺栓
◈ 安装螺栓   ■ 螺栓孔

说明

一、构件的螺栓连接采用10.9高强度螺栓级摩擦型连接,连接触面的处理采用喷砂;
二、除注明外,螺栓孔直径 d_0=21.5;
三、图中未注明的角焊缝最小焊脚尺寸为6mm,一律满焊;
四、未注明的圆弧半径为35mm;
五、对接焊缝的焊缝质量不低于二级;
六、钢结构的制作和安装需按照钢结构工程施工质量验收规范 (GB 50205—2001)的有关规定进行施工;
七、钢构件表面除锈后用两道红丹打底,构件的防火等级按2小时处理。

图 4-33 钢梁 L-1m～L-1k、L-2a、L-3a、LL1～3 施工详图

工程量计算书

表 4-8

序号	图名	构件名称	规格	长度(m)	数量(个)	单重(kg)	总重(kg)
1			H400×200×8×13	6.37	18	420.42	7567.56
2		L-1a	板-200×30×8		72	0.38	27.13
3			板-96×374×10		36	2.82	101.46
4			H400×200×8×13	5.07	4	334.62	1338.48
5		L-1b	板-200×30×8		16	0.38	6.03
6			板-96×374×10		8	2.82	22.55
7			H400×200×8×13	6.33	14	417.78	5848.92
8		L-1c	板-200×30×8		56	0.38	21.10
9			板-96×374×10		28	2.82	78.92
10			H400×200×8×13	5.03	4	331.98	1327.92
11		L-1d	板-200×30×8		16	0.38	6.03
12			板-96×374×10		8	2.82	22.55
13		L-1e	H400×200×8×13	7.60	20	501.60	10032.00
14			板-200×30×8		80	0.38	30.14
15	一层结构布置图	L-1f	H400×200×8×13	4.03	10	265.98	2659.80
16			板-200×30×8		40	0.38	15.07
17		L-1g	H400×200×8×13	7.96	22	525.49	11560.82
18		L-1h	H400×200×8×13	3.96	11	261.49	2876.41
19		L-1m	H400×200×8×13	7.57	5	499.62	2498.10
20			板-200×30×8		20	0.38	7.54
21		L-1j	H400×200×8×13	3.57	2	235.62	471.24
22			板-200×30×8		8	0.38	3.01
23			H400×200×8×13	6.35	4	418.77	1675.08
24		L-1k	板-200×30×8		16	0.38	6.03
25			板-96×374×10		8	2.82	22.55
26		L-2a	H300×150×6.5×9	3.77	2	140.62	281.24
27			板-150×30×8		8	0.28	2.26
28		L-3a	H200×100×5.5×8	3.96	1	85.98	85.98
29		LL-1	H200×100×5.5×8	6.47	16	140.40	2246.38
30		LL-2	H200×100×5.5×8	5.17	4	112.19	448.76
31		LL-3	H200×100×5.5×8	3.17	2	68.79	137.58
32		LL-4	H200×100×5.5×8	7.77	4	168.61	674.44
33		梁小计：H400×200×8×13：48.68t；H300×150×6.5×9：0.284t；H200×100×5.5×8：3.144t					
34	钢柱	Z-1a	H390×300×10×16	14.10	3	1508.70	4526.10
35		Z-1b	H390×300×10×16	14.90	3	1594.30	4782.90
36		Z-1c	H390×300×10×16	14.90	1	1594.30	1594.30

序号	图名	构件名称	规格	长度(m)	数量(个)	单重(kg)	总重(kg)
37	钢柱	Z-1d	H390×300×10×16	14.10	1	1508.70	1508.70
38		Z-1e	H390×300×10×16	14.10	20	1508.70	30174.00
39		Z-1f	H390×300×10×16	14.20	1	1519.40	1519.40
40		Z-1g	H390×300×10×16	15.00	1	1605.00	1605.00
41		Z-2a	H390×300×10×16	10.10	20	1080.70	21614.00
42		GTZ	H400×200×8×13	6.10	2	402.60	805.20
43		柱小计：H400×200×8×13：0.805t；H390×300×10×16：67.33t						
44	二层结构布置图	L-1a	H400×200×8×13	6.37	18	420.42	7567.56
45			板-200×30×8		72	0.38	27.13
46			板-96×374×10		36	2.82	101.46
47		L-1b	H400×200×8×13	5.07	4	334.62	1338.48
48			板-200×30×8		16	0.38	6.03
49			板-96×374×10		8	2.82	22.55
50		L-1c	H400×200×8×13	6.33	16	417.78	6684.48
51			板-200×30×8		64	0.38	24.12
52			板-96×374×10		32	2.82	90.19
53		L-1d	H400×200×8×13	5.03	4	331.98	1327.92
54			板-200×30×8		16	0.38	6.03
55			板-96×374×10		8	2.82	22.55
56		L-1e	H400×200×8×13	7.60	20	501.60	10032.00
57			板-200×30×8		80	0.38	30.14
58		L-1f	H400×200×8×13	4.03	10	265.98	2659.80
59			板-200×30×8		40	0.38	15.07
60		L-1g	H400×200×8×13	7.96	22	525.49	11560.82
61		L-1h	H400×200×8×13	3.96	11	261.49	2876.41
62		L-1m	H400×200×8×13	7.57	5	499.62	2498.10
63			板-200×30×8		20	0.38	7.54
64		L-1j	H400×200×8×13	3.57	2	235.62	471.24
65			板-200×30×8		8	0.38	3.01
66		L-1k	H400×200×8×13	6.35	4	418.77	1675.08
67			板-200×30×8		16	0.38	6.03
68			板-96×374×10		8	2.82	22.55
69		L-2a	H300×150×6.5×9	3.77	2	140.62	281.24
70			板-150×30×8		8	0.28	2.26
71		L-3a	H200×100×5.5×8	3.96	1	85.98	85.98
72		梁小计：H400×200×8×13：49.08t；H300×150×6.5×9：0.284t；H200×100×5.5×8：0.086t						

续表

序号	图名	构件名称	规格	长度(m)	数量(个)	单重(kg)	总重(kg)
73			H400×200×8×13	9.85	2	649.97	1299.94
74			板-180×200×6		14	1.70	23.74
75			板-100×180×6		14	0.85	11.87
76		GJL-1a	板-200×585×22		4	20.21	80.82
77			板-200×442×14		2	9.72	19.43
78			板-90×95×10		8	0.67	5.37
79			板-96×374×14		8	3.97	31.74
80			H400×200×8×13	9.85	6	649.97	3899.81
81			板-180×200×6		42	1.70	71.22
82			板-100×180×6		42	0.85	35.61
83		GJL-1b	板-200×585×22		6	20.21	121.24
84			板-200×585×22		6	20.21	121.24
85			板-90×135×10		12	0.95	11.45
86			板-95×95×10		12	0.71	8.50
87	顶层结构构布置图		板-90×115×10		12	0.81	9.75
88			H400×200×8×13	9.85	4	649.97	2599.87
89			板-180×200×6		28	1.70	47.48
90			板-100×180×6		28	0.85	23.74
91		GJL-1b′	板-200×585×22		4	20.21	80.82
92			板-200×585×22		4	20.21	80.82
93			板-90×135×10		8	0.95	7.63
94			板-95×95×10		8	0.71	5.67
95			板-90×115×10		8	0.81	6.50
96			H400×200×8×13	9.85	2	649.97	1299.94
97			板-180×200×6		14	1.70	23.74
98			板-100×180×6		14	0.85	11.87
99		GJL-2a	板-200×585×22		4	20.21	80.82
100			板-200×442×14		2	9.72	19.43
101			板-90×95×10		8	0.67	5.37
102			板-96×374×14		8	3.97	31.74
103			H400×200×8×13	9.85	6	649.97	3899.81
104			板-180×200×6		42	1.70	71.22
105			板-100×180×6		42	0.85	35.61
106		GJL-2b	板-200×585×22		6	20.21	121.24
107			板-200×585×22		6	20.21	121.24
108			板-90×135×10		12	0.95	11.45

续表

序号	图名	构件名称	规格	长度(m)	数量(个)	单重(kg)	总重(kg)
109		GJL-2b	板-95×95×10		12	0.71	8.50
110			板-90×115×10		12	0.81	9.75
111			H400×200×8×13	9.85	4	649.97	2599.87
112			板-180×200×6		28	1.70	47.48
113			板-100×180×6		28	0.85	23.74
114	顶层结构构布置图	GJL-2b′	板-200×585×22		4	20.21	80.82
115			板-200×585×22		4	20.21	80.82
116			板-90×135×10		8	0.95	7.63
117			板-95×95×10		8	0.71	5.67
118			板-90×115×10		8	0.81	6.50
119			H400×200×8×13	7.62	1	502.66	502.66
120			板-180×200×6		6	1.70	10.17
121		GJL-3	板-100×180×6		6	0.85	5.09
122			板-200×585×22		2	20.21	40.41
123			板-90×95×10		4	0.67	2.68
124			梁小计:H400×200×8×13:17.769t				

根据表 4-8 的计算结果,按不同规格、材质分别统计工程量,因为不同规格、不同材质钢材价格是不同的,这样便于清单计价,见表 4-9 所示。

钢梁、钢柱工程量汇总表 表 4-9

序号	构件名称	工程量(t)	备注
1	钢柱(H390×300×10×16)	67.330	
2	钢柱(H400×200×8×13)	0.805	GTZ
3	钢梁(H400×200×8×13)	115.53	
4	钢梁(H300×150×6.5×6)	0.57	
5	钢梁(H200×100×5.5×8)	3.23	

(2) 工程量清单的编制

我们将根据工程量计算书中的数据,结合图纸设计说明,编制该钢结构工程的工程量清单。清单编制,见表 4-10 所示。

分部分项工程量清单 表 4-10

工程名称:××工程　　　　　　　　　　　　　　　　　　第 1 页　共 1 页

序号	项目编码	项目名称	项目特征描述	计量单位	工程数量
1	010603001001	实腹钢柱	1. Q345B,H390×300×10×16; 2. 一级焊缝探伤; 3. 涂 C53-35 红丹醇酸防锈底漆两道 25μm	t	67.330

序号	项目编码	项目名称	项目特征描述	计量单位	工程数量
2	010603001002	实腹钢柱	1. Q345B,H400×200×8×13; 2. 一级焊缝探伤; 3. 涂 C53-35 红丹醇酸防锈底漆两道 25μm;	t	0.805
3	010604001001	钢梁	1. Q345B,H300×150×6.5×6; 2. 一级焊缝探伤; 3. 涂 C53-35 红丹醇酸防锈底漆两道 25μm;	t	0.57
4	010604001002	钢梁	1. Q345B,H400×200×8×13; 2. 一级焊缝探伤; 3. 涂 C53-35 红丹醇酸防锈底漆两道 25μm;	t	115.53
5	010604001003	钢梁	1. Q345B,H200×100×5.5×8; 2. 一级焊缝探伤; 3. 涂 C53-35 红丹醇酸防锈底漆两道 25μm;	t	11.47

【案例分析】

（1）钢结构工程设计都采用专用设计软件，一般图纸都应该带有钢结构工程的材料表，计算工程量时要充分利用，这样可大提高工程量计算速度。不过必要时也要核对图纸材料表的准确性，以免影响报价的精确性。

（2）工程量进行统计时，阶段性的小计不可缺少，这样一是利于统计工程量的最后结果，而且也便于检查、核对工程量的正确性。同时，特别注意小计时应将不同规格的材料工程量分别小计。

（3）清单编制一定要根据"计价规范"，准确描述项目特征，像材料规格、涂层要求、探伤要求等。

（4）清单编制时，相同构件但不同材料规格，一定要分别统计工程量、分别列清单项目，因为不同规格的型钢，其材料价格有差异，否则不便于清单报价。

（5）钢框架梁柱加劲肋板材的工程量编制清单时，已将其数量合并到钢梁或钢柱的工程量中；梁柱节点板的工程量本案例没有计算，实际工作中，可以将此项单独列项，按零星项目设置。

4.4.4　网架结构工程量清单编制

【案例 4-5】 某工程屋面采用钢网架屋盖，施工图见图 4-34～图 4-37 所示，要求编制该网架部分的工程量清单。

（1）网架工程量的计算

网架工程量的计算包括杆件、封板或锥头、螺栓球、支托、檩条、支座和埋件等（详见本书 2.5.3 节内容）。除檩条、埋件和支座要按图纸尺寸计算外，其他均可根据材料表统计工程量即可，见表 4-11 所示。

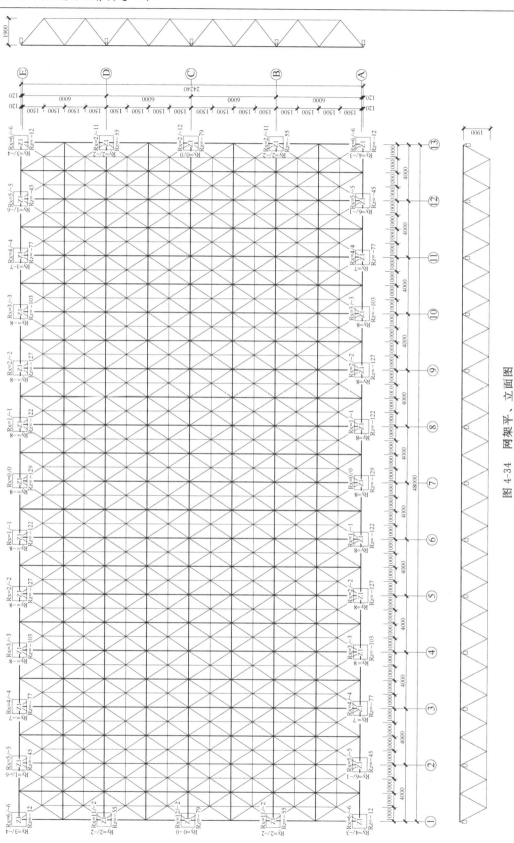

图 4-34　网架平、立面图

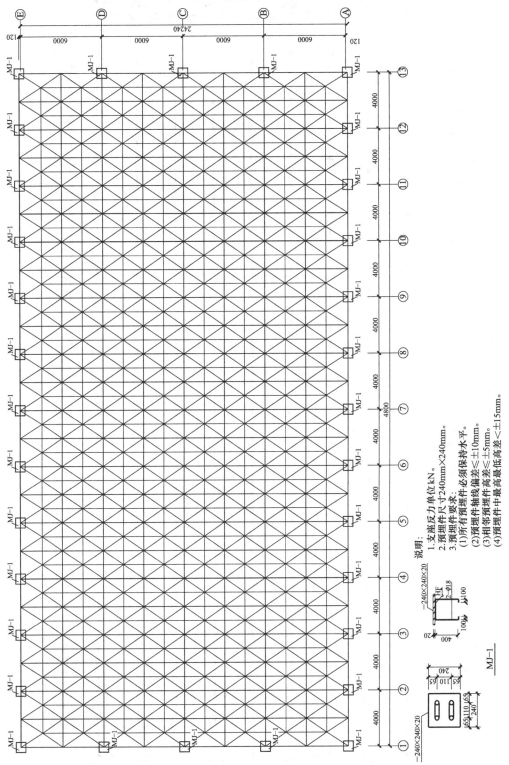

说明:
1. 支座反力单位 kN。
2. 预埋件尺寸 240mm×240mm。
3. 预埋件要求:
　(1) 所有预埋件必须保持水平。
　(2) 预埋件轴线偏差≤±10mm。
　(3) 相邻预埋件高差≤±5mm。
　(4) 预埋件中最高最低高差≤±15mm。

MJ-1

图 4-35　埋件布置图 1:100

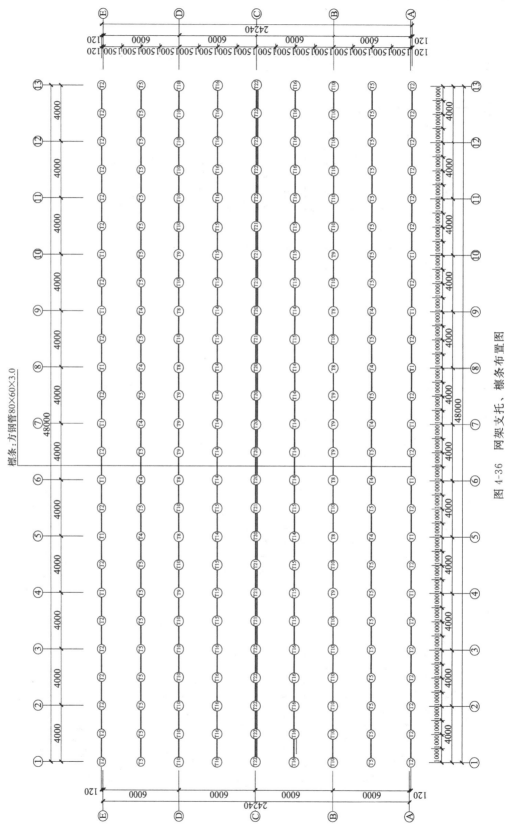

图 4-36　网架支托、檩条布置图

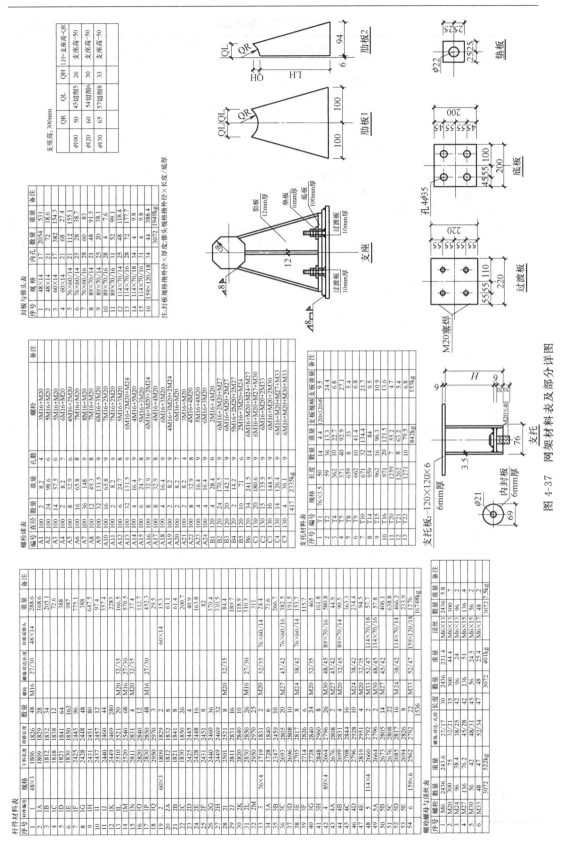

图 4-37 网架材料表及部分详图

网架工程工程量计算书 表 4-11

序号	各项工程名称	计算公式	单位	数量	备注
1	杆件	16.748 （该数据来自杆件材料表）	t	16.748	杆件的下料重量，即净量
2	螺栓球	2.335 （该数据来自螺栓球材料表）	t	2.335	
3	封板或锥头	1.949 （该数据来自封板或锥头材料表）	t	1.949	
4	支托	0.842+0.153=0.995 （该数据来自材料表）	t	0.995	
5	檩条 (LT80×60×3.0)	$10\times(48+2\times0.06)\times[(0.08+0.06)\times2\times$ $0.003\times1\times7.85]=3.173$	t	3.173	
6	支座	$(13\times2+3\times2)\times[0.22\times0.22\times0.01+0.2$ $\times0.2\times0.01+4\times(0.05\times0.05\times0.006)+$ $(0.2\times0.276\times0.012)\times2]\times7.85=0.57$	t	0.57	包括肋板、底板、垫板和过渡板的重量，详见支座详图
7	埋件	钢板：$(13\times2+3\times2)\times(0.24\times0.24\times$ $0.02)\times7.85=0.289$ $\phi18$ 锚筋：$2\times(13\times2+3\times2)\times1.998\div$ $1000\times(0.11+0.4\times2+0.1\times2)=0.142$	t	0.142	$\phi18$ 钢筋的理论重量是 1.998kg/m。

（2）网架工程量清单的编制

工程量清单的编制，见表 4-12 所示。

分部分项工程量清单 表 4-12

工程名称：××工程 第 1 页 共 1 页

序号	项目编码	项目名称	项目特征描述	计量单位	工程数量
1	010601001001	钢网架	1. Q235、60×3；（注：不同规格不同计价，本案例暂按一个规格计价）； 2. 螺栓球平板网架：24.24m×48m； 3. 跨度 48m，安装高度 13.26m； 4. 涂 C53-35 红丹醇酸防锈底漆一道 $25\mu m$。	t	16.508
2	010606002001	钢檩条	1. 屋面檩条：□80×60×3.0； 2. 涂 C53-35 红丹醇酸防锈底漆一道 $25\mu m$。	t	3.173
3	010417002001	预埋铁件	1. 钢板：—240×240×20	t	0.142
4	010606013001	零星钢构件	1. 螺栓球支座：钢板	t	0.57

注：1. 清单不包括土建部分及门窗部分；2. 不考虑防火涂装。

【案例分析】

（1）工程量计算时应充分利用材料表。另外，作为施工企业统计工程量时，要分别统计不同规格的钢管质量。因为，不同规格的钢管价格不同，报价时要充分考虑。

（2）清单编制时，钢网架的工程量是杆件、螺栓球、封板及锥头等工程量的合计。

由【案例 4-5】可知，网架的工程量统计相对比较简单，如果图纸有材料表，只是将相应的工程量累加即可。下面给出【案例 4-6】，读者可参阅【案例 4-5】，进行工程量计算及工程量清单的编制。

【案例 4-6】 某建筑大厅设计一采光厅，采用网壳结构，屋面采用 5+5 钢化夹胶玻璃，施工图，见图 4-38～图 4-43。要求计算工程量、编制其工程量清单。

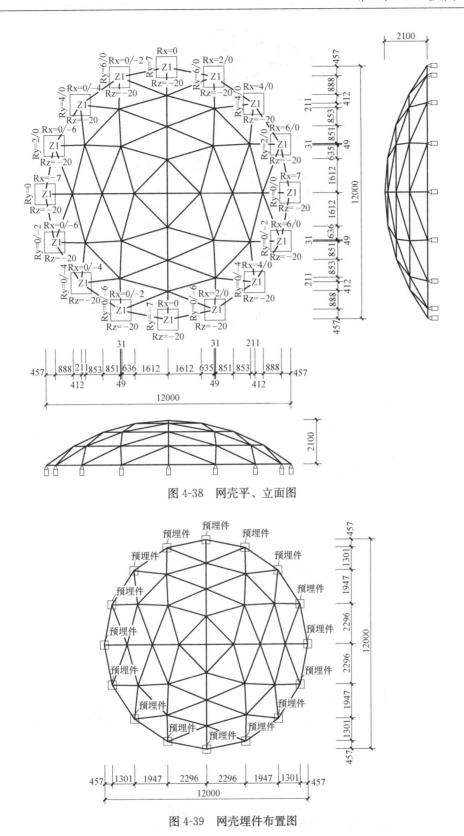

图 4-38 网壳平、立面图

图 4-39 网壳埋件布置图

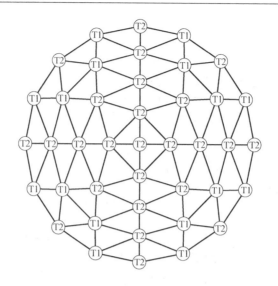

支托材料表

序号	编号	规 格	长度	数量	重量	支板规格	支板重量	备注
1	T1	60×3.5	50	16	3.9	D150×8	17.8	
2	T2		55	25	6.7		27.7	
					11kg		46kg	

图 4-40　支托布置图

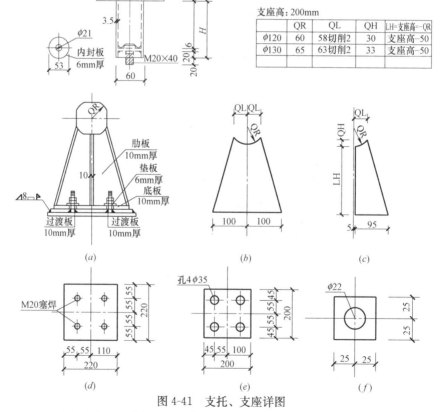

	φ120	φ130
QR	60	65
QL	58切削2	63切削2
QH	30	33
LH=支座高=−QR	支座高−50	支座高−50

支座高：200mm

图 4-41　支托、支座详图

(a) 支座；(b) 肋板 1；(c) 肋板 2；(d) 过渡板；(e) 底板；(f) 垫板

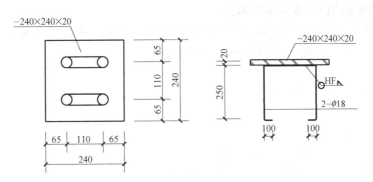

图 4-42 预埋件

杆件材料表

序 号	杆件编号	规 格	下料长度	焊接长度	数 量	螺栓	螺母:对边/长度	封板或锥头	重 量	备 注
1	1	60×3	1422	1442	16	M16	27/30	60×14	95.9	
2	1A		1553	1573	8				52.4	
3	1B		1703	1723	8				57.5	
4	1C		1925	1945	8				64.9	
5	1D		2084	2104	4				35.2	
6	1E		2140	2160	16				144.4	
7	1F		2174	2194	8				73.3	
8	1G		2204	2224	4				37.2	
9	1H		2209	2229	8				74.5	
10	1I		2237	2257	8				75.5	
11	1J		2364	2384	8				79.8	
12	1K		2420	2440	8				81.6	
					104				872kg	

螺栓螺母与顶丝表

序 号	螺栓	数 量	重 量	螺母:对边/孔径	长 度	数 量	重 量	顶丝	数 量	重 量	备 注
1	M16	208	20.8	27/17	30	208	19.8	M6×13	208	0.5	
		208	21kg			208	20kg		208	0.5kg	

封板与锥头表

序 号	规 格	内孔	数 量	重 量	备 注
1	60×14	17	208	84	
			208	84kg	

注:封板规格指外径×厚度;锥头规格指外径×长度/底厚。

螺栓球汇总表

序 号	直 径	数 量	重 量	备 注
1	120	25	177.6	
2	130	16	144.5	
			322kg	

图 4-43 材料表

4.4.5 钢管结构工程量清单编制

【**案例 4-7**】 某钢结构雨篷采用方钢管管桁架结构，外包铝塑板，施工图，见图 4-44～图 4-52。要求编制该工程的钢结构工程量清单。

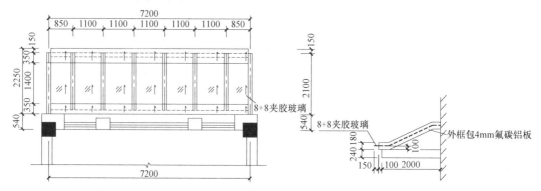

图 4-44 雨篷平、立面图

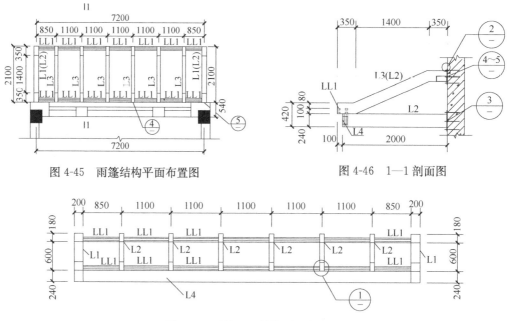

图 4-45 雨篷结构平面布置图

图 4-46 1—1 剖面图

图 4-47 雨篷立面结构平面布置图

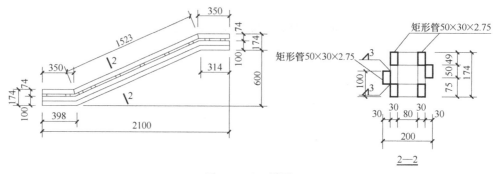

图 4-48 L1 详图

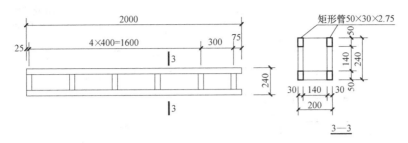

图 4-49 L2 详图

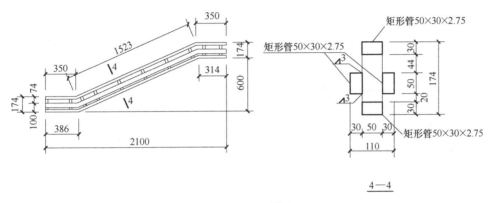

图 4-50 L3 详图

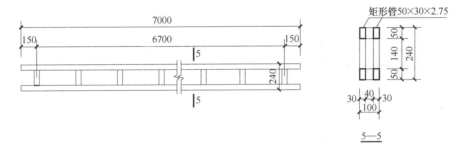

图 4-51 L4 详图

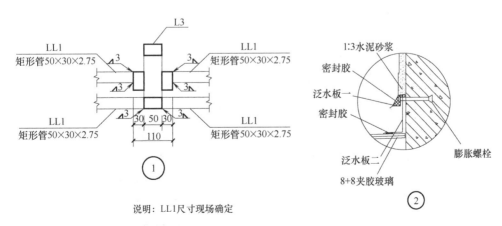

说明：LL1尺寸现场确定

图 4-52 节点详图

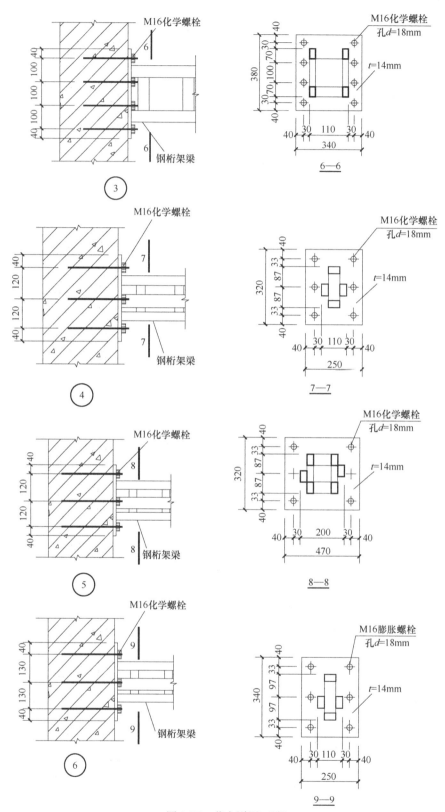

图 4-52　节点详图（续）

（1）雨篷工程量的计算

本案例重点介绍钢结构雨篷的工程量的计量。为方便识图计算工程量，将该钢结构雨篷的效果图附上，见图4-53所示。

以上案例在统计钢构件的工程量时都有材料表可参照，所以钢结构的工程量计算应该说比较简单，主钢构的工程量把相应的材料表加起来即可，附属构件如檩条、支撑等需要根据施工图计算。随着钢结构应用的不断扩展，有些钢结构工程施工图就没有材料表可参考，如本案例，需要我们根据施工图自己计算钢构件的用钢量。一般来讲，钢结构工程的计量都是按图示尺寸计算钢结构工程的净用量。

图4-53 雨篷效果图

（2）钢构件工程量统计

见表4-13所示。

钢结构雨篷工程量计算书 表4-13

序号	构件名称	数量	截面规格（□50×30×2.75；3.454kg/m）	工程量计算	数量(t)
1	L1	2	6×□50×30×2.75	$2 \times [6 \times (0.35+1.523+0.35)+2 \times 10 \times (0.08+0.074)] \times 3.454 \div 1000 = 0.113$	0.113
2	L2	2	4×□50×30×2.75	$2 \times (4 \times 2+4 \times 6 \times 0.14) \times 3.454 \div 1000 = 0.078$	0.078
3	L3	6	4×□50×30×2.75	$6 \times [4 \times (0.35+1.523+0.35)+10 \times 0.114] \times 3.454 \div 1000 = 0.07$	0.07
4	L4	2	4×□50×30×2.75	$2 \times \{[4 \times 7+17 \times 2 \times (0.14+0.04)] \times 3.454 \div 1000\} = 0.296$	0.296
5	LL1	3	4×□50×30×2.75	$3 \times (2 \times 2 \times 4 \times 0.85+5 \times 2 \times 4 \times 1.1) \times 3.454 \div 1000 = 0.509$	0.509
				小计	0.918
6	化学螺栓	个	M16	$2 \times 8+8 \times 6=64$	64个
7	预埋件	2	−380×340×14	$2 \times 0.38 \times 0.34 \times 0.014 \times 7.85=0.028$	0.028
		6	−320×250×14	$6 \times 0.32 \times 0.25 \times 0.014 \times 7.85=0.053$	0.053
		2	−320×340×14	$2 \times 0.32 \times 0.34 \times 0.014 \times 7.85=0.024$	0.024
				小计	0.105

注：□50×30×2.75的理论重量计算如下：$G=(0.05+0.03) \times 2 \times 1 \times 0.00275 \times 7850=3.454$kg/m。

工程量清单编制如下，见表4-14所示。

分部分项工程量清单 表4-14

工程名称：××工程 第1页 共1页

序号	项目编码	项目名称	项目特征描述	计量单位	工程数量
1	010604001001	钢梁	1. Q235B，□50×30×2.75； 2. 涂 C53-35 红丹醇酸防锈底漆一道 25μm	t	0.918

续表

序号	项目编码	项目名称	项目特征描述	计量单位	工程数量
2	010417002001	预埋铁件	1. 钢板：－320×250×14	t	0.105
3	010417001001	螺栓	1. 螺栓：M16 化学螺栓； 2. 植入砖墙内	个	64

以上案例工程量计算及编制清单项目的工程量，均为图纸净量，不包括材料损耗。材料损耗因素在综合单价的确定中综合考虑。请参阅第 6 章相关章节及案例。

第5章　钢结构工程的加工制作、安装及涂装

钢结构工程与砌体结构、混凝土结构等工程施工的最大不同在于，现场大部分或全部构件都在加工厂加工制作完成，现场的主导施工工序是结构吊装；又由于钢结构工程需要具备防腐蚀、防火等方面的要求，钢结构工程需要涂装。按"清单计价规范"规定，钢结构项目清单报价时，其综合单价应包括：钢结构的制作、运输、安装、探伤、刷油漆等施工内容，也就是钢结构加工制作、现场安装全部施工内容，清单报价时在综合单价中都要考虑，所以造价工程技术人员必须掌握钢结构工程的加工制作及现场安装、涂装等施工工艺，这样报价时才不至于漏项。

5.1　钢结构工程的加工制作

1. 钢结构的制作特点

（1）钢结构制作的基本元件大多系热轧型材和板材。用这些元件组成薄壁细长构件，外部尺寸小、质量轻、承载力高。虽然说钢材的规格和品种有一定的限度，但我们可以把这些元件组成各种各样几何形状和尺寸的构件，以满足设计者的要求。构件的连接可以焊接、栓接、铆接、黏结来形成刚接和铰接等多种连接形式。

（2）完整的钢结构产品，需要通过将基本元件使用机械设备和成熟的工艺方法，进行各种操作处理，达到规定的产品预定的要求目标。现代化的钢结构制造厂应具有进行冲、切、剪、折、割、钻、铆、焊、喷、压、滚、弯、卷、刨、铣、磨、锯、涂、抛、热处理、无损检测等加工能力的设备，并辅以各种专用胎具、模具、夹具、吊具等工艺装备，对所设计的钢结构件，几乎所有的形状和尺寸都能按设计达到要求，而且制作也渐渐趋向于高精度、高水平。

（3）钢结构间的连接也由原来的铆接发展成焊接和高强度螺栓连接。目前钢结构件的连接，大多为混合式，一般在工厂的制作均以焊接速接居多，现场的螺栓速接居多，或者部分相互交叉使用。

2. 钢结构工程加工制作的准备工作

建筑钢结构工程由于构件类型多、技术复杂、制作工艺要求严格，一般均由专业工厂来加工，并组织大流水作业生产。加工前应做好准备工作，包括审查设计图纸；绘制加工工艺图，并据此编制钢结构制作的指导书；备料，不仅应算出材料的净用量，要考虑一定的损耗量，目前国内外都以采取增加加工余量的方法来代替损耗。

（1）图纸审核的主要内容

1）设计文件是否齐全，设计文件包括设计图、施工图、图纸说明和设计变更通知单等。

2）构件的几何尺寸是否齐全。

3）相关构件的尺寸是否正确。

4）节点是否清楚，是否符合国家标准。

5）标题栏内构件的数量是否符合工程总数。

6）构件之间的连接形式是否合理。

7）加工符号、焊接符号是否齐全。

8）结合本单位的设备和技术条件考虑，能否满足图纸上的技术要求。

9）图纸的标准化是否符合国家规定等。

（2）编制工艺规程

钢结构构件的制作是一个严密的流水作业过程，除生产计划外，制作单位应编制出完整、正确的施工工艺规程，以确保技术上的先进性、经济上的合理性以及具有良好的劳动条件和安全性。对于普遍通用性的问题，则可以制定工艺守则，说明工艺要求和工艺规程。

根据产品的特点、工程量的大小和安装施工进度，将整个工程划分成若干个生产工号或生产单元，以便分批投料、配套加工、配套出成品。

从施工详图中摘出零件，编制出工艺流程表或工艺过程卡，内容包括零件名称、件号、材料牌号、规格、件数、工序顺序号、工序名称和内容、所用设备和工艺装备的名称及编号、工时定额等。除此之外，关键零件应标注加工尺寸和公差，重要工序应画出工序图等。

（3）配料与材料拼装

根据来料尺寸和用料要求统筹安排、合理配料。当钢材不是割据所需的尺寸采购，或零件尺寸过长、过大而无法生产、运输时，还应根据材料的实际需要进行拼接，并按相应的要求确定拼接位置。

备料时根据施工图纸材料表算出各种材质、规格的材料净用量，再加一定数量的损耗，编制材料预算计划提出材料预算时，需根据使用长度合理订货，以减少不必要的拼接和损耗。对拼接位置有严格要求的吊车梁翼缘和腹板等，配料时要与桁架的连接板搭配使用，即优先考虑翼缘和腹板，将剩下的余料作小块连接板。小块连接板不能采用整块钢板切割，否则计划需用的整块钢板就可能不够应用，而翼缘和腹板割下的余料则没有用处。使用前应对每一批钢材核对质量保证书，必要时应对钢材的化学成分和机械性能进行复验，以保证符合钢材的损耗率，为考核各种钢材实际消耗的平均值，工程预算一般按实际所需加 10％提出材料需用量。

（4）编制工艺卡和零件流水卡

根据工程设计图纸和技术文件提出的构件成品要求，确定各加工工序的精度要求和质量要求，并结合单位的设备状态和实际的加工能力、技术水平，确定各个零件下料、加工的流水顺序，即编制出零件流水卡。工艺卡包含的内容一般为确定各工序采用的设备和工装模具，确定各工序的技术参数、技术要求、加工余量、加工公差、检验方法及标准，以及确定材料定额和工时定额等。

（5）工艺试验

工艺试验分焊接试验、摩擦面的抗滑移系数试验和工艺性试验三种，通过试验获得的技术资料和数据是编制技术文件的重要依据，用以指导工程施工。

（6）组织技术交底

钢结构构件的生产从投料开始，经过下料、加工、装配、焊接等一系列的工序过程，在这样一个综合性的加工生产过程中要确保工程质量，就要求制作单位在投产前必须组织技术交底，并通过对制作中的难题进行研究讨论和协商，达到意见统一，以解决生产过程中的具体问题。

技术交底准备及其内容有：根据构件尺寸考虑原材料对接方案和接头在构件中的位置；考虑总体的加工工艺方案及重要工装方案；对构件的结构不合理处或施工有困难的，要与需方或者设计单位做好变更签证手续；列出图纸中的关键部位或者有特殊要求的地方加以重点说明。

3. 钢结构构件的加工制作工艺流程

（1）放样

在整个钢结构制造中，放样工作是非常重要的一环，因为所有的零件尺寸和形状都必须先行放样，然后依样进行加工，最后才把各个零件装配成一个整体。因此，放样工作的准确与否将直接影响产品的质量。

放样即根据加工工艺图，以 1∶1 的要求放出各种接头节点的实际尺寸，并对图纸尺寸进行核对。对平面复杂的结构如圆弧等，要在平整的地面上放出整个结构的大样，制作出样板和样杆以作为下料、铣平、剪制、制孔等加工的依据。在制作样板和样杆时应考虑加工余量（一般为 5mm）；对焊接构件应按工艺需要增加焊接收缩量，见表 5-1 所示，钢柱的长度必须增加荷载压缩的变形量。如图纸要求桁架起拱，放样时上、下弦应同时起拱，并规定垂直杆的方向仍然垂直水平线，而不与下弦垂直。

放样应在专门的钢平台或平板上进行，平台应平整，尺寸应满足工程构件的尺寸要求，放样划线应准确清晰。样板和样杆是构件加工的标准，应使用质轻、坚固不宜变形的材料（如铁皮、扁板、塑料等）制成并精心使用，妥善保管，其允许偏差应符合相应的规定。

焊接收缩余量　　　　　　　　　　表 5-1

结构类型	焊件特征和板厚	焊缝收缩量（mm）
钢板对接	各种板厚	长度方向每米焊缝 0.7； 宽度方向每个接口 1.0
实腹结构及焊接 H 型钢	断面高小于等于 100mm 且板厚小于等于 25mm	四条纵焊缝每米共缩 0.6， 焊透梁高收缩 1.0； 每对加劲焊缝，梁的长度收缩 0.3
	断面高小于等于 100mm 且板厚大于 25mm	四条纵焊缝每米共缩 1.4； 焊透梁高收缩 1.0； 每对加劲焊缝，梁的长度收缩 0.7
	断面高大于 100mm 的各种板厚	四条纵焊缝每米共缩 0.2； 焊透梁高收缩 1.0； 每对加劲焊缝，梁的长度收缩 0.5
格构式结构	屋架、托架、支架等轻型桁架	接头焊缝每个接口为 1.0； 搭接贴角焊缝每米 0.5
	实腹柱及重型桁架	搭接贴角焊缝每米 0.25
圆筒型结构	板厚小于等于 16mm	直焊缝每个接口周长收缩 1.0； 环焊缝每个接口周长收缩 1.0
	板厚大于 16mm	直焊缝每个接口周长收缩 2.0； 环焊缝每个接口周长收缩 2.0

（2）号料

根据放样提供的构件零件的材料、尺寸、数量，在钢材上画出切割、铣、刨边、弯曲、钻孔等加工位置，并标出零件的工艺编号。号料前，应根据图纸用料要求和材料尺寸合理配料，尺寸大、数量多的零件应统筹安排、长短搭配、先大后小或套材号料；号料时，应根据工艺图的要求尽量利用标准接头节点，使材料得到充分的利用而损耗率降到最低值；大型构件的板材宜使用定尺料，使定尺的宽度或长度为零件宽度或长度的倍数；另外，根据材料厚度和切割方法适当增加切割余量，见表5-2所示。号料的允许偏差应符合相应的规定。

切割余量 表5-2

序号	切割方式	材料厚度（mm）	割缝宽度留量（mm）
1	剪、冲下料		不留
2	气割下料	≤10	1～2
		10～20	2.5
		20～40	3.0
		40以上	4.0

（3）下料

钢材的下料方法有气割、机械剪切、等离子切割和锯切等，下料的允许偏差应符合相应的规定。

1）气割

利用氧气和燃料燃烧时产生的高温熔化钢材，并以高压氧气流进行吹扫，使金属按要求的尺寸和形状切割成零件。它可以对各种钢材进行切割，而氧气的纯度对气体消耗量、切割速度、切割质量有很大的关系。

氧气切割是钢材切割工艺中最简单、最方便的一种，近年来又通过提高火焰的喷射速度使效率和质量大为提高，目前多头切割和电磁仿形、光电跟踪等自动切割也已经广泛使用。

2）机械剪切

用剪切机和冲切机切割钢材是最方便的切割方法，适用于较薄板材和曲线切割。当钢板厚度较大时，不容易保证其平直，且离剪切边缘2～3mm的范围内会产生严重的冷作硬化，使脆性增大。剪切采用碳工具钢和合金工具钢，剪切的间隙应根据板厚调整。

3）等离子切割

利用特殊的割炬，在电流、气流及冷却水的作用下，产生高达2000～3000℃的等离子弧熔化而进行切割。切割时不受材质的限制，具有切割速度高、切口狭窄、热影响区小、变形小且切割质量好的特点，可用于切割用氧割和电弧所不能切割或难以切割的钢材。切割时，应先清除钢材表面切割区域的铁锈、油污等；切割后，断口上不得有裂纹和大于1.0mm的缺棱。

（4）边缘加工

有些构件如支座支承面、焊接对接口、焊缝坡口和尺寸要求严格的加劲板、隔板、腹板、有孔眼的节点板等，以及由于切割下料产生硬化的边缘或带有有害组织的热影响区，一般均需边缘加工进行刨边、刨平或刨坡口，其方法有刨边、铣边、铲边、切边、磨边、碳弧气刨和气割坡口等。刨边使用刨床，比较费工，生产效率低，成本高；铣边的光洁度比刨边的差一些；铲边使用风镐，设备简单，操作方便，但生产效率低，劳动强度大，加工质量不高；碳弧气刨利用碳棒与被刨削的金属间产生的电弧将工件熔化，压缩空气随即将熔化的金属吹掉；气割坡口将割炬嘴偏斜成所需要的角度，然后对准开坡口的位置运行割炬。边缘加工的允许偏差应符合相应的规定。

（5）平直

钢材在运输、装卸、堆放和切割过程中，有时会产生不同的弯曲波浪变形，如变形值超过规范规定的允许值时，必须在下料之前及切割之后进行平直矫正。常用的平直方法有人工矫正、机械矫正、火焰矫正和混合矫正等。钢材校正后的允许偏差应符合相应的规范规定。

1）人工矫正

人工矫正采用锤击法，锤子使用木锤，如用铁锤，应设平垫；锤的大小、锤击点和着力的轻重程度应根据型钢的截面尺寸和板料的厚度合理选择。该法适用于薄板或比较小的型钢构件的弯曲、局部凸出的矫正，但普通碳素钢在低于－16℃、低合金钢低于－12℃时，不得使用本法，以免产生裂纹。矫正后的钢材表面不应有明显的凹面和损伤，锤痕深度不应大于 0.5mm。

采用本法时，应根据型钢截面的尺寸和板厚合理选择锤的大小，并根据变形情况确定锤击点和着力的轻重程度。当型钢边缘局部弯曲时，亦可配合火焰加热。

2）机械矫正

机械矫正适用于一般板件和型钢构件的变形矫正，但普通碳素钢在低于－16℃、低合金钢低于－12℃时不得使用本法。板料变形采用多辊平板机，利用上、下两排辊子将板料的弯曲部分矫正调直；型钢变形多采用型钢调直机。

3）火焰矫正

火焰矫正变形一般只适用于低碳钢和 16Mn 钢，对于中碳钢、高合金钢、铸铁和有色金属等脆性较大的材料，则由于冷却收缩变形产生裂纹而不宜采用。其中，点状加热适于矫正板料局部弯曲或凹凸不平；线状加热多用于 10mm 以上板的角变形和局部圆弧、弯曲变形的矫正；三角形加热面积大，收缩量也大，适于型钢、钢板及构件纵向弯曲的矫正。火焰加热的温度一般为 700℃，最高不应超过 900℃。

4）混合矫正

混合矫正法适用于型材、钢构件、工资梁、吊车梁、构架或结构构件的局部或整体变形的矫正，常用方法有矫正胎加撑直机、压力机、油压机或冲压机等，或用小型液压千斤顶，或加横梁配合热烤。该法是将零部件或构件两端垫以支承件，通过压力将其凸出变形部位矫正。

（6）弯曲

钢板或型钢冷弯的工艺方法有滚圆机滚弯、压力机压弯以及顶弯、拉弯等，各种工艺方法均应按型材的截面形状、材质、规格及弯曲半径制作相应的胎膜，并经试弯符合要求后方准正式加工。大型设备用模具压弯可一次成型；小型设备压较大圆弧时应多次冲压成型，并边压边移位，边用样板检查至符合要求为止。冷弯后零件的自由尺寸的允许偏差应符合相应的规定。

煨弯是钢材热加工的一种方式，它是将钢材加热到 1000～1100℃（暗黄色）时立即进行煨弯，并在 500～550℃（暗黑色）之前结束。钢材加热如超过 1100℃，则晶格将会发生裂隙，材料变脆，致使质量急剧降低而不能使用；如低于 500℃，则钢材产生蓝脆而不能保证煨弯的质量，因此一定要掌握好加热温度。

（7）制孔

1）钻孔

钻孔有人工钻孔和机床钻孔两种方式，前者采用手枪式或手提式电钻直接钻孔，多用于钻直径较小、板厚较薄的孔，也可以采用手抬式压杠电钻钻孔，其不受工件位置和大小的限制，可钻一般钢结构的孔；后者采用台式或立式摇臂钻床钻孔，其施钻方便，工效和精度都较高。如钻制精度要求高的 A、B 级螺栓孔或折叠层数多、长排连接、多排连接的群孔时，可借助钻模卡在工件上制孔。各级螺栓孔孔径和孔距的允许偏差应符合相应规范规定。

2）扩孔

扩孔采用扩孔钻或麻花钻，当麻花钻扩孔时，需将后角修小，以使切屑少而易于排出，可提高孔的表面光洁度，其主要用于构件的安装和拼装。

3）锪孔

锪孔是将已钻好的孔的上表面加工成一定形状的孔，常用的有锥形埋头孔、圆柱形头孔等。锥形埋头孔应用专用的锥形孔钻制孔，或用麻花钻改制；圆柱形埋头孔应用柱形钻，钻前端设导向柱，以确保位置的正确。

4）冲孔

冲孔一般用于冲制非圆孔（圆孔多用钻孔）和薄板孔。冲孔的直径应大于板厚，否则易损坏冲头。如大批量冲孔时，应按批抽查孔的尺寸及孔的中心距，以便及时发现问题而及时纠正；当环境温度低于－20℃时应禁止冲孔；冲裁力应按相应的公式计算得到。

5）铰孔

铰孔是用绞刀对已经粗加工的孔进行精加工，可提高孔的表面光洁度和精度。

（8）钢球制造

钢球有加劲肋和不加劲肋的两种，在管形杆件桁（网）架结构中，常用焊接空心球来连接钢管杆件。将加热到 800～900℃的钢板放置于专用模具中，并以 2000～3000kN 的压力制成半球；用自动气割切去多余的边缘，再用机床加工成坡口；将两个半球在专用胎具上调整好直径、椭圆度、错口、间隙，最后用环焊缝把两个半球焊成整个钢球。具体施工工艺详见本书 5.5 节内容。

影响热压球质量的因素主要有钢板轧制的公差；模具（阴模、阳模）的公差；材料加热时钢板中心与边缘温度的不一致；轧制时球在模具的底部和上口容易增厚而中部容易减薄等。钢球外观的质量应符合相应的规定，而焊缝质量采用超声波探伤检查。

5.2 钢构件的组装与预拼装

1. 钢构件的组装

钢结构构件的组装是遵照施工图的要求，把已加工完成的各零件或半成品构件，通过焊接或螺栓连接等工序，用装配的手段组合成为独立的成品，这种装配的方法通常称为组装。组装根据装构件的特性以及组装程度，可分为部件组装、组装、预总装。

组装后构件的大小应根据运输道路、现场条件、运输和安装单位的机械设备能力与结构受力的允许条件来确定，只要条件允许，构件应划分得大一些，以减少现场的安装工作量，提高钢结构工程的施工质量。

组装应按工艺方法的组装次序进行，当有隐蔽焊缝时，必须先施焊，经检验合格后方可覆盖；为减少大件组装焊接的变形，一般应先采取小件组装，经矫正后再整体大部件组装；组装要在平台上进行，平台应测平，胎膜需牢固地固定在平台上；根据零件的加工编号，严格检验核对其材质、外形尺寸，毛刺飞边应清除干净，对称零件要注意方向以免错装；组装好的构件或结构单元，应按图纸用油漆编号。

组装方法有地样法、仿形复制法、立装法、卧装法和胎膜法等。

（1）地样法

地样法是在装配平台上以 1∶1 的比例方出构件实样，然后根据零件在实样上的位置分别组装构成，适用于桁架、构架等小批量结构的组装。

（2）仿形复制法

仿形复制法先按地样法组装成单面（单片）结构，然后将定位点焊牢并翻身作为复制胎膜，并在其上装配另一单面结构，往返两次组装，适用于横断面互为对称的桁架结构。

（3）立装法

立装法是根据构件的特点和零件的稳定位置，选择自上而下或自下而上的组装，适用于放置平稳、高度不大的结构或大直径的圆筒。

（4）卧装法

卧装法是将构件处于卧位后进行组装，适用于断面不大但长度较大的细长构件。

（5）胎膜法

胎膜法是将构件的零件用胎膜定位在装配的位置上，然后进行组装，拼装胎膜时，应注意预留各种加工余量，适用于构件批量大、精度要求高的产品。

组装时各种连接方法的优缺点和适用范围，见表5-3所示。

各种钢结构连方法的优缺点及适用范围　　　　　表 5-3

连接方法		优缺点	适用范围
焊接		1. 构造简单，加工方便，易于自动化操作； 2. 不削弱杆件截面，可节约钢材； 3. 对疲劳较敏感	除少数直接承受动力荷载的结构连接，如繁重工作制吊车梁与有关构件的连接在目前情况下不宜用焊接外，其他可广泛用于工业及民用建筑钢结构中
普通螺栓	C级	1. 杆径与孔径间有较大空隙，结构拆装方便； 2. 只能承受拉力； 3. 费料	1. 适用于安装和需要拆装的结构； 2. 用于承受拉力的连接，如有剪力作用，需另设支托
	A级 B级	1. 杆径与孔径间孔隙小，制造和安装较复杂； 2. 能承受拉力和剪力	用于较大剪力的安装连接
高强螺栓		1. 连接紧密 2. 受力好，耐疲劳 3. 安装简单迅速，施工方便 4. 便于养护和加固	1. 用于直接承受动力荷载结构的连接； 2. 钢结构的现场拼装和高空安装连接的重要部位，应优先采用； 3. 在铆接结构中，松动的铆钉可用高强螺栓代换； 4. 凡不宜用焊接而用铆接的，可用高强螺栓代替

（1）焊接连接

焊接连接是钢结构工程常用的一种连接方式。焊接连接应根据钢结构的种类、焊缝的质量要求、焊缝形式、位置和厚度等选定合适的焊接方法，并以选用焊条、焊丝、焊剂型号、焊条直径以及焊接的电焊机和电流。选择的焊条、焊丝型号应与主体金属相适应，当采用两种不同强度的钢材焊接连接时，宜采用与高强度钢材相适应的焊接材料。为减少焊接变形，应选择合理的焊接顺序，如对称法、分段逆向焊接法、跳焊法等。

焊缝的外观质量用肉眼和低倍放大镜检查，要求焊缝金属表面焊波均匀，不得有表面气孔、咬边、焊瘤、弧坑、表面裂缝和严重飞溅等缺陷。焊缝的内部质量主要用超声波探伤，检查项目包括夹渣、气孔、未焊透和裂缝等。

型钢的工厂接头位置，在桁架中宜设在受力不大的节间内或节点处；在工字钢和槽钢梁上宜设在跨度中央（1/3）～（1/4）的范围内，工字钢和槽钢柱的接头位置不限。如经过计算，并能保证焊接质量的，则其接头位置也不受限制。

近年来开始采用的对接焊连接的工厂接头，能节约连接用的角钢和钢板，经济效益好。为此，型钢应斜切，斜度为45°；肢部较厚的应双面焊，或开有缺口；焊接时应考虑焊缝的变形，以减少焊后矫正变形的工作量；对工字钢、槽钢应区别受压和受拉部位，对角钢应区别拉杆和压杆，受拉部位和拉杆应用斜焊缝，受压部位和压杆应用直焊缝。

1）实腹工字形截面构件

钢结构中受力大的部位或断面构件，当轧制 H 型钢不能满足要求时，都采用焊接 H 型钢，可以采用手工焊、CO_2 半自动焊和 CO_2 自动焊。先将腹板放在装配台上，再将两块翼缘板立放两侧，3 块板对齐后通过专用夹具将起夹紧或顶紧，并在对准装配线后进行定位焊；在梁的截面方向预留焊缝收缩量，并加撑杆。上、下翼缘的通长角焊缝可以在平焊位置或 45°船形位置采用自动埋弧焊。构件长度方向应在焊接成型检验合格后再进行端头加工，焊接连接梁的端头开坡口时应预留收缩量。其允许偏差应符合相应的规定。

2）封闭箱形截面构件

钢结构构件的柱子和受力大的部位的梁均采用封闭箱形断面。先利用构件内的定位隔板将箱形截面和受力隔板的挡板焊好，再将受力隔板和柱内两相对面的非受力隔板焊好，最后封第 4 块板，点焊成型后进行矫正。在柱子两端焊上引弧板，再按要求把柱的四棱焊好，检查合格后再用电渣焊焊接受力隔板的另两侧。

箱形结构封闭后，在受力隔板的；两相对焊缝处用电钻把柱板打一通孔，相对的两条焊缝用两台电渣焊机对称施焊。待各部焊缝焊完后，矫正外形尺寸，再焊上连接板，加工好下部坡口。

3）十字形截面构件

钢结构构件下部柱子多采用十字形截面，并包钢筋混凝土，组装时由两个 T 形和一个"共"字形焊接而成。由于十字形端面的拘束度小，焊接时容易变形，故除严格控制焊接顺序外，整个焊接工作必须固定在模架上（或再加临时支撑）进行。

4）桁架

桁架组装多用仿形装配法，即先在平台上放实样，据此装配出第一面桁架，并施行定位焊，之后再用它作为胎膜进行复制。在组装台上按图纸要求的尺寸（包括拱度）进行放线，焊上模架。先放弦杆，矫正外形尺寸后点焊定形，点焊的数量必须满足脱胎时桁架的不变形。桁架的上弦节点与上弦杆应进行槽焊。为保证质量，节点板的厚度和槽焊深度应保证设计的尺寸。

5）钢板

钢板组装系在装配平台上进行，将钢板零件摆列在平台上，调整粉线，用撬杆等工具将钢板平面对界接缝对齐，用定位焊固定；对接焊缝的两端设引弧板，尺寸不小于100mm×100mm。

焊接构件组装的允许偏差应符合相关规范与规程中的规定。

（2）螺栓连接

1）高强螺栓

高强螺栓连接按其受力状况可分为摩擦型连接、摩擦—承压型连接、承压型连接和张拉型连接等类型，而摩擦型连接是目前钢结构中广泛使用的基本连接形式。高强螺栓从外形上可分为大六角头和扭剪型两种；按性能等级可分为 8.8 级、10.9 级和 12.9 级等。大六角头的高强螺栓有 8.8 级和 10.9 级两种，其连接副含一个螺栓、一个螺母、两个垫圈（螺头和螺母两侧各一个）；扭剪型高强螺栓只有 12.9 级，其连接副含一个螺栓、一个螺母、一个垫圈。

高强螺栓连接前应先对摩擦面进行处理，常用的方法有喷砂、喷丸、砂轮打磨和酸洗。喷砂的范围不小于 4 倍的板厚，喷砂面不得有毛刺、泥土和溅点。打磨的方向应与构件的受力方向垂直，到打磨的表面应呈铁色，且无明显的不平；不得涂刷油漆后再打磨。

对每一个连接接头，应先用临时螺栓或冲钉定位，本身不得作为临时安装螺栓。安装高强螺栓时，螺栓应自由穿入孔内，不得强行敲打和气割扩孔；如不能自由穿入，可用绞刀进行修整。螺栓穿入的方向宜一致，应便于操作，并注意垫圈的正反面。拧紧一般应分初拧和终拧，但对大型节点应分初拧、复拧和终拧，终拧时应采用专用扳手将尾部的梅花头拧掉；复拧扭矩应等于初拧扭矩，大六角螺栓的初拧扭矩宜为终拧的一半；施拧宜由螺栓群中央顺序向外拧紧，并于当天终拧完毕。高强螺栓紧固后应按相应的标准进行检验和测定，如发现欠拧、漏拧时应补拧，超拧时应更换。

连接钢板的孔径应略大于螺栓直径，并应采取钻孔成型的方法，钻孔后的钢板表面应平整，孔边无飞边和毛刺，连接板表面无焊接飞溅物、油污等，螺栓孔径的允许偏差应符合相应的规定。

2）普通螺栓

普通螺栓连接是将普通螺栓、螺母、垫圈机械地连接在一起。普通螺栓按形式分为六角头螺栓、双头螺栓、钩头螺栓等；按制作精度可分为 A、B、C 三级（A、B 级为精制螺栓，C 级为粗制螺栓），钢结构中除特殊说明外，一般采用 C 级螺栓。螺母的强度设计应选用与之匹配的螺栓中最高性能等级的螺栓强度，当螺母拧紧到螺栓保证荷载时，必须不发生螺纹脱扣。垫圈按形状分为圆平垫圈、方形垫圈、斜垫圈和弹簧垫圈四种。螺栓的排列位置主要有并列和交错排列两种，确定螺栓间的间距时，既要考虑连接效果（连接强度和变形），又要考虑螺栓的施工。

安装永久螺栓前应检查建筑物各部分的位置是否正确，其精度是否满足相应规范的要求。螺栓头下面的垫圈一般不应多于两个，螺母头下面的垫圈一般不应多于 1 个，并不得采用大螺母代替垫圈；螺栓拧紧后的外露螺纹不应少于两个螺距。对大型接头应采用复拧，以保证接头内各个螺栓能均匀受力。精致螺栓的安装孔内宜先放入临时螺栓和冲钉，当条件允许时也可直接放入永久螺栓。螺栓孔不得使用气割扩孔，扩孔后的 A、B 级螺栓孔不允许使用冲钉。普通螺栓的连接对螺栓的紧固力没有要求，以操作工的手感及连接接头的外形控制为准，使被连接接触面能密贴而无明显间隙即可。

2. 钢结构构件的预拼装

为保证安装的顺利进行，应根据构件或结构的复杂程度、设计要求或合同协议规定，在构件出厂前进行预拼装；有些复杂的构件，由于受运输、安装设备能力的限制，也应在加工厂先行拼装，待调整好尺寸后进行编号，再拆开运往现场，并按编号的顺序对号入座进行安装。预拼装一般分平面预拼装和立体预拼装（管结构）两种状态，预拼装的构件应处于自由状态，不得强行固定。预拼装时构件与构件的连接为螺栓连接，其连接部位的所有节点连接板均应装上；除检查各部位的尺寸外，还应用试孔器检查板叠孔的通过率。为保证穿孔率，零件钻孔时可将孔径缩小一级（3mm），在拼装定位后再进行扩孔至设计孔径的尺寸；对于精制螺栓的安装孔，在扩孔时应留 0.1mm 左右的加工余量，以便铰孔。施工中错孔在 3mm 以内时，一般用绞刀铣孔或锉刀锉孔，其孔径扩大不得超过原孔径的 1.2 倍；错孔超过 3mm，可采用与母材材质相匹配的焊条补焊堵孔，修磨平整后重新打孔。预拼装检验合格后，应在构件上标注上下定位中心线、标高基准线、交线中心点等必要标记，必要时焊上临时撑杆和定位器等。其允许偏差应符合相应的规定。

5.3 钢结构工程的安装

1. 安装前的准备工作

在建筑钢结构的施工中，钢结构安装是一项很重要的分部工程，由于其规模大、结构复杂、工期长、专业性强，因此操作时除应执行国家现行《钢结构设计规范》、《钢结构工程施工质量验收规范》外，尚应注意以下几点：

（1）在钢结构详图设计阶段，即应与设计单位和生产厂家相结合，根据运输设备、吊装机械、现场条件以及城市交通规定的要求确定钢构件出厂前的组装单元的规格尺寸，尽量减少现场或高空的组装，以提高钢结构的安装速度。

（2）安装前，应按照施工图纸和有关技术文件，结合工期要求、现场条件等，认真编制施工组织设计，作为指导施工的技术文件；应进行有关的工艺试验，并在试验结论的基础上，确定各项工艺参数，编出各项操作工艺；应对基础、预埋件进行复查，运输、堆放中产生的变形应先矫正。

（3）安装时，应在具有相应资格的责任工程师的指导下进行。根据施工单位的技术条件组织专业技术培训，使参与安装的有关人员确实掌握有关知识和技能，并经考试取得合格证。

（4）安装用的专用机具和检测仪器，如塔式起重机、气体保护焊机、手工电弧焊机、气割设备、碳弧气刨、栓钉焊机、电动和手动高强螺栓扳手、超声波探伤仪、激光经纬仪、测厚仪、水平仪、风速仪等，应满足施工要求，并应定期进行检验。土建施工、构件制作和结构安装三个方面使用的钢尺，必须用同一标准进行检查鉴定，并应具有相同的精度。

（5）在确定安装方法时，必须与土建、水电暖卫、通风、电梯等施工单位结合，做好统筹安排、综合平衡工作；安装顺序应保证钢结构的安全稳定和不导致永久变形，并且能有条不紊地进行。

（6）安装宜采用扩大组装和综合的方法，平台或胎架应具有足够的刚度，以保证拼装精度。扩大拼装时，对宜变形的构件应采取夹固措施；综合安装时，应将结构划分为若干独立的体系或单元，每一体系或单元其全部构件安装完后，均应具有足够的空间刚度和稳定性。

（7）安装各层框架构件时，每完成一个层间的柱后应立即矫正，并将支撑系统装上后，方可继续安装上一个层间，同时考虑下一层间的安装偏差。柱子等矫正时，应考虑风力、温差和日照的影响而产生的自然变形，并采取一定的措施予以消除。吊车梁和天车轨道的矫正应在主要构件固定后进行。各种构件的连接接头必须经过校正、检查合格后，方可紧固和焊接。

（8）设计中要求支撑面刨光顶紧的接点，其接触的两个面必须保证有 70% 的贴紧，当 0.3mm 的塞尺检查时，插入深度的面积不得大于总面积的 30%，边缘最大间隙不得大于 0.8mm。

钢结构工程安装前，应作好以下准备工作：

（1）技术准备

应加强与设计单位的密切结合。认真审查图纸，了解设计意图和技术要求，并结合施工单位的技术条件，确保设计图纸实施的可能性，从而减少出图后的设计变更。

了解现场情况，掌握气候条件。钢结构的安装一般均作为分包项目进行，因此，对现场施工场地可堆放构件条件、大型机械运输设备进出场条件、水电源供应和消防设施条件件、临时用房条件等，需要进行全面的了解，统一规划；另外，对自然气候条件，如温差、风力、湿度及各个季节的气候变化等进行了解，以便于采取相应的技术措施，编制好钢结构安装的施工组织设计。

编制施工组织设计。应在了解和掌握总承包施工单位编制的施工组织设计中对地下结构与地上结构施工、主体结构与裙房施工、结构与装修、设备施工等安排的基础上，择优选定施工方法和施工机具。对于需要采取的新材料、新技术，应组织力量进行试制试验（如厚钢板的焊接等）。

（2）施工组织与管理准备

明确承包项目范围，签订分包合同；确定合理的劳动组织，进行专业人员技术培训工作；进行施工部署安排，对工期进度、施工方法、质量和安全要求等进行全面交底。

（3）物质准备

加强与钢构件加工单位的联系，明确由工厂预拼装的部位和范围及供应日期；进行钢结构安装中所需各种附件的加工订货工作和材料、设备采购等工作；各种机具、仪器的准备；按施工平面布置图的要求，组织钢构件及大型机械进场，并对机械进行安装及试运行。

（4）构件验收

构件制作完后，检查和监理部门应按施工图的要求和《钢结构工程施工质量验收规范》（GB 50205—2001）的规定，对成品进行验收。

钢构件成品出厂时，制造单位应提交产品、质量证明书和下列技术文件：

1）设计更改文件、钢结构施工图，并在图中注明修改部位。

2）制作中对问题处理的协议文件。

3）所用钢材和其他衬料的质量证明书和试验报告。

4）高强度螺栓摩擦系数的实测资料。

5）发运构件的清单。

钢构件进入施工现场后，除了检查构件规格、型号、数量外、还需对运输过程中易产生变形的构件和易损部位进行专门检查，发现问题应及时通知有关单位做好签证手续以便备案，对已变形构件应予以矫正，并重新检验。

（5）基础复测

1）基础施工单位至少在吊装前七天提供基础验收的合格资料。

2）基础施工单位应提供轴线、标高的轴线基准点和标高水准点。

3）基础施工单位在基础上划出有关轴线和记号。

4）支座和地脚螺栓的检查分二次进行，即首次在基础混凝土浇灌前与基础施工单位一起对地脚螺栓位置和固定措施检查，第二次在钢结构安装前作最终验收。

5）提供基础复测报告，对复测中出现的问题应通知有关单位，提出修改措施。

6）为防止地脚螺栓在安装前或安装螺纹受到损伤，宜采用锥形防护套将螺纹进行防护。测量仪器及丈量器具。

测量仪器和丈量器具是保证钢结构安装精度的检验工具，土建、钢结构制作、结构安装和监理单位均应按规范要求，执行统一标准。

（6）构件检验

1）检查构件型号、数量。

2）检查构件有无变形，发生变形应予矫正和修复。

3）检查构件外形和安装孔间的相关尺寸，划出构件的轴线。

4）检查连接板、夹板、安装螺栓、高强螺栓是否齐备，检查摩擦面是否生锈。

5）不对称的主要构件（柱、梁、门架等）应标出其重心位置。

6）清除构件上污垢、积灰、泥土等，油漆损坏处应及时补漆。

2. 钢结构安装平面控制网的布置

（1）平面控制网的布置

钢结构安装的测量放线工作，既是各阶段诸工序的先行工序，又是主要工序的控制手段，是保证工程质量的中心环节。钢结构施工中的测量、安装和焊接必须三位一体，以测量为控制中心，密切配合互相制约。钢结构安装控制网应选择在结构复杂、拘束度大的轴线上，施工中首先应控制其标准点的安装精度，并考虑对称原则及高层投递，便于施测。控制线间距以 30～50m 为宜，点间应通视易量。网形应尽量组成与建筑物平行的闭合图，以便闭合校核。当地下层与地上层平面尺寸及形状差异较大时，可选用两套控制网，但应尽量选用纵横线各一条共用边，以保证足够的准确度。

量具的精度应高于 1/20000，测角和延长直线的精度应高于±5″；控制网应不少于 3条线，以便校核；高层可用相对标高或设计标高的要求进行控制。

标高点宜设在各层楼梯间，用钢尺测量。当按相对标高安装时，建筑物高度的累计偏差不得大于各节柱制作允许偏差的总和；当按设计标高安装时，应以每节柱为单位进行标高的调整工作，将每节柱焊缝的收缩变形和在荷载下压缩变形值加到柱的制作长度中去。第一节柱子的标高，可采用加设调整螺母的方法，精确控制柱子的标高；同一层柱顶的标高差必须控制在规范允许值内，它直接影响着梁安装的水平度；考虑深基开挖后土的回弹值，则安装至±0.000 时应进行调整，安装中可不考虑建筑物的沉降量。

（2）放线

钢构件在工厂制作时应标定安装用轴线及标高线，在中转仓库进行预检时，应用白漆标出白三角，以便观测。钢构件安装及钢筋混凝土构件放线，均用记号笔标注，标高线及主轴线均用白漆标注。现场地面组拼的钢构件，必须校核其尺寸，保证其精度。

（3）竖向投点

建筑钢结构安装的竖向投递点宜采用内控法，激光经纬仪投点采用天顶法。布点应合理，各层楼应预留引测孔，投递网经闭合检验后方可排尺放线。每节柱控制网的竖向投递，必须从底层地面控制轴线引测到高层，而不应从下节柱的轴线引测，以免产生累积误差。当超高层钢结构控制网的投测在 100m 以上时，因激光光斑发散影响到投测精度时，需采用接力法将网点反至固定层间，经闭合校验合格后作为新的基点和上部投测的标准。

（4）安装精度的测控

影响钢结构垂直度的主要因素有钢构件的加工制作、控制网的竖向投递精度、钢梁施焊后焊缝横向收缩变形、高空的风振、电梯井柱与边柱的垂直度等，因此要加强构件的验收管理和预检工作；采用合理的施焊顺序，摸索和掌握收缩规律，坚持预留预控值，综合处理；风大停测或设挡风设施；安装主梁时对相临柱的垂直度进行监测等措施。

安装中每节柱子垂直度的校正应选用两台经纬仪，在相互垂直位置投点，固定支架在柱顶的连接板上；水平仪可放在柱顶测设，并设有光学对点器，激光仪支托焊在钢柱上，并设有相应的激光靶与柱顶固定。竖向投递网点以±0.000 处设点为基线向上投点。

第一节柱子的标高，有柱顶下控制标高线来确定柱子的支垫高度，以保证上部结构的精度；柱脚变形差值留在柱子底板与混凝土基础的间隙中。

采用相对标高法测定柱的标高时，先抄出下节柱顶标高，并统计出标高值，根据此值与相应的预检柱的长度值，进行综合处理，以控制层间标高符合规范要求；同时要防止标高差的累计使建筑物总高度超限。

柱底位移控制时，下节柱施焊后投点与柱顶，测得柱顶位移值，根据柱子垂直度综合考虑下节柱底的位移值，既减小垂直偏差，由减小柱连接处的错位。安装带有贯通梁的钢柱时，为严防错位和扭转而影响上部梁的安装方向，故应在柱间连接板处加垫板调整。

安装次梁时，次梁面的标高应调整与主梁一致；压型钢板安装及栓钉焊接应放线；特殊结构的放线要根据设计图纸的不同而异，并应在技术交底书中标明控制方法。

由于不考虑温差、日照因素对测量柱垂直度的影响，故无论在什么时候，都以当时经纬仪的垂直平面进行测量校正，这样温度变化将会使柱子顶部产生一个位移值。这些偏差在安装柱与柱之间的主梁时用外力强制复位，使柱顶回到设计位置，再紧固柱子和梁接头腹板上的高强螺栓，使结构的几何形状固定下来。这时柱子断面内可产生 $300\sim400$ N/cm^2 的温度应力，但经试验证实，它比由于构件加工偏差或安装积累偏差进行强制校正时的内应力要小得多。

（5）竣工测量

竣工测量不仅是验收和评价工程是否按设计施工的基本依据，更是工程交付使用后进行管理、维修、改建及扩建的依据。做好竣工测量的关键是从施工准备开始就有次序地、一项不漏地积累各项预检资料，尤其还要保管好设计图纸、各种设计变更通知和洽商记录。

工程验收后，建筑场地的平面控制网和标高控制网应是竣工测量的第一份资料，也是以后实测竣工位置（坐标与标高）的基本依据；原地面的实测标高与基坑开挖后的坑底标高，可作为实际土方量计算的依据，也是基础实际挖深的依据；建筑物定位放线、垫层上底线以及±0.000首层平面放线的验收资料是确定建筑物位置的主要资料，也是绘制竣工总平面图的依据；建筑场地内的各种地下管线与构筑物的验收资料都是绘制总图的依据。

凡按图施工没有变更的，可在新的原施工图上加盖"竣工图"标志；无大变更的，可在新的原施工图上修改内容，须反映在竣工图上或在相应部位用文字说明、标注变更设计洽商记录的编号，并附上洽商记录复印件。竣工总图的内容应包括总平面图，上、下水道图，动力管道图以及电力与通信线路图，其绘制内容应符合相应的规定。

3. 钢结构工程的安装

（1）安装顺序

安装多采用综合法，其顺序一般是平面内从中间的一个节间（如标准节间框架）开始，以一个节间的柱网为一个单元，先安装柱，后安装梁，然后往四周扩展；垂直方向自上而下，组成稳定结构后分层安装次要构件，一节间一节间的完成，以便消除安装误差累积和焊接变形，使误差减低到最小限度。在起重机起重能力允许的情况下，为减少高空作业、确定安装质量、减少吊装次，应尽量在地面组拼好，一次吊装就位。

（2）安装要点

1）安装前，应对建筑物的定位轴线、平面封闭角、底层柱的安装位置线、基础标高和基础混凝土强度进行检查，待合格后才能进行安装。

2）凡在地面拼装的构件，需设置拼装架组拼，易变形的构件应先进行加固。组拼后的尺寸经校验无误后，方可安装。

3）合理确定各类构件的吊点。三点或四点吊，凡不易计算者，可加设倒链协助找重心，待构件平衡后起吊。

4）钢构件的零件及附件应随构件一并起吊。对尺寸较大、质量较大的节点板，应用铰链固定在构件上；钢柱上的爬梯、大梁上的轻便走道也应牢固固定在构件上；调整柱子垂直度或支撑夹板，应在地面与柱子绑好，并一起起吊。

5）当天安装的构件，应形成空间稳定体系，以确保安装质量和结构的安全。

6）每个流水段一节柱的全部钢构件安装完毕并验收合格后，方能进行下一流水段钢结构的安装。

7）安装时，应注意日照、焊接等温度引起的热影响，施工中应有调整因构件伸长、缩短、弯曲引起的偏差的措施。

（3）安装校正

安装前，首先确定是采用设计标高安装还是采用相对标高安装。柱子、主梁、支撑等大构件安装时，应立即进行校正；校正正确后，应立即进行永久固定，以确保安装质量。

柱子安装时，应先调整标高，再调整位移，最后调整垂直偏差；应按规范规定的数值进行校正，标准柱子的垂直偏差应校正到±0.000；用缆风绳或支撑校正柱子时，必须使缆风绳或支撑处于松弛状态，并使柱子保持垂直，才算完毕；当上柱和下柱发生扭转错位时，可在连接上下柱的临时耳板处，加垫板进行调整。

主梁安装时，应根据焊缝收缩量预留焊缝变形量。对柱子垂直度的监测，除监测两端柱子的垂直度变化外，还要监测相邻用梁连接的各根柱子的变化情况，以柱子除预留焊缝收缩值外，各项偏差均符合规范的规定。

当每一节柱子的全部构件安装、焊接、栓接完成并验收合格后，才能从地面引测上一节柱子的定位轴线。各部分构件的安装质量检查记录，必须是安装完成后验收前的最后一次实测记录，中间的检查记录不得作为竣工验收的记录。

（4）构件连接

钢柱之间常用坡口焊接连接；主梁与钢柱的连接，一般上、下翼缘用坡口焊连接，而腹板用高强螺栓连接；次梁与主梁的连接基本上是在腹板处用高强螺栓连接，少量再在上、下翼缘处用坡口焊连接。柱与梁的焊接顺序是先焊接顶部柱、梁的节点，再焊接底部柱、梁的节点，最后焊接中间部分的柱、梁节点。高强螺栓连接两个连接构件的紧固顺序是先主要构件，后次要构件；工字形构件的紧固顺序是上翼缘——下翼缘——腹板；同一节柱上各部梁柱节点的紧固顺序是柱子上部的梁柱节点——柱子下部的梁柱节点——柱子中部的梁柱节点；每一节安设紧固高强螺栓的顺序是摩擦面处理——检查安装连接板——临时螺栓连接——高强螺栓连接紧固——初拧——终拧。

高强度螺栓连接施工主要分扭矩法施工和转角法施工。所谓扭矩法施工，就是施工前确定施工扭矩值大小，然后使用扳手按此扭矩拧到位即可；转角施工即为施工前确定螺母旋转角度值，然后使用扳手拧到控制角度即可。扭剪型高强度螺栓连接副就是采用扭矩法施工的原理进行施工，只不过其控制扭矩是自标量；高强度大六角头螺栓则即可采用扭矩法，亦可以采用转角法施工。

高强度螺栓紧固一般应分二次进行，第一次为初拧，第二次为终拧，这是因为接头板材一般总有些翘曲和不平，板层之间不密贴，当一个接头有两个以上螺栓时，先紧固的螺栓就有一部分预拉力损耗在钢板的变形上，当邻近螺栓拧紧板缝消失后，其预拉力就会松弛。为减少这种损失，使接头中各螺栓受力均匀，一般规定高强度螺栓紧固至少分两次进行，即初拧和终拧。对大型螺栓群接头还需增加一次复拧。初拧和复拧扭矩，原则上可为终拧扭矩的50%左右。

高强度螺栓的紧固应按一定的顺序进行，这是因为由于连接板的翘曲不平等变形随意紧固或一端或两端开始紧固，会使接头产生附加内力，也可能造成摩擦面空鼓，影响摩擦传力。螺栓的紧固顺序总的原则应该是从接头刚度较大的部位向约束较小的方向顺序进行，具体为：

1）一般接头应从接头中心顺序向两端进行紧固，见图5-1所示。

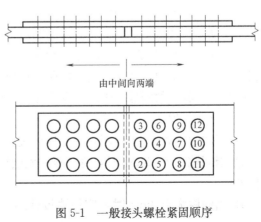

图 5-1　一般接头螺栓紧固顺序

2）箱型接头应按图 5-2 所示 *A*、*B*、*C*、*D* 的顺序进行。

3）工字梁接头栓群应按图 5-3 所示①～⑥顺序进行。

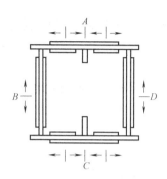 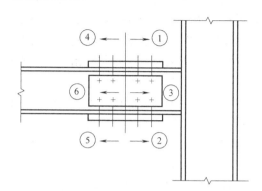

图 5-2 箱型接头螺栓紧固顺序 　　　　　图 5-3 工字梁接头紧固顺序

4）工字形柱对接螺栓紧固顺序应为先翼缘后腹板。

5）两个接头栓群的紧固顺序应先为主要构件接头，后为次要构件接头。

高强度螺栓连接中，摩擦面的状态对连接接头的抗滑移承载力有很大的影响，因此，摩擦面必须进行处理，常见的处理方法如下：

① 喷砂或喷丸处理

砂粒粒径为 1.2～1.4mm，喷射时间为 1～2min，喷射风压为 0.5Pa，处理完表面粗糙度可达 45～50μm。

② 喷砂后生赤锈处理

喷砂后放露天生锈 60～90d，表面粗糙度可达到 55μm，安装前应对表面清除浮锈。

③ 喷砂后涂无机富锌漆处理

该处理是为了防锈，一般要求涂层厚度为 0.6～0.8μm。

④ 砂轮打磨

使用粗砂轮沿与受力方面垂直打磨，打磨后置于露天生锈效果更好。表面粗糙度可达 50μm 以上，但离散性较大。

⑤ 手工钢丝刷清理

使用钢丝刷将钢材表面的氧化铁皮等污物清理干净，该处理比较简便，但抗滑移系数较低，适用于次要结构和构件。

高强度螺栓连接中，因板厚公差、制造偏差及安装偏差等原因，接头摩擦面间产生间隙。当摩擦面间有间隙时，有间隙一侧的螺栓紧固力就有一部分以剪力形式通过拼接板传向较厚一侧，结果使有间隙一侧摩擦面间正压力减少，摩擦承载力降低，或者说有间隙的摩擦面其抗滑移系数降低。因此，在实际工程中，一般规定高强度螺栓连接接头板缝间隙采用下列方法处理：

1）当间隙不大于 1mm 时，可不做处理。

2）当间隙在 1～3mm 时，将厚板一侧削成 1∶10 缓坡过渡，在这种情况下也可以加填板处理。

3）当间隙大于 3mm 时，应加填板处理，填板材质及摩擦面应与构件做同样级别的处理。

图 5-4　接头缓坡过渡　　　　　　　图 5-5　接头加填板处理

（5）压型钢板安装

建筑钢结构的楼盖一般多采用压型钢板与现浇钢筋混凝土叠合层组合而成，它既是楼盖的永久性支承模板，又与现浇层共同工作，是建筑物的永久组成部分。

压型钢板分为开口式和封闭式两种。开口式分为无痕（上翼加焊剪力钢筋）、带压痕（带加劲肋、上翼压痕、腹板压痕）、带加劲肋三种；封闭式分：无痕、带压痕（在上翼缘）、带加劲肋和端头锚固等几种形式。其配件有抗剪连接件，包括：栓钉、槽钢和弯筋，栓钉的端部镶嵌脱氧和稳弧焊剂，其用钢的机械性能及抗拉强度设计值应符合《栓钉焊接技术规程》，（CECS 226—2007）的规定。配件包括堵头板和封边板。焊接瓷环是栓钉焊一次性辅助材料，其作用是熔化金属成型，焊水不外溢，起铸模作用；熔化金属与空气隔绝，防止氧化；集中电弧热量并使焊肉缓冷；释放焊接中有害气体，屏蔽电弧光与飞溅物；充当临时支架。

1）压型钢板安装

压型钢板安装时其工序间的流程为：

钢结构主体验收合格——打设支顶桁架——压型钢板安装焊接——栓钉焊接——封板焊接——交验后设备管道、电路线路施工，钢筋绑扎——混凝土浇筑。其施工要点是：

①压型钢板在装、卸、安装中严禁用钢丝绳捆绑直接起吊；运输几堆放应有足够的支点，以防变形；铺设前应将弯曲变形者校正好；钢梁顶面要保持清洁，严防潮湿及涂刷油漆。

②下料、切孔采用等离子弧切割机操作，严禁用乙炔氧气切割；大孔四周应补强。

③需支搭临时的支顶架，由施工设计确定，待混凝土达到一定强度后方可拆除。

④压型钢板按图纸放线安装、调直、压实并对称电焊，要求波纹对直，以便钢筋在波内通过，并要求与梁搭接在凹槽处，以便施焊。

2）栓钉焊接

将每个焊接栓钉配用耐热的陶瓷电弧保护罩用焊钉焊机的焊枪顶住，采用自动定时的电弧焊到钢结构上。栓钉焊分栓钉直接焊在工件上的普通栓钉焊和穿透栓钉焊两种，后者是栓钉在引弧后先熔穿具有一定厚度的薄钢板，然后再与工件熔成一体，其对瓷环强度及热冲击性能要求较高。瓷环产品的质量好坏，直接影响栓钉的质量，故禁止使用受潮瓷环，当受潮后要在 250℃ 温度下焙烘 1h，中间放潮气后使用；保护罩或套应保持干燥，无开裂现象。焊钉应具有材料质量证明书，规格尺寸应符合要求，表面无有害皱皮、毛刺、微观裂纹、扭歪、弯曲、油垢、铁锈等，但栓钉头部的径向裂纹和开裂如不超过周边至钉体距离的一半，则可以使用；下雨、雪时不能在露天焊。平焊时，被焊构件的倾斜度不能超过 15°。

每日或每班施焊前，应先焊两只焊钉作目检和弯曲 30° 的试验；当每材温度在 0℃ 以下时，每焊 100 只焊钉还应增加一只焊钉试验，在－18℃以下时，则不能焊接。如从受拉构件上去掉不合格的焊钉，则去掉部位处应打磨光洁和平整；如去掉焊钉处的母材受损，则采用手工焊来填补凹坑，并将焊补表面修平；如焊钉的挤出焊脚未达到 360°，允许采用手工焊补焊，补焊的长度应超出缺陷两边各 9.5mm。

栓钉在施焊前必须经过严格的工艺参数试验，对不同厂家、批号、材质及焊接设备的栓焊工艺，均应分别进行试验后确定工艺。栓钉焊的工艺参数包括焊接形式、焊接电压、电流、栓焊时间、栓钉伸长度、栓钉回弹高度、阻尼调整位置，在穿透焊中还包括压型钢板的厚度、间隙和层次。栓焊工艺经过静拉伸、反复弯曲及打弯试验合格后，现场操作时还需根据电缆线的长度、施工季节、风力等因素进行调整。当压型钢板采用镀锌钢板时，应采用相应的除锌措施后焊接。

5.4 钢结构工程的涂装

5.4.1 钢结构的防火

1. 概述

火灾作为一种人为灾害是指火源失去控制、蔓延发展而给人民生命财产造成损失的一种灾害性燃烧现象，它对国民经济和人类环境造成巨大的损失和破坏。随着国民经济的高速发展和钢产量的不断提高，近年来，钢结构被广泛地应用于各类建筑工程中，钢结构本身具有一定的耐热性，温度在 250℃以内，钢的性质变化很小，温度达到 300℃以后，强度逐渐下降，达到 450～650℃时，强度为零。因此钢结构防火性能较钢筋混凝土为差，一般用于温度不高于 250℃的场合。所以研究钢结构防火有着十分重大的意义。

我国目前按建筑设计防火规范进行钢结构设计。国家标准《建筑设计防火规范》、《高层民用建筑设计防火规范》对建筑物的耐火等级及相应的构件应达到的耐火极限均有具体规定，在设计时，只要保证钢构件的耐火极限大于规范要求的耐火极限即可，见表 5-4 所示。

钢构件的耐火极限　表 5-4

名称 耐火极限(h) 耐火等级	高层民用建筑			一般工业与民用建筑				
	钢柱	钢梁	楼板屋顶承重钢构件	支承多层的钢柱	支承平台的钢柱	钢梁	楼板	屋顶承重钢构件
一级	3.00	2.00	1.50	3.00	2.50	2.00	1.50	1.50
二级	2.50	1.50	1.00	2.50	2.00	1.50	1.00	0.50
三级	—	—	—	2.50	2.00	1.00	0.50	—

目前钢结构构件常用的防火措施主要有防火涂料和构造防火两种类型。

2. 防火涂料

（1）防火涂料材料介绍

钢结构防火涂料分为薄涂型和厚涂型两类。钢结构防火涂料按涂层的厚度来划分，可分类如下：

1）B 类

薄涂型钢结构防火涂料。涂层厚度一般为 27mm，有一定装饰效果，高温时涂层膨胀增厚，具有耐火隔热作用，耐火极限可达 0.52h，故又称钢结构膨胀防火涂料。这类涂料又称膨胀装饰涂料或膨胀油灰，它的基本组成是：黏结剂有机树脂或有机与无机复合物 10%；有机和无机绝热材料 30%；颜料和化学助剂 5%～15%；熔剂和稀释剂 10%～25%。一般分为底涂、中涂和面涂（装饰层）涂料。使用时，涂层一般不超过 7mm，有一定装饰效果，高温时能膨胀增厚，可将钢构件的耐火极限由 0.25h 提高到 2h 左右。

2）H 类

厚涂型钢结构防火涂料。涂层厚度一般为 85mm，粒状表面，密度较小，热导率低，耐火极限可达 0.53h，又称为钢结构防火隔热涂料。这类涂料又称无机轻体喷涂料或无机耐火喷涂物，其基本组成是：胶结料（硅酸盐水泥基无机高温粘结剂等）：10%～40%；骨料（膨胀蛭石、膨胀珍珠岩或空心微珠、矿棉等）：30%～50%；化学助剂（增稠剂、硬化剂、防水剂等）：1%～10%；自来水 10%～30%。根据设计要求，不同厚度的涂层，可满足防火规范对各钢构件耐火极限的要求，涂层厚度一般在 7mm 以上，干密度小，热导率低，耐火隔热性好，能将钢构件的耐火极限由 0.25h 提高到 1.5～4h。

3）超薄型钢结构膨胀防火涂料

这类涂料的开展，始于 20 世纪 90 年代中期，其构成与性能特点介于饰面型防火涂料和薄涂型钢结构膨胀防火涂料之间，其中的多数品种属于溶剂型，因此有的又叫钢结构防火漆。基本组成是基料（酚醛、氨基酸、环氧等树脂）：15%～35%；聚磷酸铵等膨胀阻燃材料：35%～50%；钛白粉等颜料与化学助剂：10%～25%；溶剂和稀释剂：10%～30%。

超薄型防火涂料的理化性能要求和试验方法类似于饰面型防火涂料，耐火性能试验同于厚涂型薄涂型钢结构防火涂料，与厚涂型和薄涂型钢结构防火涂料相比，超薄型钢结构防火涂料粒度更小更细，装饰性更好，涂层更薄是其突出特点。一般涂刷 1～3mm，耐火极限可达 0.5～1h。

（2）涂料的选用

对室内裸露钢结构，轻型屋盖钢结构及装饰要求的钢结构，当规定其耐火极限在 1.5h 以下时，应选用薄涂型钢结构防火涂料。室内隐蔽钢结构，高层钢结构及多层厂房钢结构，当规定耐火极限在 1.5h 以上时，应选用厚涂型钢结构防火涂料。除此之外，还要满足以下几点要求：

1）钢结构防火涂料必须有国家检测机构的耐火性能检测报告和理化性能检测报告，有消防监督机关颁发的生产许可证，方可选用。选用的防火涂料质量应符合国家有关标准的规定，有生产厂方的合格证，并应附有涂料品名、技术性能、制造批号、贮存期限和使用说明等。

2）室内裸露钢结构、轻型屋盖钢结构及有装饰要求的钢结构，当规定耐火极限在 1.5h 及以下时，宜选用薄涂型钢结构防火涂料。

3）室内隐蔽钢结构，高层全钢结构及多层厂房钢结构，当规定其耐火极限在 2h 及以上时，应选用厚涂型钢结构防火涂料。

4）露天钢结构，如石油化工企业，油（汽）罐支撑，石油钻井平台等钢结构，应选用符合室外钢结构防火涂料产品规定的厚涂型或薄型钢结构防火涂料。

5）对不同厂家的同类产品进行比较选择时，宜查看近两年内产品的耐火性能和理化性能检测报告，产品定期鉴定意见，产品在工程中应用情况和典型实例。并了解厂方技术力量、生产能力及质量保证条件等。

6）选用涂料时，特别注意下列几点：

① 不要把饰面型防火涂料用于钢结构，饰面型防火涂料是保护木结构等可燃基材的阻燃材料，薄薄的涂膜达不到提高钢结构耐火极限的目的。

② 不应把薄涂型钢结构膨胀防火涂料用于保护 2h 以上的钢结构。薄涂型膨胀防火涂料之所以耐火极限不太长，是由自身的原材料和防火原理决定的。这类涂料含较多的有机成分，涂层在高温下发生物理、化学变化，形成炭质泡膜后起隔热作用的。膨胀泡膜强度有限，易开裂、脱落，炭质在 1000℃ 高温下会逐渐灰化掉。要求耐火极限 2h 以上的钢结构，必须选用厚涂型钢结构防火隔热涂料。

③ 不得将室内钢结构防火涂料，未加改进和采取有效的防水措施，直接用于喷涂保护室外的钢结构。露天钢结构必须选用耐水、耐冻融循环，耐老化，并能经受酸、碱、盐等化学腐蚀的室外钢结构防火涂料进行喷涂保护。

④ 在一般情况下，室内钢结构防火保护不要选择室外钢结构防火涂料，为了确保室外钢结构防火涂料优异的性能，其原材料要求严格，并需应用一些特殊材料，因而其价格要比室内用钢结构防火涂料贵得多。但对于半露天或某些潮湿环境的钢结构，则宜选用室外钢结构防火涂料保护。

⑤ 厚涂型防火涂料基本上由无机质材料构成，涂层稳定，老化速度慢，只要涂层不脱落，防火性能就有保障。从耐久性和防火性考虑，宜选用厚涂型防火涂料。

3. 构造防火

钢结构构件的防火构造可分为外包混凝土材料，外包钢丝网水泥砂浆、外包防火板材，外喷防火涂料等几种构造形式。喷涂钢结构防火涂料与其他构造方式相比较具有施工方便，不过多增加结构自重、技术先进等优点，目前被广泛应用于钢结构防火工程。

4. 钢结构防火施工

钢结构防火施工可分为湿式工法和干式工法。湿式工法有外包混凝土、钢丝网水泥砂浆、喷涂防火涂料等。干式工法主要是指外包防火板材。

（1）湿式工法

外包混凝土防火，在混凝土内应配置构造钢筋，防止混凝土剥落。施工方法和普通钢筋混凝土施工原则上没有任何区别。由于混凝土材料具有经济性、耐久性、耐火性等优点，一向被用作钢结构防火材料。但是，浇捣混凝土时，要架设模板，施工周期长，这种工法一般仅用于中、低层钢结构建筑的防火施工。

钢丝网水泥砂浆防火施工也是一种传统的施工方法，但当砂浆层较厚时，容易在干后产生龟裂，为此建议分遍涂抹水泥砂浆。

钢结构防火涂料采用喷涂法施工。方法本身有一定的技术难度，操作不当，会影响使用效果和消防安全。一般规定应由经过培训合格的专业施工队施工。

施工应在钢结构工程验收完毕后进行。为了确保防火涂层和钢结构表面有足够的黏结力，在喷涂前，应清除钢结构表面的锈迹锈斑，如有必要，在除锈后，还应刷一层防锈底漆。且注意防锈底漆不得与防火涂料产生化学反应。另外，在喷涂前，应将钢结构构件连接处的缝隙用防火涂料或其他防火材料填平，以免火灾出现时出现薄弱环节。

当防火涂料分底层和面层涂料时，两层涂料相互匹配。且底层不得腐蚀钢结构，不得与防锈底漆产生化学反应，面层若为装饰涂料，选用涂料应通过试验验证。

对于重大工程，应进行防火涂料抽样检验。每 100t 薄型钢结构防火涂料，应抽样检查一次粘结强度，每使用 500t 厚涂型防火涂料，应抽样检测一次黏结强度和抗压强度。

薄涂型钢结构防火涂料，当采用双组分装时，应在现场按说明书进行调配。出厂时已调配好的防火涂料，施工前应搅拌均匀。涂料的稠度应适当，太稠，施工时容易反弹，太稀，易流淌。

薄涂型涂料的底层涂料一般都比较粗糙，宜采用重力式喷枪喷涂，其压力约为 0.4MPa，喷嘴直径为 4～6mm。喷后的局部修补可用手工抹涂。当喷枪的喷嘴直径可调至 1～3mm 时，也可用于喷涂面层涂料。

底涂层喷涂前应检查钢结构表面除锈是否满足要求，灰尘杂物是否已清除干净。底涂层一般喷 2～3 遍，每遍厚度控制 2.5mm 以内，视天气情况，每隔 8～24h 喷涂一次，必须在前一遍基本干燥后喷涂。喷射时，喷嘴应于钢材表面保持垂直，喷口至钢材表面距离在以保持在 40～60cm 为宜。喷射时，喷嘴操作人员要随身携带测厚计检查涂层厚度，直到达到设计规定厚度方可停止喷涂。若设计要求涂层表面平整光滑时，待喷完最后一遍后应用抹灰刀将表面抹平。

薄涂型面涂层很薄，主要起装饰作用，所以，面层应在底涂层经检测符合设计厚度，并基本干燥后喷涂。应注意不要产生色差。

厚涂型钢结构防火涂料不管是双组分、单组分，均需要现场加水调制，一次调配的涂料必须在规定的时间内用完，否则会固化堵塞管道。

厚涂型钢结构防火涂料宜采用压送式喷涂机喷涂，空气压力为 0.4～0.6MPa，喷口直径宜采用 6～10mm。

厚喷涂型每遍喷涂厚度一般控制在 5～10mm，喷涂必须在前一遍基本干燥后进行，厚度检测方法与薄涂型相同，施工时如发现有质量问题，应铲除重喷。有缺陷应加以修补。

防火涂料施工完毕，涂料、涂装遍数全数检查，涂层厚度按构件数抽查 10%，且同一类涂层的构件不应少于 3 件。涂层厚度用干漆膜测厚仪实测。检查时注意以下事项：

1) 由于每种涂料（油漆）完全干透的时间不同，从几小时到几十个小时，甚至若干天后才能彻底干透，如果测量每层厚度，涂装的时间就很长，工程上不现实，因此只检测涂层总厚度。当涂装由制造厂和安装单位分别承担时，才进行单层干漆膜厚度的检测。

2) 每个构件检测 5 处，每处的数值为 3 个相距 50mm 测点涂层干漆膜厚度的平均值。每处 3 个测点的平均值应不小于标准涂层厚度的 90%，且在允许偏差范围内；3 点中的最小值应不小于标准涂层厚度的 80%。

3) 标准涂层厚度是指设计要求的涂层厚度值；当设计无要求时，室外应为 $150\mu m$，室内应为 $125\mu m$。

防火涂层厚度应符合设计要求。

（2）干式防火工法

干式防火工法在我国高层钢结构防火施工中曾有过应用，如用石膏板防火，施工时用黏结剂粘贴。常用的板材有轻质混凝土预制板、石膏板、硅酸钙板等。施工时，应注意密封性，不得形成防火薄弱环节，所采用的粘贴材料预计的耐火时间内应能保证受热而不失去作用。

5.4.2　钢结构的防腐

1. 概述

众所周知，钢结构最大的缺点是易于锈蚀，钢结构在各种大气环境条件下使用产生腐蚀，是一种自然现象。新建造的钢结构一般都需仔细除锈、镀锌或刷涂料，以后隔一定的时间又要重新维修。

现行国家标准《涂装前钢材表面锈蚀等级和除锈等级》（GB/T 8923—2008）中规定，钢材表面锈蚀划分为 A、B、C、D 四个等级，其文字叙述如下：

A 级：全面地覆盖氧化皮而几乎没有蚀锈的钢材表面。

B 级：已发生锈蚀，并且部分氧化皮已经剥落的钢材表面。

C 级：氧化皮已因锈蚀而剥落，或者可以刮除，并且有少量点蚀的钢材表面。

D 级：氧化皮已因锈蚀而全面剥离，并且已普遍发生点蚀的钢材表面。

规范规定钢材表面锈蚀等级为 C 级及 C 级以上，即 A、B、C 级，对锈蚀达到 D 级时，不予推荐。

为了减轻或防止钢结构的腐蚀，目前国内外基本采用涂装方法进行防护，即采用防护层的方法防止金属腐蚀。常用的保护层有以下几种：

（1）金属保护层

金属保护层是用具有阴极或阳极保护作用的金属或合金，通过电镀、喷镀、化学镀、热镀和渗镀等方法，在需要防护的金属表面上形成金属保护层（膜）来隔离金属与腐蚀介质的接触，或利用电化学的保护作用使金属得到保护，从而防止了腐蚀。如镀锌钢材，锌在腐蚀介质中因它的电位较低，可以作为腐蚀的阳极而牺牲，而铁则作为阴极而得到了保护。金属镀层多用在轻工、仪表等制造行业上，钢管和薄铁板也常用镀锌的方法。

（2）化学保护层

化学保护层是用化学或电化学方法，使金属表面上生成一种具有耐腐蚀性能的化合物薄膜，以隔离腐蚀介质与金属接触，来防止对金属的腐蚀。如钢铁的氧化、铝的电化学氧化，以及钢铁的磷化或钝化等。

（3）非金属保护层

非金属保护层是用涂料、塑料和搪瓷等材料，通过涂刷和喷涂等方法，在金属表面形成保护膜，是金属与腐蚀介质隔离，从而防止金属的腐蚀。如钢结构、设备、桥梁、交通工具和管道等的涂装，都是利用涂层来防止腐蚀的。

2. 钢结构的防腐施工

（1）基本要求

1）加工的构件和制品，应经验收合格后，方可进行表面处理。

2）钢材表面的毛刺、电焊药皮、焊瘤、飞溅物、灰尘和积垢等，应在除锈前清理干净，同时也要铲除疏松的氧化皮和较厚的锈层。

3）钢材表面如有油污和油脂，应在除锈前清除干净。如只在局部面积上有油污和油脂，一般可采用局部处理措施；如大面积或全部面积上都有，则可采用有机溶剂或热碱进行清洗。

4）钢材表面上有酸、碱、盐时，可采用热水或蒸汽冲洗掉。但应注意废水的处理，不能造成污染环境。

5）有些新轧制的钢材，为了防止在短期内存放和运输过程中不锈蚀，而涂上保养漆。对涂有保养漆的钢材，要视具体情况进行处理。如保养漆采用固化剂固化的双组分涂料，而且涂层基本完好，则可用砂布、钢丝绒进行打毛或采用轻度喷射方法处理，并清理掉灰尘之后，即可进行下一道工序的施工。

6）对钢材表面涂车间底漆或一般底漆进行保养的涂层，一般要根据涂层的现状及下道配套漆决定处理方法。凡不可以作进一步涂装或影响下一道涂层附着力的，应全部清除掉。

（2）除锈方法的选择

工程实践表明，钢材基层表面处理的质量，是影响涂装质量的主要因素。钢材表面处理的除锈方法主要有：手工工具除锈、手工机械除锈、喷射或抛射除锈、酸洗（化学）除锈和火焰除锈等。各种除锈方法的特点，见表 5-5 所示。

各种除锈方法的特点 表 5-5

除锈方法	设备工具	优点	缺点
手工、机械	砂布、钢丝刷、铲刀、尖锤、平面砂磨机、动力钢丝刷等	工具简单，操作方便，费用低	劳动强度大、效率低、质量差，只能满足一般涂装要求
喷射	空气压缩机、喷射机、油水分离器等	能控制质量，获得不同要求的表面粗糙度	设备复杂，需要一定操作技术，劳动强度较高，费用高，污染环境
酸洗	酸洗槽、化学药品、厂房	效率高，适用大批件，质量较高，费用低	污染环境，废液不易处理，工艺要求较严

不同的除锈方法，其防护效果也不同，见表 5-6 所示。

不同除锈方法的防护效果（年） 表 5-6

除锈方法	红丹、铁红各两道	两道铁红
手工	2.3	1.2
A 级不处理	8.2	3.0
酸洗	>9.7	4.6
喷射	>10.3	6.3

1）喷射或抛射除锈

喷射或抛射除锈分四个等级，除锈等级以字母"Sa"表示。

钢材表面除锈前，应清除厚的锈层、油脂和污垢；除锈后应清除钢材表面上的浮灰和碎屑。喷射或抛射除锈等级，其文字部分叙述如下：

① Sa1 轻度的喷射或抛射除锈

钢材表面应无可见的油脂或污垢，并且没有附着不牢的氧化皮、铁锈和油漆涂层等附着物。

② Sa2 彻底的喷射或抛射除锈

钢材表面无可见的油脂和污垢，并且氧化皮、铁锈等附着物已基本清除，其残留物应是牢固附着的。

③ Sa21/2 非常彻底地喷射或抛射除锈

钢材表面无可见的油脂、污垢、氧化皮、铁锈和油漆涂层等附着物，任何残留的痕迹应仅是点状或条纹状的轻微色斑。

④ Sa3 使钢材表观洁净的喷射或抛射除锈

钢材表面应无可见的油脂、污垢、氧化皮、铁锈和油漆涂层等附着物，该表面应显示均匀的金属光泽。

2）手工和动力工具除锈等级

手工和动力工具除锈可以采用铲刀、手锤或动力钢丝刷、动力砂纸盘或砂轮等工具除锈，以字母"St"表示。

钢材表面除锈前，应清除厚的锈皮、油脂和污垢。除锈后应清除钢材表面上的浮灰和碎屑。手工和动力工具除锈等级，其文字部分叙述如下：

① St2 彻底的手工和动力工具除锈

钢材表面应无可见的油脂和污垢，并且没有附着不牢的氧化皮、铁锈和油漆涂层等附着物。

② St3 非常彻底的手工和动力工具除锈

钢材表面应无可见的油脂和污垢，并且没有附着不牢的氧化皮、铁锈和油漆涂层等附着物。除锈应比 St2 更为彻底，底材显露部分的表面应具有金属光泽。

3）火焰除锈等级

火焰除锈以字母"F_1"表示。

钢材表面除锈前，应清除厚的锈层。火焰除锈应包括在火焰加热作业后，以动力钢丝刷清除加热后附着在钢材表面的附着物。火焰除锈等级，其文字叙述如下：

F_1 火焰除锈：钢材表面应无氧化皮、铁锈和油漆涂层等附着物，任何残留的痕迹应仅为表面变色（不同颜色的暗影）。

选择除锈方法时，除要根据各种方法的特点和防护效果外，还要根据涂装的对象，目的、钢材表面的原始状态、要求的除锈等级、现有的施工设备和条件以及施工费用等，进行综合考虑和比较，最后才能确定。

3. 钢材涂料的选择和涂层厚度的确定

（1）涂料的选用原则

涂料品种繁多，对品种的选择是直接决定油漆工程质量好坏的因素之一。一般选择应考虑以下方面因素：

1）使用场合和环境是否有化学腐蚀作用的气体，是否为潮湿环境。

2）是打底用，还是罩面用。

3）按工程质量要求、技术条件、耐久性、经济效果、非临时性工程等因素，来选择适当的涂料品种。不应将优质品种降格使用，也不应勉强使用达不到性能指标的品种。

各类防腐涂料的优缺点，见表5-7所示。

各类防腐涂料的优缺点 表 5-7

涂料种类	优点	缺点
油脂漆	耐候性较好,可用于室内外作底漆和面漆,涂刷性好,价兼	干燥较慢,机械性能较差,水膨胀性大,不耐减,不能打磨
天然树脂漆	干燥比油脂漆快,短油度漆膜坚硬,长油度漆膜柔软,耐候性较好	机械性能差,短油度漆膜耐候性差,长油度漆膜不能打磨

涂料种类	优点	缺点
酚醛漆	干燥较快,漆膜坚硬,耐水,纯酚醛漆耐化学腐蚀,并有一定的绝缘性	漆膜较脆,颜色易变深,耐候性较差,易粉化
沥青漆	耐潮、耐水性好,耐化学腐蚀,价兼	耐候性差,不能制造色漆,易渗色,不耐溶剂
醇酸漆	光泽较亮,保光、保色性好,附着力较好,施工性能好,可刷、喷、滚、烘	漆膜较软,耐水、耐碱性差,不能打磨
氨基漆	漆膜坚硬,光泽亮,耐热性、耐候性好,耐水性较好,附着力较好	需加热固化,烘烤过度漆膜发脆
硝基漆	干燥迅速,耐油,漆膜坚韧耐磨,可打磨抛光	易燃,清漆不耐紫外光线,不能在 60℃ 以上温度使用
纤维素漆	耐候性、保色性好,可打磨抛光,个别品种耐热、耐碱、绝缘性较好	附着力较差,耐潮性差
过氯乙烯漆	耐候性好,耐化学性优良,耐水、耐油、防延燃性好,三防性(防湿热、防霉、防盐雾)性能好	附着力较差,不能在 70℃ 以上温度使用,固体份低
乙烯漆	柔韧性好、色泽浅淡,耐化学性较好,耐水性好	耐溶剂性差,固体份低,高温时碳化,清漆不耐晒
丙烯酸漆	漆膜色浅,保色性好,耐候性优良,有一定的耐化学腐蚀性,耐热性较好	耐溶剂性差,固体份低
聚酯漆	耐磨,有较好的绝缘性,耐热性较好	干性不易掌握,施工方法较复杂,对金属附着力差
聚氨酯漆	耐磨、耐潮、耐水、耐热、耐溶剂性好,耐化学腐蚀,有良好的绝缘性,附着力好	漆膜易粉化,泛黄,遇潮起泡,施工条件较高,有一定毒性
环氧漆(胺固化)	漆膜坚硬,附着力好,耐化学腐蚀,绝缘性好	耐候性差,易粉化,保光性差,韧性差
环氧酯漆	耐候性较好,附着力好,韧性较好	耐化学腐蚀性差,不耐溶剂
氯化橡胶漆	漆膜坚韧,耐磨、耐水、耐潮、绝缘性好,有一定的耐化学腐蚀性	耐溶剂性差,耐热性差,耐紫外光性差,易变色
高氯化碳乙烯漆	耐臭氧,耐化学腐蚀,耐油,耐候性好,耐水	耐溶剂性差
氯磺化聚乙烯漆	耐臭氧性能和耐候性较好,韧性好,耐磨性好,耐化学腐蚀,吸水性低,耐油	耐溶剂性较差,漆膜光泽较差
有机硅漆	耐高温,耐候性差,耐潮、耐水、绝缘性好	漆膜坚硬较脆,耐汽油性差,附着力较差,一般需烘烤固化
无机富锌底漆	涂膜坚牢,耐水、耐湿、耐油,防锈性能好	要求钢材表面除锈等级较高,漆膜韧性差,不能在寒、湿条件下施工

    根据不同的大气环境选择相适应的防腐涂料。涂装的钢结构在使用过程中,除受大气腐蚀(温度、湿度的影响)外,更主要受环境空气(含腐蚀介质的影响)和条件(温度、湿度的影响)的腐蚀。但由于涂料的性能不同,适用于各类大气腐蚀的程度也不相同,见表 5-8 所示。

各种大气与相适应的涂料种类　　　　　　　表 5-8

涂料种类	城镇大气	工业大气	化工大气	海洋大气	高温大气
酚醛漆	△				
醇酸漆	√	√			
沥青漆			√		
环氧树脂漆			√	△	△
过氯乙烯漆			√	△	
丙烯酸漆		√	√	√	
聚氨酯漆		√	√	√	△
氯化橡胶漆		√	√	△	
氯磺化聚乙烯漆		√	√	√	
有机硅漆					√

注：√—可用；△—尚可用。

根据不同的除锈等级选择相适应的防腐涂料，见表 5-9 所示。

各种底漆与除锈等级选择相适应的防腐涂料　　　　　　　表 5-9

各种底漆	喷射或势射除锈			手工除锈		酸洗除锈
	Sa3	Sa2 $\frac{1}{2}$	Sa2	St3	Sa2	SP-8
油基漆	1	1	1	2	3	1
酚醛漆	1	1	1	2	3	1
醇酸漆	1	1	1	2	3	1
磷化底漆	1	1	1	2	4	1
沥青漆	1	1	1	2	3	1
聚氨酯漆	1	1	2	3	4	2
氯化橡胶漆	1	1	2	3	4	2
氯磺化聚乙烯漆	1	1	2	3	4	2
环氧漆	1	1	1	2	3	1
环氧煤焦油	1	1	1	2	3	1
有机富锌漆	1	1	2	3	4	3
无机富锌漆	1	1	2	4	4	4
无机硅底漆	1	2	3	4	4	2

注：1—好；2—较好；3—可用；4—不可用。

根据不同的施工方法选择相适应的涂料，见表 5-10 所示。

不同的施工方法选择相适应的涂料种类　　　　　　　表 5-10

施工方法 ＼ 涂料种类	酯胶漆	油性调和漆	醇酸调和漆	酚醛漆	醇酸漆	沥青漆	硝基漆	聚氨酯漆	丙烯酸漆	环氧树脂漆	过氯乙烯漆	氯化橡胶漆	氯磺化聚乙烯漆	聚酯漆	乳胶漆
刷涂	1	1	1	1	2	2	4	4	4	3	4	3	2	2	1
滚涂	2	1	1	2	2	3	5	3	3	3	5	3	3	2	2
浸涂	3	4	3	2	3	3	3	3	3	3	3	3	3	1	2
空气喷涂	2	3	2	2	1	2	1	1	1	2	1	1	1	2	2
无气喷涂	2	3	2	2	1	3	1	1	1	2	1	1	2	2	2

注：1—优、2—良、3—中、4—差、5—劣。

（2）涂层厚度的确定

涂层结构形式有：底漆——中间漆——面漆；底漆——面漆；底漆和面漆是一种漆。钢结构涂装设计的重要内容之一，是确定涂层厚度。涂层厚度的确定，应考虑以下因素：

1）钢材表面原始状况。

2）钢材除锈后的表面粗糙度。

3）选用的涂料品种。

4）钢结构使用环境对涂料的腐蚀程度。

5）预想的维护周期和涂装维护条件。

涂层厚度，一般是由基本涂层厚度、防护涂层厚度和附加涂层厚度组成。

基本涂层厚度，是指涂料在钢材表面上形成均匀、致密、连续漆膜所需的最薄厚度（包括填平粗糙度波峰所需的厚度）。

防护涂层厚度，是指涂层在使用环境中，在维护周期内受腐蚀、粉化、磨损等所需的厚度。

附加涂层厚度，是指因以后涂装维修和留有安全系数所需的厚度。

涂层厚度应根据需要来确定，过厚虽然可增强防腐力，但附着力和机械性能都要降低；过薄易产生肉眼看不到的针孔和其他缺陷，起不到隔离环境的作用。

施工时涂层厚度应符合设计的相应规定。

（3）钢结构防火涂料涂层厚度的测定

1）测针

测针（厚度测量仪），由针杆和可滑动的圆盘组成，圆盘始终保持与针杆垂直，并在其上装有固定装置，圆盘直径不大于 30mm，以保证完全接触被测试件的表面。如果厚度测量仪不易插入被插材料中，也可使用其他适宜的方法测试。

测试时，将测厚探针，见图 5-6 所示，垂直插入防火涂层直至钢基材表面上，记录标尺读数。

2）测点选定

① 楼板和防火墙的防火涂层厚度测定，可选两相邻纵、横轴线相交中的面积为一个单元，在其对角线上，按每米长度选一点进行测试。

② 全钢框架结构的梁和柱的防火涂层厚度测定，在构件长度内每隔 3m 取一截面，按图 5-7 所示位置测试。

③ 桁架结构，上弦和下弦按第 2 款的规定每隔 3m 取一截面检测，其他腹杆每根取一截面检测。

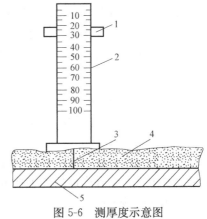

图 5-6　测厚度示意图
1—标尺；2—刻度；3—测针；
4—防火涂层；5—钢基材

3）测量结果

对于楼板和墙面，在所选择的面积中，至少测出 5 个点：对于梁和柱在所选择的位置中，分别测出 6 个和 8 个点。分别计算出它们的平均值，精确到 0.5mm。

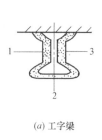
(a) 工字梁

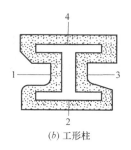
(b) 工形柱

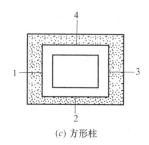
(c) 方形柱

图 5-7　测点示意图
1、2、3、4—测点位置

5.5　网架结构的安装

网架是一种新型结构，钢网架不仅具有跨度大、覆盖面积大、结构轻、省料经济等特点，同时还有良好的稳定性和安全性。因而网架结构一出现就引起人们极大的兴趣和注目，越来越多的为工程建设所采用。尤其是大型的文化体育中心多数采用网架结构。国内如上海体育馆、上海游泳馆和辽宁体育馆，都别具风采。不但是结构新颖，造型雄伟壮观，而且场内没有一根柱子，视野开阔，使人心旷神怡。

网架结构的形式较多，如双向正交斜放网架、三向网架、星期四角锥网架和蜂窝形三角锥网架等。网架的选型可视工程平面形状和尺寸、支撑情况、跨度、荷载大小、制作和安装情况等因素，综合进行分析确定。

1. 一般规定

(1) 钢材材质必须符合设计要求，如无出厂合格证或有怀疑时，必须按现行国家标准《钢结构工程施工质量验收规范》（GB 50205—2001）的规定进行机械性能试验和化学分析，经证明符合标准和设计要求后方可使用。混凝土质量应符合现行国家标准《混凝土结构工程施工质量验收规范》（GB 50204—2002）（2010 年版）的要求。

(2) 网架的制作与安装，应编制施工组织设计，在施工中必须认真执行。

(3) 网架的制作安装、验收及土建施工放线使用的所有钢尺必须标准统一，丈量的拉力要一致。当跨度较大时，应按气温情况考虑温度修正。

(4) 焊接工作宜在工厂或预制拼装厂内进行，以减少高空或现场工作量。

现场的钢管焊接应由四级以上技工进行，并经过焊接球节点与钢管连接的全位置焊接工艺考核合格方可参加施工。当采用焊接钢板节点时，应选择合理的工艺顺序，以减少焊接变形及焊接应力。

(5) 网架的安装方法，应根据网架受力和构造特点，在满足质量、安全、进度和经济效果的要求下，结合当地的施工技术条件综合确定。网架的安装方法及适用范围如下：

① 高空散装法

适用于螺栓连接节点的各种类型网架，并宜采用少支架的悬挑施工方法。

② 分条或分块安装法

适用于分割后刚度和受力状况改变较小的网架，如两向正交正放四角锥、正放抽空四角锥等网架，分条或分块的大小应根据起重能力而定。

③ 高空滑移法

适用于正放四角锥、正放抽空四角锥、两向正交正放四角锥等网架，滑移时滑移单元应保证成为几何不变体系。

④ 整体吊装法

适用于各种类型的网架，吊装时可在高空平移或旋转就位。

⑤ 整体提升法

适用于周边支承及多点支承网架，可用升板机、液压千斤顶等小型机具进行施工。

⑥ 整体顶升法

适用于支点较少的多点支承网架。

（6）采用吊装或提升、顶升的安装方法时，其吊点的位置和数量的选择，应考虑下列因素：

① 宜与网架结构使用时的受力状况相接近。

② 吊点的最大反力不应大于起重设备的负荷能力。

③ 各起重设备的负荷宜接近。

（7）安装方法选定后，应分别对网架施工阶段的吊点反力、挠度、杆件内力、提升或顶升时支承柱的稳定性和风载下网架的水平推力等项进行验算，必要时应采取加固措施。施工荷载应包括施工阶段的结构自重及各种施工活荷载。安装阶段的动力系数，当采用提升法或顶升法施工时，可取 1.1；当采用拔杆吊装时，可取 1.2；当采用履带式或汽车式起重机吊装时，可取 1.3。

（8）无论采用何种施工方法，在正式施工前均应进行试拼及试安装，当确有把握时方可进行正式施工。

（9）在网架结构施工时，必须认真清除钢材表面的氧化皮和锈蚀等污染物，并及时采取防腐蚀措施。不密封的钢管内部必须刷防锈漆，或采取其他防锈措施。焊缝应在清除焊渣后涂刷防锈漆。不能为考虑锈蚀而在设计施工中任意加大钢材截面或厚度。

2. 网架的制作与拼装

（1）节点与杆件制作

网架的节点分为焊接钢板节点、焊接空心球节点、螺栓球节点和支座节点等。

1）焊接钢板节点

焊接钢板节点，一般由十字节点板和盖板组成。十字节点板可用两块带企口的钢板对插焊接而成，也可由三块焊成，见图 5-8 所示。焊接钢板节点多用于双向网架和四角锥体组成的网架。

制作时先按图纸用硬纸剪成足尺样板，并在样板上标出杆件及螺栓中心线，钢板即以样板下料，平面尺寸允许偏差为 ±2 mm，板厚为 ±0.5 mm。

制作时，钢板之间先按设计图纸要求

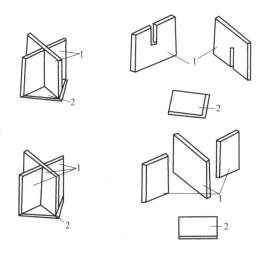

图 5-8　焊接钢板节点
1—十字节点板；2—盖板

角度进行定位点焊，然后以角尺及样板为标准，用锤轻击逐渐校正，要求夹角偏差≤±20′，用标准角规检查合格后进行全面施焊。为防止焊接变形，带有盖板的节点可用夹紧器夹紧后再焊，见图5-9所示，焊接顺序，见图5-10所示，并应严格控制电流，分批焊接，例如用Φ4焊条，电流控制在210A以下，当焊缝高度为6mm时，分两批焊接。为使焊缝左右均匀，焊件应倾斜成船形焊接。

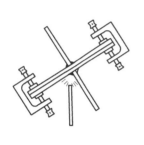

图5-9　用夹紧器焊接

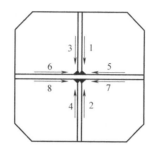

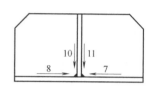

图5-10　焊接顺序

2）焊接空心球节点

空心球是由两个压制的半球焊接而成的。分为加肋和不加肋两种，如图5-11所示。适用于连接钢管杆件的连接。

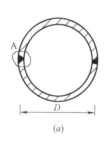

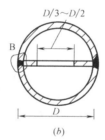

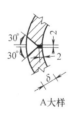

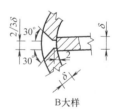

图5-11　空心球剖面图

（a）不加肋；（b）加肋

当空心球的外径等于或大于300mm时，且内力较大，需要提高承载能力时，球内可加环肋，其厚度不应小于球壁厚，同时焊件应连接在环肋的平面内。

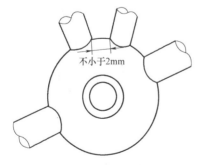

图5-12　空心球节点示意图

球节点与杆件相连接时，两杆件在球面上的距离不得小于2mm，见图5-12所示。

焊接球节点的半圆球，宜用机床加工成坡口。焊接后的成品球的表面应光滑平整，不得有局部凸起或折皱，其几何尺寸和焊接质量应符合设计要求。制作过程，见图5-13所示。首先下料，下料直径≈2D（D为球外径）。然后将板坯均匀加热至约800℃，呈略淡的枣红色，见图5-13（a）所示；在漏膜中进行热压，压成半球形，见图 5-13（b）所示。

热压的半圆球容易产生的弊病有：壁厚不均匀，一般规律见图 5-13（e）所示，要求球壁减薄量不大于 13%，且不超过 1.5mm；"长瘤"，即局部凸起；"荷叶边"，在切边坡口工序中应将其切去不留痕迹，要求不应有明显的波纹，局部凹凸不平不大于 1.5mm（用标准弧形套膜、钢尺目测）。

半球剖口时建议不留根，以便焊透，当有加劲肋时，为便于定位，容许车不大于 1.5mm 的凸台，但焊接时必须熔掉。球节点的焊缝要求与母材等强，可略低球体 1.5mm，但不宜凸起。拼装时内力较大的杆件应骑焊接连接。

成品球应按 1% 作抽样进行无损检查。成品球的直径必须准确，当设计直径不大于 300mm 时，允许偏差±1.5mm；大于 300mm 时，为±2.5mm。球的圆度（即最大与最小直径之差）不好，将会增加拼装麻烦。允许偏差同前述球直径允许偏差。检测时选定 6 点（3 对）每对互成 90°，用卡钳、游标卡尺或 V 形块及百分表测量，取 3 对直径差的算术平均值。

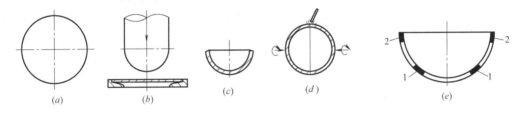

图 5-13　焊接球节点制作过程

（a）下料、加热；（b）热压；（c）切边、剖口；（d）焊接；（e）热轧半球壁厚不均匀情况

1—偏薄；2—偏厚

成品球还应在最大错边处，测量其错边量，最大错边量应不大于 1mm。

成品球的强度是材质和制造技术的综合反映，因此有必要进行抽检。受拉与受压球力学性状是不同的，受拉球表现以强度破坏，而受压球则以失稳破坏为主要特征。试验时球节点的破坏特征可能有下列几种：

① 试验时如仅观察仪表荷载盘，当继续加荷而仪表盘的荷载读数却不上升，该级荷载读数即为极限破坏值。

② 试验时若还观察变形时，则在 $P—\triangle$ 曲线（P 为加荷重量；$\triangle$ 为相应荷载下沿受力方向的变形）上取该曲线的峰值即为极限破坏值。

③ 试验时还应观察应变，在应力最大处的电阻应变值达流限时，即为极限破坏值的前

一级荷载，如继续加载，电阻应变值出现成片流限时，该级荷载即为极限破坏值。

3）螺栓球节点

螺栓球节点是通过螺栓将管形截面的杆件和钢球连接起来的节点，一般由螺栓、钢球、销子、套管和锥头或封板等零件组成，见图 5-14 所示。

首先将坯料加热后膜锻成球坯，进行正火处理，毛坯直径的允许偏差值为：当直径≤110mm 时，偏差为＋2mm，－1mm；当直径＞110mm 时，偏差为＋3mm，－1.5mm。水雷式球也可铸造，但如处理不好容易产生裂纹。螺栓球节点的毛坯严禁有裂纹等隐患存

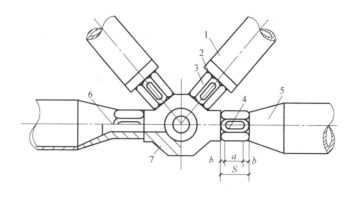

图 5-14　螺栓球节点图

1—钢管；2—封板；3—套管；4—销子；5—锥头；6—螺栓；7—钢球

在。然后将球进行精加工，先定基准螺孔，再加工其他螺孔的端面，用分度夹具加工其他角度的螺孔。螺孔及其端面一般在车床及铣床上进行加工。螺孔为粗牙螺纹，要求符合《普通螺纹公差》（GB/T 197—2003）6H 级精度的规定，螺孔角度允许偏差为 $\pm 30'$，见图 5-15 所示。螺孔端面距球心尺寸 L 的允许偏差为：当球径≤110mm 时，$L\pm0.2$mm；当球径＞110mm 时，$L\pm0.25$ mm。

对螺栓球节点也应进行强度试验，主要检验螺孔的抗拉强度。制造厂应进行定期抽样检查，以控制本厂产品质量。

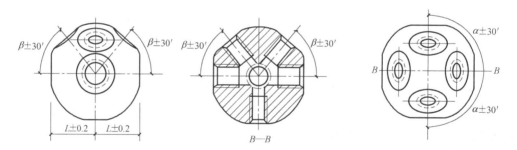

图 5-15　螺栓球节点螺孔角度及端面尺寸允许偏差

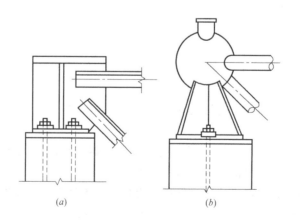

图 5-16　网架平板支座节点图

高强螺栓由于每根杆件仅有一根高强螺栓连接，因此，高强螺栓必须 100％合格，应逐根检验其表面硬度，严禁有裂纹，螺纹应完好无损伤，螺栓的长度偏差范围在＋0.5～－0.1mm 之间。

4) 支座节点

常用的压力支座节点有下列四种：

① 平板压力支座节点，见图 5-16 所示。一般适用于较小跨度的支座。

② 单面弧形压力支座节点，见图 5-17 所示。弧形支座板的材料一般用铸钢，也可以用厚钢板加工而成，适用于大跨度网架的压力支座。

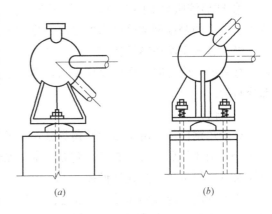

图 5-17　单面弧形压力支座节点图
(a) 两个螺栓连接；(b) 四个螺栓连接

③ 双面弧形压力支座节点，见图 4-18 所示。适用于跨度大，下部支承结构刚度大的网架压力支座。

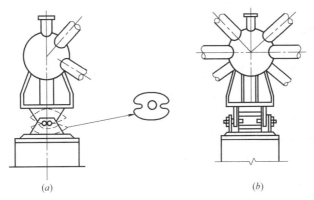

图 5-18　双面弧形压力支座
(a) 侧视图；(b) 正视图

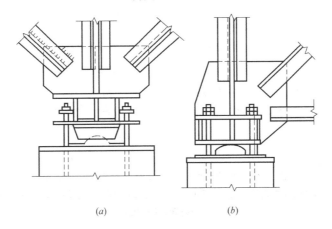

图 5-19　球形支座图
(a) 球铰压力支座；(b) 单面弧形拉力支座

④ 球形铰压力支座节点，适用于多支点的大跨度网架的压力支座。单面弧形支座，适用于较大的跨度网架受拉力的支座，见图 5-19 所示。

以上各式支座用螺栓固定后，应加副螺母等防松，螺母下面的螺纹段的长度不宜过长，避免网架受力时，产生反作用力，即向上翘起及产生侧向拉力而使螺母松脱和由螺纹部分断裂。

5) 杆件

对于角钢杆件，由于多为贴角焊缝，焊缝长度易调节，故下料长度允许偏差可放宽为 ±2mm；对于钢管杆件，杆长（包括封板、锥头等在内）允许偏差为 ±1mm。杆件端面与杆轴线必须垂直，其允许偏差为 $0.5\%r$，r 取钢管半径（用于焊接球节点）、封板或锥头等半径（用于螺栓球节点）。如垂直度超标，将会造成球与杆对中困难（焊接球节点）或造成传力偏心（螺栓球节点）等问题，因此应用机床下料。如钢管壁厚 ≥4mm，则必须剖口、钢管杆件最大弯曲不得大于 1/1000 杆长。

螺栓球节点网架杆件钢管与封板或锥头的焊缝、焊接球节点网架杆件钢管与球的焊缝质量检验以超声波无损检验方法较方便，且成本低，现已制定有专门的超声波探伤及质量分级标准，可以据此进行焊缝质量检验。

螺栓球节点网架杆件与节点间容易出现缝隙（特别是拉杆部位），因此，空气中水汽容易侵入，钢管的防腐处理及安装后对接缝处的填嵌工作很重要。建议在焊接前对钢管进行酸洗磷化处理。

焊接球节点网架钢管杆件下料长度按下式进行计算：

$$l = l_1 - 2\sqrt{R^2 - r^2} + l_2 - l_3$$

式中：l——下料长度；

l_1——根据起拱要求算出的杆件中心线长；

l_2——预留焊接收缩量（2～3.5mm）；

l_3——对接焊根部宽（3～4mm）；

R——球节点外半径；

r——钢管内半径。

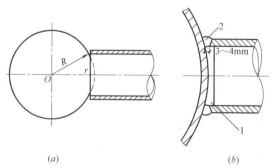

(a) $\qquad\qquad\qquad\qquad$ (b)

图 5-20　钢管与焊接球连接时下料长度几何关系
(a) 球半径 R 与钢管内径 r 的几何关系；(b) 加衬管时，对接焊缝要求杆间间隙
1—衬管；2—焊缝

影响焊接收缩量的因素较多，如焊接尺、外界气温、焊接电流强度、焊接方法（多次循环间隙焊还是集中一次焊等）、焊工操作技术等。收缩量不易留准确，当缺乏经验时应

在现场实验确定。当用单面焊接双面成型工艺时 $l_3 = 0$。

短钢管允许接长，连接处剖口加衬管，按对接缝要求焊接，但接长管一般仅用于压杆。

（2）网架结构拼装

网架结构的施工原则是：

1）合理分割，即把网架根据实际情况合理地分割成各种单元体，使其经济地拼成整个网架。有下列几种方案：即直接由单根杆件、单个节点总拼成网架；由小拼单元总拼成网架；由小拼单元——中拼单元——总拼成网架。

2）尽可能多地争取在工厂或预制场地焊接，尽量减少高空作业量。因为这样可以充分利用起重设备将网架单元翻身而能较多地进行平焊。

3）节点尽量不单独在高空就位，而是和杆件连接在一起拼装，在高空仅安装杆件。

划分小拼单元时，应考虑网架结构的类型及施工方案等条件。小拼单元一般可划分为平面桁架型或锥体型两种。划分时应作方案比较以确定最优者。图 5-21 所示为斜放四角锥网架两种划分方案的实例。其中（a）方案的工厂焊接工作量占总工作量约 35%，而（b）方案却占 70% 左右，显然（b）方案较好。但桁架系网架的小拼单元，应该划分成平面桁架型小拼单元。

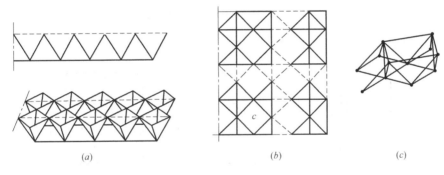

图 5-21 小拼单元划分方案举例

（a）桁架型小拼单元；（b）锥体型小拼单元；（c）C 单元立体图

小拼单元应在专门的拼装膜架上焊接，以确保几何尺寸的准确性。小拼模架有平台型，见图 5-22（a）、（b）所示和转动型，见图 5-22（c）所示两种。平台型模架仅作定位焊用，全面施焊应将单元体吊运至别处进行；而转动型模架则单元体全在此模架上进行施焊，由于模架可转动，因而焊接条件好，易于保证质量。

为保证网架在总拼过程中具有较少的焊接应力和便于调整尺寸，合理的总拼顺序应该是从中间向两边或从中间向四周发展，见图 5-23（a）、（b）所示，它具有三个优点：

① 可减少一半的累计偏差。

② 保持一个自由收缩边，可大大减少焊接收缩应力。

③ 向外扩展边便于铆工随时调整尺寸。

总拼时严禁形成封闭圈，因为在封闭圈中焊接，见图 5-23（c）所示会产生很大的焊接收缩应力。

网架焊接时一般先焊下弦，使下弦收缩而略向上拱，然后焊接腹杆及上弦。如先焊上

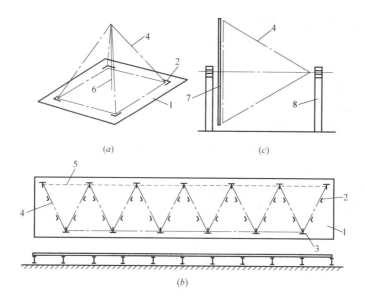

图 5-22　小拼单元拼装模架

(a)、(b) 平台型模架；(c) 转动型模架

1—拼装平台；2—定位角钢；3—搁置节点槽口；4—网架；

5—临时加固杆；6—标杆；7—转动模架；8—支架

弦，则易造成不易消除的人为挠度。

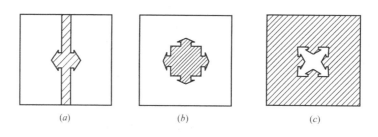

图 5-23　总拼顺序示意图

(a) 由中间向两边发展；(b) 由中间向四周发展；(c) 由四周向中间发展（形成封闭圈）

3. 网架安装

（1）高空散装法

将网架的杆件和节点（或小拼单元）直接在高空设计位置总拼成整体的方法称高空散装法。高空散装法适用于非焊接连接（螺栓球节点或高强螺栓连接）的各种类型网架，并宜采用少支架的悬挑施工方法。因为，焊接连接的网架采用高空散装法施工时，不易控制标高和轴线，另外还需采取防火措施。

1）工艺特点

高空散装法分全支架法（即搭设满堂脚手架）和悬挑法两种。全支架法可将一根杆件、一个节点的散件在支架上总拼或以一个网格为小拼单元在高空总拼；悬挑法是为了节省支架，将部分网架悬挑。

高空散装法的特点是网架在设计标高一次拼装完成。其优点为可用简易的起重运输设备，甚至不用起重设备即可完成拼装，可适应起重能力薄弱或运输困难的山区等地区。其缺点为现场及高空作业量大，同时需要大量的支架材料。

2）拼装支架

用于高空散装法的拼装支架必须牢固，不宜采用竹、木材料，设计时应对单肢稳定、整体稳定进行验算，并估算其沉降量。沉降量不宜过大，并应采取措施，能在施工中随时进行调整。

支架的单肢稳定验算可按一般钢结构设计方法进行；各种支架的整体稳定验算公式均根据欧拉稳定理论并考虑格构柱剪切力推导而来，在此不再详述。

支架的整体沉降量由钢管接头的空隙压缩、钢杆的弹性压缩、地基的沉陷等组成。如地基不好，应夯实加固，并用木板铺地以分散支柱传来的集中荷载。高空散装法要求支架沉降不超过 5mm。大型网架施工时，可对支架进行试压，以取得有关资料。

拼装支架不宜用木或竹搭设，因为它们容易变形且易燃，故当网架用焊接连接时禁用。

支架拆除应从中央逐圈向外分批进行，每圈下降速度必须一致，应避免个别支点集中受力，造成拆除困难。对于大型网架，应根据自重挠度分批进行拆除。

3）螺栓球节点网架的拼装

螺栓球节点网架的安装精度由工厂保证，现场无法进行大量调整。高空拼装时，一般从一端开始，以一个网格为一排，逐排前进。拼装顺序为：下弦节点——下弦杆——腹杆及上弦节点——上弦杆——校正——全部拧紧螺栓。校正前，各工序螺栓均不拧紧。如经试拼，确有把握时也可以一次拧紧。

（2）分条（分块）吊装法

将网架从平面分割成若干条状或块状单元，每个条（块）状单元在地面拼装后，再由起重机吊装到设计位置总拼成整体，此法称分条（分块）吊装法。

1）工艺特点

条状单元一般沿长跨方向分割，其宽度约为 1～3 个网格，其长度为 L_2 或 $L_2/2$（L_2 为短跨跨距）。块状单元一般沿网架平面纵横向分割成矩形或正方形单元。每个单元的重量以现有起重机能胜任为准。条（块）与条（块）之间可以直接拼装，也可空一网格在高空拼装。由于条（块）状单元是在地面拼装，因而，高空作业量较高空散装法大为减少，拼装支架也减少很多，又能充分利用现有起重设备，故较经济。这种安装方法适用于分割后网架的刚度和受力状况改变较小的各类中小型网架，如两向正交正放四角锥、正放抽空四角锥等网架。

2）单元划分

条（块）状单元有如下几种分割方法：

① 单元相互靠紧，下弦用双角钢分在两个单元上，见图 5-24（a）所示，可用于正放四角锥网架。

② 单元相互靠紧，上弦用剖分式安装节点连接，见图 5-24（b）所示，可用于斜放四角锥网架；

③ 单元间空一网格，在单元吊装后再在高空将此空格拼成整体，见图 5-24（c）所示，可用于两向正交正放或斜放四角锥网架，见图 5-25 所示。

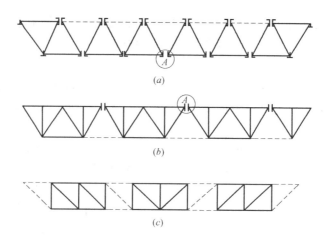

图 5-24　网架条（块）状单元划分方法

注：A 表示剖分式安装节点。

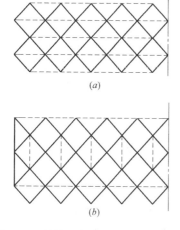

图 5-25　斜放四角锥网架上弦加固示意图

（虚线表示临时加固杆件）

网架分割成条（块）状单元后，其自身应是几何不变体系，同时还应有足够的刚度，否则应采取临时加固措施。对于正放类网架，分成条（块）状单元后，一般不需要加固。但对于斜放类网架，分成条（块）状单元后，由于上（下）弦为菱形结构可变体系，必须加固后方可吊装，图 5-25（a）、（b）所示为斜放四角锥条状单元上弦加固方案。块状单元可沿周边加设临时加固杆件。斜放类网架虽然加固后可以分成条块单元吊装，但增加了施工费用，因此，这类网架不宜分割，宜整体安装或高空散装。

3）挠度控制

条状单元在吊装就位过程中的受力状态属平面结构体系，而网架是按空间结构设计的，因此，条状单元在总拼前的挠度比形成整体网架后的挠度大（除非设计时考虑施工状态而增高网架），故在合拢前必须在中部用支撑顶起，调整其挠度使其与整体网架挠度符合。块状单元在地面拼成后，应模拟高空支承条件，观察其挠度，以确定是否要调整。

4）几何尺寸控制

条（块）状单元尺寸、形状必须准确，以保证高空总拼时节点吻合及减少积累误差，可采取预拼装或在现场临时配杆等措施解决。

图 5-26 为一平面尺寸 45m×36m 的斜放四角锥网架分块吊装实例。该网架分成 4 个块状单元，而每块间留出一节间，在高空总拼时连接成整体，每个单元的尺寸为 15.75m×20.25m，在单元周边均有加固杆件，以形成稳定结构，单元重约 12t。就位时，在网架中央仅需搭设一个井字式支架支承网架单元，所需支架甚少，较经济。

（3）高空滑移法

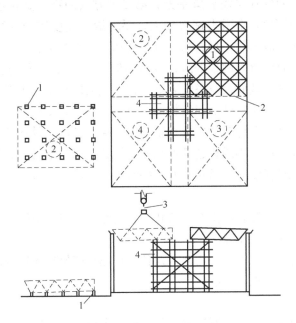

图 5-26　网架分块吊装工程
1—单元拼装用砖墩；2—临时封闭杆件；3—起重机吊钩；4—拼装支架的杆件

将网架条状单元在建筑物上由一端滑移到另一端，就位后总拼成整体的方法称高空滑移法。

高空滑移法分为下列两种方法：单条滑移法和逐条积累滑移法，见图 5-27 所示。

单条滑移法，见图 5-27（a）所示是将条状单元一条一条地分别从一端滑移到另一端就位安装，各条单元之间分别在高空再连接。即逐条滑移，逐条连成整体。

逐条积累滑移法，见图 5-27（b）所示则是先将条状单元滑移一段距离后（能连接上第二条单元的宽度即可），连接上第二条单元后，两条单元一起再滑移一段距离（宽度同上），再接第三条，三条又一起滑移一段距离……　如此循环操作直至接上最后一条单元为止。

第一种方法的特点是摩阻力小，如装上滚轮，当小跨度时可不必用机械牵引，用撬棍

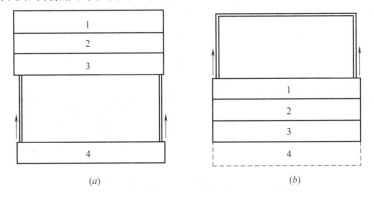

图 5-27　高空滑移法分类图
（a）单条滑移法；（b）逐条累计滑移法

即可撬动，但单元之间的连接需要脚手架；第二种方法的特点是在建筑物一端搭设支架（或利用建筑物屋顶平台），牵引力逐次加大，要求滑移速度较慢（约为 1m/min），一般需要多门滑轮组变速，故采用小型卷扬机或手动葫芦牵引即可。

高空滑移法的主要优点是网架的滑移可与其他土建工程平行作业，而使总工期缩短，如体育馆或剧场等土建、装修及设备安装等工程量较大的建筑，更能发挥其经济效果。因此，端部拼装支架最好利用室外的建筑物或搭设在室外，以便空出室内更多的空间给其他工程平行作业。在条件不允许时才搭设在室内的一端。其次是设备简单，不需大型起重设备、成本低。特别在场地狭小或跨越其他结构、设备等而起重机无法进入时更为合适。

当选用逐条累积滑移法时，条状单元拼接时容易造成轴线偏差，可采取试拼、套拼或散件拼装等措施避免之。

高空滑移法中的滑移装置，主要有滑轨、导向轮和牵引设备组成。

（4）整体提升及整体顶升法

将网架在地面就位拼成整体，用起重设备垂直地将网架整体提（顶）升至设计标高并固定的方法，称整体提（顶）升法。

1）工艺特点

提升的概念是起重设备位于网架的上面，通过吊杆将网架提升至设计标高。可利用结构柱作为提升网架的临时支承结构，也可另设格构式提升架或钢管支柱。提升设备可用通用千斤顶或升板机。对于大中型网架，提升点位置宜与网架支座相同或接近，中小型网架则可略有变动，数量也可减少，但应进行施工验算。

有时也可利用网架为滑模平台，柱子用滑模方法施工，当柱子滑模施工到设计标高时，网架也随着提升到位，这种方法俗称升网滑模。

顶升的概念是千斤顶位于网架之下，一般是利用结构柱作为网架顶升的临时支承结构。

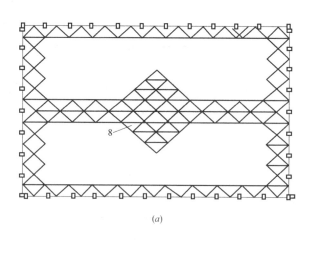
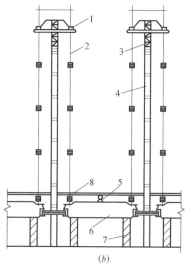

图 5-28 升板机整体提升网架工程

（a）平面；（b）局部侧面

1—升板机；2—吊杆；3—小钢柱；4—结钩柱；5—网架支座；6—框架梁；7—搁置砖礅；8—屋面板

　　提升法和顶升法的共同优点是可以将屋面板、防水层、天棚、采暖通风与电气设备等全部在地面或最有利的高度施工，从而大大节省施工费用；同时，提（顶）升设备较小，用小设备可安装大型结构。所以这是一种很有效的施工方法。

　　提升法适用于周边支承或点支承网架，顶升法则适用于支点较少的点支承网架的安装。图 5-28 所示为用升板机整体提升网架的工程实例。

　　该工程平面尺寸为 44m×60.5m，屋盖选用斜放四角锥网架，网架自重约 110t，设计时考虑了提升工艺要求，将支座搁置在柱间框架梁中间，柱距 5.5m，柱高 16.20m。提升前将网架就位总拼，并安装好部分屋面板。接着在所有柱上都安装一台升板机，吊杆下端则钩扎在框架梁上。柱每隔 1.8m 有一停歇孔，作倒换吊杆用，整个提升工作进行得较顺利，提升点间最大升差为 16mm。这种提升工艺的主要问题是网架相邻支座反力相差较大（最大相差约 15kN），提升时可能出现提升机故障或倾斜。提升前在框架梁端用两根 10 号槽钢连接，并对 1/4 网架吊杆用电阻应变仪进行跟踪测量，检测结果表明每个升板机的一对吊杆受力基本相等。吊杆内力能自行调整。

　　2）提（顶）升设备的布置及负荷能力

　　提升设备的布置原则是：网架提（顶）升时的受力情况应尽量与设计的受力情况类似；每个提（顶）升设备所承受的荷载尽可能接近。

　　为了安全使用设备，必须将设备的额定起重量乘以折减系数，作为使用负荷。当提升时，升板机取 0.7～0.8，液压千斤顶取 0.5～0.6。顶升时，液压千斤顶取 0.4～0.6，丝杆千斤顶取 0.6～0.8。

　　3）同步控制

　　网架在提（顶）升过程中各吊点的提（顶）升差异，将对网架结构的内力、提（顶）升设备的负荷及网架偏移产生影响。经实测和理论分析比较，提（顶）升差异可用空间桁架位移法给以强迫位移分析杆件内力，具有足够精度。现场测试表明，提（顶）升差为支点距离的 1/400 时，最大一根杆力增加 61.6N/mm^2，而该杆自重内力为 20N/mm^2。这时千斤顶的负荷增加 1.27 倍。提（顶）升差异对杆力的影响程度与网架刚度有关，以上数据为对抽空四角锥网架的实测结果，如刚度更大的网架，引起的附加内力将更大。《空间网格结构技术规程》（JGJ 7—2010）规定当用升板机提升时，允许升差为相邻提升点距离的 1/400，且不大于 30mm。

　　从上列规定可知，顶升法规定的允许升差值较提升法严。这是因为顶升的升差不仅引起杆力增加，更严重的是会引起网架随机性的偏移，一旦网架偏移较大时，就很难纠偏。因此，顶升时的同步控制主要是为了减少网架的偏移，其次才是为了避免引起过大的附加内力。而提升时升差虽也会造成网架偏移，但危险程度要小。

　　顶升时当网架的偏移值达到需要纠正的程度时，可采用将千斤顶垫斜、另加千斤顶横顶或人为造成反升差等逐步纠正，严禁操之过急，以免发生事故。由于网架偏移是一种随机过程，纠偏时柱的柔度、弹性变形等又给纠偏以干扰，因此，纠偏的方向及尺寸不一定如人意。故顶升时应以预防偏移为主。顶升时必须严格控制升差并设置导轨。

　　导轨在顶升法施工中很重要，它不仅能保证网架垂直的上升，而且还是一种安全装置。导轨可利用结构柱或单独设置。

　　4）柱的稳定性

提（顶）升时一般均用结构柱作为提（顶）升时临时支承结构，因此，可利用原设计的框架体系等来增加施工期间柱的刚度。例如，当网架升到一定高度后，施工框架结构的梁或柱间支撑，再提升网架。如提（顶）升期间结构不能形成框架或原设计为独立柱，则需对柱进行稳定性验算。如果稳定性不够，则应采取加固措施。对于升网滑模法尤应注意，因为混凝土的出模强度极低（0.1～0.3N/mm²），所以要加强柱间的支撑体系，并使混凝土 3d 后达到 10N/mm² 以上，施工时即据此要求控制滑模速度。例如，某工程实测1.5d 混凝土强度可达 14N/mm² 左右，则滑升速度可控制在 1.3m/d。此外，还应考虑风力的影响，当风速超过五级时应停止施工，并用缆风绳拉紧锚固，缆风绳应按能抵抗七级风计算。

（5）整体吊装法

将网架在地面总拼成整体后，用起重设备将其吊装至设计位置的方法称为整体吊装法。

1）工艺特点

用整体吊装法安装网架时，可以就地与柱错位总拼或在场外总拼，此法适用于焊接连接网架，因此地面总拼易于保证焊接质量和几何尺寸的准确性。其缺点是需要较大的起重能力。整体吊装法往往由若干台桅杆或自行式起重机（履带式、汽车式等）进行抬吊。因此，大致上可分为桅杆吊装法和多机抬吊法两类。当用桅杆吊装时，由于桅杆机动性差，网架只能就地与柱错位总拼，待网架抬吊至高空后，再进行旋转或平移到设计位置。由于桅杆的起重量大，故大型网架多用此法，但需大量的钢丝绳、大型卷扬机及劳动力，因而成本较高。但如用多根中小型钢管桅杆整体吊装网架，则成本较低。

2）空中移位

当采用多根桅杆吊装时，有网架在空中移位的问题，其原理是利用每根桅杆两侧起重滑轮组中产生水平分力不等（即水平合力不等于零），而推动网架移动。当网架垂直提升时，见图 5-29（a）所示，桅杆两侧滑轮组夹角相等，两侧滑轮组受力相等（$T_1=T_2$），水平力也相等（$H_1=H_2$）。网架在空中移位时，见图 5-29（b）所示，每根桅杆的同一侧滑轮组钢丝绳徐徐放松，而另一侧滑轮组不动。此时右侧丝绳因松弛而拉力 T，变小，左边则由于网架重力作用相应增大，水平分力也不等，即 $H_1>H_2$，网架就朝 H_1 所指的方向移动。至放板的滑轮组停止放松后，重新处于拉紧状态，则 $H_1=H_2$，移动也即停止。

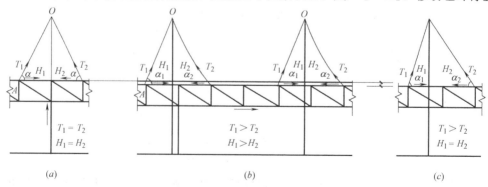

图 5-29　空中移位原理图

（a）垂直提升，水平分力相等；（b）空中位移，水平分力不等；（c）移位后恢复平衡状态

吊装时当桅杆各滑轮组相互平行布置则网架发生平移；如各滑轮组布置在同一圆周上，则发生旋转。网架移动时由于钢丝绳的放松，网架会产生少量下降。

对于中小型网架还可用单根桅杆进行吊装。

3）同步控制与折减系数

网架整体吊装，各吊点应同起同落。相邻吊点的允许高差为吊点距离的 1/400，且不大于 100 mm。控制同步最简易的方法是等步法，即各起重机同时吊升一段距离后停歇检查，吊平后再吊升一段距离，直至设计标高。也可采用自整角机同步指示装置观测提升差值。

当多台起重机抬吊时，有可能出现快慢、先后不同步情况，使某些起重机负荷加大，因此，每台起重机应对额定负荷乘以折减系数，当四台起重机抬吊时，乘以 0.75，如起重机两两吊点穿通，则乘以 0.8～0.9。当缺乏经验时应做现场测试确定折减系数。

4. 网壳结构的施工

网壳结构节点和杆件制作精度比网架高。安装方法可沿用网架施工的各种方法，但可根据某种网壳的特点而选用特殊的安装方法，从而达到经济合理的要求。

第6章 工程量清单的报价

6.1 工程量清单报价的准备工作

1. 认真研究招标文件

投标企业报名参加或接受邀请参加某一工程的投标，通过资格预审后，取得招标文件，应认真研究招标文件，充分了解其内容和要求，以便有针对性地安排投标工作。在工程投标报价前必须对招标文件进行仔细分析，特别是注意招标文件中的错误和漏洞，即保证企业不受损失又为获得最大利润打下基础。

研究招标文件是为了正确理解招标文件的意图，对招标文件做出实质性响应，确保投标有效，争取中标。对图纸、工程量清单、技术规范等进行重点研究分析。

（1）准备资料，熟悉并分析施工图纸

施工图纸是体现设计意图，反映工程全貌，明确施工项目的施工范围、内容、做法要求的文件，也是投标企业确定施工方案的重要依据。图纸的详细程度取决于招标时设计所达到的深度和采用的合同形式，透彻分析图纸对清单报价有很大影响，只有对施工图纸有较全面而详细的了解，才能结合统一项目划分正确地分析该工程中各分部分项工程量。在对图纸进行分析的过程中，如果发现图纸不正确或建筑图和结构图、设备安装图矛盾时，应及时在招标答疑时提出，要求业主予以书面修改。

（2）技术规范学习

工程技术规范是描述工程技术和工艺的文件，有的是对材料、设备、施工等施工和安装方法的技术要求，有的是对工程质量进行检验、试验、验收等规定的方法和要求。如新工艺、新材料在规范中没有具体明确说明，工程量清单编制者会单独编制说明书，这种说明书详细、准确、具体。技术规范和技术说明书是投标企业投标报价的重要依据，投标企业根据技术规范、图纸等资料确定施工方案、施工方法、施工工期等内容，做出合理、最优的工程量清单报价。

2. 调查工程现场条件

（1）调查工程现场条件是投标报价前的一项重要工作。投标企业在投标前必须认真、仔细、全面地对工程现场条件进行调查，了解施工现场周围的政治、经济、地理等方面情况。招标单位组织投标单位进行勘察现场的目的在于了解工程场地和周围环境情况，以获取投标企业认为有必要的信息。为便于投标企业提出问题并得到解答，勘察现场一般安排在投标预备会的前1～2天。

（2）招标单位应向投标企业介绍有关现场的以下情况

1）施工现场是否达到招标文件规定的条件，施工现场的地理位置和地形、地貌。

2）施工现场的地质、土质、地下水位、水文等情况。

3）施工现场气候条件，如气温、湿度、风力等。

4）现场环境，如交通、饮水、污水排放、生活用电、通信等。

5）工程在施工现场中的位置或布置。

6）临时用地、临时设施搭设等。

7）当地供电方式、方位、距离、电压等。

8）当地煤气供应能力，管线位置、标高等。

9）工程现场通信线路的连接和铺设。

10）现场周围道路条件。

11）当地政府有关部门对施工现场管理的一般要求、特殊要求及规定，是否允许节假日和夜间施工等。

（3）调查其他情况

1）工程现场附近环境，是否需采用特殊措施加强施工现场保卫工作；

2）建筑构件和半成品的加工、制作和供应条件，商品混凝土的价格等；

3）工程现场附近各种设施和服务条件，如卫生、医疗等等。

3．影响投标报价的其他因素

工程造价除了要考虑工程本身的内容、范围、技术特点和要求、招标文件、现场情况等因素之外，还受许多其他因素影响，其中最重要的是投标企业自己制定的施工方案、施工方法、施工进度计划等。对于钢结构工程来讲，钢材价格由于受诸多因素的影响，波动比较大，报价时要特别注意。

4．熟悉工程量计算规则

工程量的计算工作比较繁重，需要花费较长时间，只有熟悉工程量计算规则，才能准确、快捷地核实业主提供的工程量是否准确，而工程量的准确与否直接影响整个投标报价的过程。

6.2　工程量清单报价的编制

1．工程量清单报价的一般规定

工程量清单报价是指投标人根据招标人发出的工程量清单的报价。工程量清单报价价款应包括按招标文件规定完成清单所列项目的全部费用。工程量清单报价应由分部分项工程量清单报价、措施项目费报价、其他项目费报价、规费、税金所组成。

工程造价应在政府宏观调控下，由市场竞争形成。在这一原则指导下，投标人的报价应在满足招标文件要求的前提下实行人工、材料、机械台班消耗量自定，价格费用自选、全面竞争、自主报价的方式。

投标企业应根据招标文件中提供的工程量清单，同时遵循招标人在招标文件中要求的报价方式和工程内容，填写投标报价单。也可以依据企业定额和市场价格信息进行确定。如果是用企业定额，应以建设部 1995 年发布的《全国统一建筑工程基础定额》提供的人工、材料、机械消耗量为基础，而且必须与"13 规范"中的项目编码、项目名称、计量单位、工程量计算规则相统一，以便在投标报价中可以直接套用。

清单报价采用综合单价。综合单价是指完成每分项工程每计量单位合格建筑产品所需的全部费用。综合单价应包括为完成工程量清单项目，每计量单位工程量所需的人工费、材料费、施工机械使用费、管理费、利润，并考虑风险、招标人的特殊要求等而增加的费用。工程量清单中的分部分项工程费、措施项目费、其他项目费均应按综合单价报价。规费、税金按国家有关规定执行。

"全部费用"的含意，应从如下三方面理解：一是考虑到我国的现实情况，综合单价包括除规费、税金以外的全部费用。二是综合单价不但适用于分部分项工程量清单，也适用于措施项目清单、其他项目清单。三是全部费用包括：完成每分项工程所含全部工程内容的费用；完成每项工程内容所需的全部费用；工程量清单项目中没有体现的，施工中又必然发生的工程内容所需的费用；因招标人的特殊要求而发生的费用；考虑风险因素而增加的费用。

由于《工程量清单计价规范》不规定具体的人工、材料、机械费的价格，所以投标企业可以依据当时当地的市场价格信息，用企业定额计算得出的人工、材料、机械消耗量，乘以工程中需支付的人工、购买材料、使用机械和消耗能源等方面的市场单价得出工料综合单价。同时，必须考虑工程本身的内容、范围、技术特点要求以及招标文件的有关规定、工程现场情况，以及其他方面的因素，如工程进度、质量好坏、资源安排及风险等特殊性要求，灵活机动地进行调整，组成各分项工程的综合单价作为报价，该报价应尽可能地与企业内部成本数据相吻合，而且在投标中具有一定的竞争能力。

对于属于企业性质的施工方法、施工措施和人工、材料、机械的消耗水平、取费等《工程量清单计价规范》都没有具体规定，放给企业由企业自己根据自身和市场情况来确定。

综合单价不应包括招标人自行采购材料的价款，否则是重复计价。该部分价款已由招标人预估，并在清单"总说明"中注明金额，按规定，投标人在报价时，应把招标人预估的金额，记入"其他项目清单"报价款中。

措施项目费报价的编制应考虑多种因素，除工程本身的因素外，还应考虑水文、地质、气象、环境、安全等和施工企业的实际情况。详细项目可参考"措施项目一览表"，如果出现表中未列的措施项目，编制人可在清单项目后补充。其综合单价的确定可参见企业定额或建设行政主管部门发布的系数计算。

综合单价的计算程序应按《建设工程工程量清单计价规范》的规定执行。

在综合单价确定后，投标单位便可以根据掌握的竞争对手的情况和制定的投标策略，填写工程量清单报价格式中所列明的所有需要填报的单价和合价，以及汇总表。如果有未填报的单价和合价，视为此项费用已包含在工程量清单的其他单价和合价中，结算时不得追加。

工程量清单计价特别说明的情况：

根据"计价规范"规定，工程量清单计价有以下需要特别说明的情况：

（1）工程量清单应采用综合单价计价。

（2）分部分项工程量清单的综合单价，应根据"计价规范"规定的综合单价构成内容组成，按设计文件或参照《房屋建筑与装饰工程工程量计算规范》GB 50854—2013（以下简称"计算规范"）附录中工程内容确定。

（3）措施项目清单的金额，应根据拟建工程的施工方案，参照"计算规范"规定的综合单价组成确定。

（4）项目清单的金额应按下列规定确定：

1）招标人部分的金额可按暂列金额确定。

2）投标人的总承包服务费应根据招标人提出的要求，填写总承包服务费计价表来确定；计日工作项目费应根据"计日工表"确定。

计日工项目的综合单价应参照"计价规范"规定的综合单价组成填写。

（5）招标工程如设标底，标底应根据招标文件中的工程量清单和有关要求、施工现场实际情况、合理的施工方法以及按照省、自治区、直辖市建设行政主管部门制定的有关工程造价计价办法进行编制。

（6）投标报价应根据招标文件中的工程量清单和有关要求、施工现场实际情况及拟定的施工方案或施工组织设计，依据企业定额和市场价格信息，或参照建设行政主管部门发布的社会平均消耗量定额编制。

（7）工程量清单计价格式中列明的所有需要填报的单价和合价，投标人均应填报，未填报的单价和合价，视为此项费用已包含在工程量清单的其他单价和合价中。

2. 清单报价中应注意的问题

（1）单价一经报出，在结算时一般不作调整，但在合同条件发生变化，如施工条件发生变化、工程变更、额外工程、加速施工、价格法规变动等条件下，可重新议定单价并进行合理调整。

（2）当清单项目中工程量与单价的乘积结果与合价数字不一致时，应以单价为准。

（3）工程量清单所有项目均应报出单价，未报单价视为已包括在其他单价之内。

（4）注意把招标人在工程量表中未列的工程内容及单价考虑进去，不可漏算。

3. 投标报价的基本策略

（1）报价决策

任何投标策略的目的都是使业主可以接受投标报价，而且保证企业中标后能获得最大利润。承包商对一项工程进行投标时，首先应该在合理的技术方案和比较经济的价格上下功夫，以争取中标。

1）报价决策的依据

报价决策的主要资料依据是工程造价人员的预算书和各项分析指标。承包商的投标报价应当合理，报价高了，不能中标；报价低了，可能导致亏损。所以承包商应根据图纸、施工组织设计以及工程本身的各种因素综合考虑，以自己的报价为依据进行科学的分析研究，做出恰当合理的报价。

2）在能承受的利润和风险内做出决策

一般来说，报价决策是多方面的，不仅仅是预算书的计算，应当是决策人员与造价人员共同对投标报价的各种因素进行分析，做出判断。

3）较低的投标报价不一定是中标的唯一因素

低报价是中标的重要因素，但不是唯一因素。投标人可以根据本企业的具体情况，提出对招标人优惠的各种条件，也可以提出某些合理的建议，使招标人能够降低成本、缩短工期。

（2）投标策略

投标策略是指承包商在投标竞争中的指导思想及参与投标竞争的方式和手段。投标策略作为投标报价取胜的方式、手段和艺术，贯穿于投标竞争的始终，内容十分丰富。在投标与否、投标项目的选择、投标报价等方面，都包含投标策略。投标策略的内容主要有：

1）注重诚信

投标人可凭借自己多年来积累的各种经营、施工管理经验，争创优质工程的质量技术措施，合理的工程造价和工期等优势争取中标。

2）加快施工进度

通过采取先进合理的措施缩短建设工期，并能保证工程的质量，从而使工程能够按时竣工投入生产经营。

3）降低造价

投标人通过降低造价来扩大任务来源，是在当今竞争激烈的建筑市场中承揽任务的重要途径，但其前提是要保证工程质量。

4）具有长远的发展策略

投标人为了企业的发展，能不间断地承揽到施工任务，立足于市场，一般先通过降低报价争取中标，然后重点研究具有长远发展的某项施工工艺或技术等，使投标人的经营管理和效益越来越好。

（3）投标报价技巧

报价技巧是指投标报价中采用的方法或手段，不仅招标人可以接受，而且投标人不亏损，能获得较高利润。

1）企业定额为基础进行组价

对于投标企业来说，采用工程量清单报价，必须根据企业的实际情况。根据企业定额，合理确定人工、材料、施工机械等要素的投入与配置，精心选择施工方法，仔细分析工程的成本、利润，制定合理控制各项开支的措施。在报价竞争中，投标企业必须以自身情况为基础进行报价，充分收集各种有关资料，以便合理地确定投标价。

2）不平衡报价法

是指一个工程项目的总报价基本确定后，通过调整内部各个项目报价，总体上报价不变。为了在结算时能取得更好的经济效益，一般情况下采用不平衡报价法，它包括以下几个方面：

① 能够尽早收回工程款的项目，报价可以适当提高。

② 预计今后工程量可能会增加的项目，单价可适当提高。

③ 设计图纸不明确，估计修改后工程量可能增加的，可以适当提高单价；而工程内容表述不清楚的，则可适当降低一些单价，待澄清后可再要求提高报价。

采用不平衡报价要建立在对工程量仔细核对分析的基础上，特别是对较低单价的项目。

工程量清单报价格式是投标人进行工程量清单报价的格式，参见"计价规范"相关内容，在此不再详述。

4. 工程量清单计价的计算程序

根据住房和城乡建设部第107号部令《建筑工程施工发包与承包计价管理办法》的规定，发包与承包价的计算方法分为工料单价法和综合单价法，在此主要介绍综合单价法计价程序。建筑工程费用计算程序，见表6-1所示。

建筑工程工程量清单计价计算程序表　　　　　表 6-1

序号	费用项目名称	计算方法
一	分部分项工程费合价	$\sum J_i \cdot L_i$
	分部分项工程费单价(J_i)	1+2+3+4+5
	1. 人工费	$\sum$清单项目每计量单位工日消耗量×人工单价
	2. 材料费	$\sum$清单项目每计量单位材料消耗量×材料单价
	3. 机械使用费	$\sum$清单项目每计量单位施工机械台班消耗量×机械台班单价
	4. 管理费	(1+2+3)×管理费率
	5. 利润	(1+2+3)×利润率
	分部分项工程量(L_i)	按工程量清单数量计算
二	措施项目费	$\sum$单项措施费
	单项措施费	某项措施项目基价×(1+管理费率+利润率)
三	其他项目费	(一)+(二)
	(一)招标人部分	(1)+(2)+(3)
	(1)预留金	由招标人根据拟建工程实际计列
	(2)材料购置费	由招标人根据拟建工程实际计列
	(3)其他	由招标人根据拟建工程实际计列
	(二)投标人部分	(4)+(5)+(6)
	(4)总承包服务费	由投标人根据拟建工程实际或参照省发布费率计列
	(5)计日工项目费(按计日工清单数量计列)	计日工人工费×(1+管理费率+利润率)+材料费+机械使用费
	(6)其他	由投标人根据拟建工程实际计列
四	规费	(一+二+三)×规费费率
五	税金	(一+二+三+四)×税率
六	建筑工程费用合计	一+二+三+四+五

装饰工程费用计算程序，见表 6-2 所示。

装饰工程工程量清单计价计算程序表　　　　　表 6-2

序号	费用项目名称	计算方法
一	分部分项工程费合价	$\sum J_i \cdot L_i$
	分部分项工程费单价(J_i)	1+2+3+4+5
	1. 人工费	$\sum$清单项目每计量单位工日消耗量×人工单价
	2. 材料费	$\sum$清单项目每计量单位材料消耗量×材料单价
	3. 机械使用费	$\sum$清单项目每计量单位施工机械台班消耗量×机械台班单价
	4. 管理费	"1"×管理费率
	5. 利润	"1"×利润率
	分部分项工程量(L_i)	按工程量清单数量计算
二	措施项目费	$\sum$单项措施费
	单项措施费	某项措施项目基价+其中人工费×(管理费率+利润率)

序号	费用项目名称	计　算　方　法
三	其他项目费	（一）＋（二）
	（一）招标人部分	（1）＋（2）＋（3）
	（1）预留金	由招标人根据拟建工程实际计列
	（2）材料购置费	由招标人根据拟建工程实际计列
	（3）其他	由招标人根据拟建工程实际计列
	（二）投标人部分	（4）＋（5）＋（6）
	（4）总承包服务费	由投标人根据拟建工程实际或参照省发布费率计列
	（5）计日工项目费（按计日工清单数量计列）	计日工人工费×（1＋管理费率＋利润率）＋材料费＋机械使用费
	（6）其他	由投标人根据拟建工程实际计列
四	规费	（一＋二＋三）×规费费率
五	税金	（一＋二＋三＋四）×税率
六	建筑工程费用合计	一＋二＋三＋四＋五

6.3　钢结构工程量清单报价编制案例分析

1. 门式刚架工程计价案例分析

【案例 6-1】　根据 4.4 节【案例 4-3】门式刚架工程量清单（参见表 4-6），进行门式刚架工程量清单报价。

【解】　清单报价详，见表 6-3 所示。

分部分项工程量清单与计价表　　　　　　　　　　　表 6-3

工程名称：××生产车间　　　　　　　　　　　　　　　　　　　　第 1 页　共 1 页

序号	项目编码	项目名称	项目特征	计量单位	工程数量	金额（元）		
						单价	合价	其中：暂估价
1	010603001001	实腹钢柱	1. Q235B，热轧 H 型钢； 2. 每根重 0.46t； 3. 安装高度：7.00m； 4. 涂 C53-35 红丹醇酸防锈底漆一道 25μm	t	16.51	6975.22	115146.93	—
2	010604001001	钢梁	1. Q235B，标准 H 型钢； 2. 每根重 1.97t； 3. 安装高度：8.00m； 4. 涂 C53-35 红丹醇酸防锈底漆一道 25μm	t	19.66	6975.22	137132.83	—
3	010605002001	钢板墙板（含雨篷板）	1. 板型：外板、内板均为 0.425mm 厚，中间为 75mm 厚的 EPS 夹芯板； 2. 安装在 C 型檩条上	m²	724.06	91.41	66186.32	—

序号	项目编码	项目名称	项目特征	计量单位	工程数量	金额(元)		
						单价	合价	其中：暂估价
4	010606001001	钢支撑	1. 采用 φ20、φ22 的钢支撑； 2. 涂 C53-35 红丹醇酸防锈底漆一道 25μm	t	1.074	8108.58	8708.61	—
5	010606002001	钢檩条	1. 包括屋面檩条和墙面檩条。 2. 型号：C160×50×20×2.5； 3. 涂 C53-35 红丹醇酸防锈底漆一道 25μm	t	13.176	3960	52176.96	—
6	010606013001	零星钢构件	1. 包括：钢拉条、埋件、屋面和墙面的撑杆、系杆、隅撑等； 2. 涂 C53-35 红丹醇酸防锈底漆一道 25μm	T	4.208	8108.58	34120.9	—
7	010701002001	型材屋面	1. 板型：外板、内板均为 0.425mm 厚，中间为 75mm 厚的 EPS 夹芯板； 2. 安装在 C 型檩条上	m²	1804.206	99.41	179356.12	—
合　计				元			592828.67	

注：1. 报价不包括土建部分及门窗部分；2. 没有考虑运输费用；3. 没有考虑防火涂装的费用。

【案例分析】

(1) 在表 4-6 工程量计算过程中，没有考虑材料的损耗，只是根据图纸计算了材料的净用量。钢结构工程计价时，肯定要在综合单价中考虑材料的损耗。目前，门式刚架工程的材料损耗率比较认可的在 5% 左右，钢结构公司可以根据自己企业的具体情况，在 3%～6% 之间选择。本案例材料损耗率定为 5%。

(2) 钢梁、钢柱的综合单价的确定

由于钢梁、钢柱的综合单价组成要素相同，所以我们合起来计算它们的综合单价。先计算总费用，再求单价，管理费、利润各取 5%。钢梁、钢柱的总费用计算如下：

按 2010 年 2 月 H 钢材料的价格，钢梁、钢柱材料费：3950 元/t；加工费：1200 元/t；安装费：800 元/t；钢梁柱上高强螺栓按 18 元/个。

1) 材料费：$(16.51+19.66)×(1+5\%)×3950=150021.00$ 元（注意考虑了材料损耗）；

2) 加工费和安装费：$(16.51+19.66)×(1+5\%)×(1200+800)=75952.80$ 元；

3) 高强螺栓的费用：$188×18=3384$ 元；

以上费用合计：229357.80 元；

单价：$229357.80÷(16.51+19.66)=6341.11$ 元/t；

其综合单价：$6341.11×(1+5\%+5\%)=6975.22$ 元/t。

（3）屋面板、墙板综合单价的确定

屋面板、墙板的单价中应考率折件、钉子、胶的费用。

屋面板和墙板，一般根据设计长度、板型，折合成面积报价，其价格与夹芯的厚度、夹芯材料的容重、顶板与底板的板厚关系较大，本案例是 EPS75mm 厚夹芯板，夹芯材料的容重 12kg/m³，顶、底板厚 0.425mm，目前的价格在 60 元/m²，安装费 20 元/m²。由于墙板安装过程中，要留门窗洞口，所以一般墙板比屋面板的安装费要高 5～10 元/m²，所以，屋面板的报价是 80 元/m²，墙板是 85 元/m²。由于板材是根据图纸尺寸定做的，除非板太长不便运输，一般板长即图纸尺寸，所以不考虑屋面板和墙板的损耗。

墙板和屋面板安装过程中，要用到不同的折件，根据【案例 4-3】中的统计，折件的展开面积总和是：373.81＋141.41＝515.22m²。0.425mm 厚的折件材料费是 28 元/m²，安装费取 20 元/m²，折件的费用是：48×515.22＝24730.56 元；

墙板和屋面板安装过程中，还要用到自攻钉、拉铆钉及结构胶、防水胶。它们的费用按建筑面积、根据工程经验估算。本案例自攻钉、拉铆钉按 2 元/m²；结构胶、防水胶的费用按 3 元/m²；即自攻钉、拉铆钉和结构胶、防水胶的费用：1688.04×（3＋2）＝8440.20 元。

雨篷板由于檩条的费用已计入檩条的总费用中，雨篷只报板的费用，按墙板计算，包括材料费、安装费。

屋面板综合单价计算过程如下：

1）材料费、安装费：1804.206×（60＋20）＝144336.48 元；

2）折件、钉子、胶的费用：（24730.56＋8440.20）÷2＝5585.38 元（屋面、墙面各分担 50%）；

以上费用合计：144336.48＋5585.38＝149921.86 元；

单价：149921.86÷1804.206＝83.10 元/m²；

其综合单价：83.10×（1＋5%＋5%）＝91.41 元/m²；

墙板的综合单价：91.41＋8＝99.41 元/m²。

（4）零星钢构件、钢支撑的综合单价的确定

附件的工程量包括拉条、隔撑、系杆、节点板、撑杆、支撑、锚筋，分别是由圆钢、角钢、钢板、钢管等原材料加工而成，材料价格不同，如拉条、支撑所用的圆钢，价格在 3500 元/t，角钢∟ 50×5，价格在 3200 元/t，钢板的价格与板厚有关，6mm 厚的钢板：3920 元/t，20mm 厚的钢板：3520 元/t。根据以上原材料的价格分析和这些材料在附件中所占的比例，附件的材料费价格取在 3500 元/t，加工费 800 元/t，安装费 800 元/t，合计：5100 元/t。考虑 5% 的损耗，零星钢构件、钢支撑的综合单价计算过程如下：

1）材料费、加工费、安装费：（4.208＋1.074）×（1＋5%）×5100＝29682.00 元；

2）普通螺栓的费用：2240×5 元/套＝11200 元；

以上费用合计：40882.00 元；单价：40882.00÷5.546＝7371.44 元/t；

其综合单价：7371.44×（1＋5%＋5%）＝8108.58 元/t。

（5）檩条综合单价的确定

檩条不考虑损耗。檩条运到工地的成品价格目前在 3200 元/t 左右，安装费 400 元/t，合计：3600 元/t。檩条的综合单价计算过程如下：

$(3200+400)\times(1+5\%+5\%)=3960$ 元/t。

从以上报价分析中可看出，清单计价单价很综合，不仅仅是费用综合，施工工序也是综合的。所以，报价时一定要考虑周全，不漏项是报价的关键，费用计算也要搞清楚，特别是计量单位的折算一定要搞明白。

本案例没有考虑吊装、脚手架等措施费，若工程需要，在措施项目清单中考虑；其他费用如总承包服务费、设计费、试验费、计日工等，在其他项目清单中考虑；规费和税金在单位工程费汇总表中考虑。

2. 网架工程清单报价案例

【案例 6-2】

【解】　由【案例 4-5】中工程量清单，参见表 4-11，进行工程量清单报价。

网架工程的工程量都是材料的净用量，没有考虑材料的损耗。网架工程材料的损耗较少，下料计算掌握好的情况下，杆件的损耗率一般在 3%左右；螺栓球是加工好的成品，没有损耗；其他配件如封板、锥头、螺栓、顶丝等，也已标准化，可直接联系厂家按个或按套购买，不考虑损耗。钢杆件、檩条的定尺长度是 6m。

本案例钢杆件、檩条的损耗率定为 3%，管理费率 5%，利润取 5%。

钢球的工程量 2.335t 是净用量，目前螺栓球是根据图纸到网架配件生产厂家定做，价格在 7800 元/t，这就是材料费和加工费了，再考虑一定的运输费用即可。安装费取 600～1000 元/t。本案例安装费取 800 元/t，这样，钢球的单价即 7800+800=8600 元/t。

杆件的工程量是表 4-11 中的工程量 16.748t 考虑 3%的损耗得到的。目前钢管的价格在 5600 元/t 左右，杆件需要加工厂加工，加工费在 600～1000 元/t，安装费取 600～1000 元/t。本案例加工费 800 元/t，安装费取 800 元/t，这样，钢杆件的单价即 5600+800+800=7200 元/t。支托单价同杆件。

檩条的工程量是表 4-11 中的工程量 3.173t 考虑 3%的损耗得到的。材料费是 4500～4800 元/t，和钢管的规格有关系，本案例取 4600 元/t，加工费 600 元/t，安装费 600 元/t，合计 5800 元/t。

支座和埋件基本是由钢板加工而成，材料费与钢板厚有关系，我们在此取 5600 元/t，加工费 1200 元/t，施工费 800 元/t，单价：5600+1200+800=7600 元/t。工程量考虑 3%的损耗。

该网架的其他配件价格表如下：

(1) 顶丝：

M6×13：0.12 元/个；M6×15：0.15 元/个；M6×17：0.18 元/个

(2) 螺栓：

M16：1.40 元/个；M20：1.40 元/个；M24：3.90 元/个；

M27：5.17 元/个；M30：7.85 元/个；M33：9.95 元/个

(3) 螺母：

M17：0.75 元/个；M21：0.83 元/个；M25：1.55 元/个；

M28：2.10 元/个；M31：2.55 元/个；M34：3.20 元/个

(4) 封板：

48×14：1.10 元/件；60×14：1.63 元/件

(5) 锥头：5600 元/t。

一般情况，封板按个报价，锥头按吨报价。

本工程封板由封板与锥头表可知，48×14：2126 件；60×14：450 件。均价：

(1.10×2126+1.63×450)÷(2126+450)=1.20元/件，考虑到实际施工中运费、损耗等因素，按 3 元/件报价。

高强螺栓、螺母和顶丝是配合使用的，将他们合在一起按吨报价。计算过程如下：

[2436×(1.40+0.75+0.12)+300×(1.40+0.83+0.12)+96×(3.90+1.55+0.12)+136×(5.17+2.10+0.15)+56×(7.85+2.55+0.15)+48×(9.95+3.20+0.18)]÷(0.522+0.401+0.0075)=9757.87 元/t

考虑其他费用，取整数：9800 元/t。

锥头材料费 5600 元/t，加工费与安装费与杆件相同，它的报价是：5600+800+800=7200 元/t。该工程的报价，见表 6-4 所示。

网架的清单计价项目很少，很多费用都综合在一起，所以，综合单价的确定比较难。从工程量上来说，钢网架的工程量，应该是去掉檩条后的所有钢构件的质量，即杆件、球、锥头和封板钢材的总质量，工程量是净用量，不考虑损耗。

计算如下：16.748+2.335+1.949+0.931+0.842+0.153+0.57+0.431=23.959t

钢网架综合单价根据上述材料价格分析，应包括以下费用：

(1) 材料费：

1) 杆件：16.748×(1+3%)×5600 = 96602.46 元；

2) 螺栓球：2.335×7800=18213 元；

3) 支座和埋件：(0.57+0.431)×(1+3%)×5600=5773.77 元；

4) 锥头和封板的费用：(1.10×2126+1.63×450)+1.218×5600=9892.90 元；

5) 螺栓、螺母、顶丝的费用：

2436×(1.40+0.75+0.12)+300×(1.40+0.83+0.12)+96×(3.90+1.55+0.12)+136×(5.17+2.10+0.15)+56×(7.85+2.55+0.15)+48×(9.95+3.20+0.18)=9079.70 元；

6) 支托的材料费：0.995×(1+3%)×6000 = 6149.10 元；

材料费合计：96602.46 + 18213 + 5773.77 + 9892.90 + 9079.70 + 6149.10 = 145710.93 元；

(2) 加工费和安装费：

1) 螺栓球安装费：2.335×800=1868.00 元；

2) 杆件、支托、支座和埋件的加工费和安装费：

(16.748+0.995+0.57+0.431)×(1+3%)×(1200+800)=38612.64 元；

3) 其他安装费：(1.949+0.931)×800=2304 元；

加工费和安装费合计：42784.64 元；

综合单价：[(145710.93+42784.64)÷23.959]×(1+5%+5%)=8654.16 元/t,取8700 元/t；

檩条的综合单价：(4600+1200+800)×(1+5%+5%)=7260 元/t。

分部分项工程量清单与计价表

表 6-4

工程名称：××工程

第 1 页 共 1 页

序号	项目编码	项目名称	项目特征	计量单位	工程数量	金额（元）		
						单价	合价	其中；暂估价
1	010601002001	钢网架	1. 螺栓球网架； 2. 网架跨度：24m； 3. 探伤检测； 4. 涂 C53-35 红丹醇酸防锈底漆一道 25μm	t	23.959	8700	208443.30	—
2	0.0606002001	钢檩条	1. 屋面檩条； 2. 型号：(方钢管 80×60×3.0) 3. 涂 C53-35 红丹醇酸防锈底漆一道 25μm	t	2.173	7260	15775.98	—
合计	元	224219.28						

注：1. 报价不包括土建部分及屋面维护部分；2. 没有考虑运输费用；3. 没有考虑防火涂装的费用；4. 没有考虑吊装等施工措施费。

第7章　工程量清单与施工合同管理

7.1　工程量清单与施工合同主要条款的关系

1. 合同在工程项目中的基本作用

（1）合同控制着工程项目的实施，它详细定义了工程任务的各种方面。例如，责任人，即由谁来完成任务并对最终成果负责；工程任务的规模、范围、质量、工作量及各种功能要求；工期，即时间的要求；价格，包括工程总价格，各分部工程的单价、合价及付款方式等；未能履行合同约定的责任义务、发生的赔偿等。这些构成了与工程相关的子目标。项目中标和计划的落实是通过合同来实现的。

（2）合同作为工程项目施工任务委托和承接的法律依据，是工程实施过程中双方的最高行为准则。工程施工过程中的一切活动都是为了履行合同，都必须按合同办事，双方的行为主要靠合同来约束，所以，工程管理以合同为核心。订立合同是双方的法律行为，合同一经签订，只要合同合法，双方就必须全面完成合同规定的责任和义务。如果不能履行自己的责任和义务，甚至单方面撕毁合同，则必须接受经济的，甚至法律的处罚。

（3）合同是工程进行中解决双方争执的依据。由于双方经济利益不一致，在工程建设过程中争执是难免的，合同和争执有不解之缘。合同争执是经济利益冲突的表现，它常常起因于双方对合同理解的不一致，合同实施环境的变化，有一方违反合同或未能正确履行合同等情况。

2. 合同管理的重要性

由于合同将工期、成本、质量目标统一起来，划分各方面的责任和权利，所以在项目管理中合同管理居于核心地位，作为一条主线贯穿始终。没有合同管理，项目管理目标就不明确。目前国际惯例主要体现在：严格符合国际惯例的招标投标制度、建设工程监理制度、国际通用的 FIDIC 条件等。

3. 合同的周期

不同种类的合同有不同委托方式和履行方式，它们经过不同的过程，就有不同的生命周期。在项目的合同体系中比较典型的、也是最为复杂的是工程承包合同，它经历了以下两个阶段：

（1）合同的形成阶段。合同一般通过招标投标来形成，它通常从起草招标文件到定标为止。

（2）合同的执行阶段。这个阶段从签订合同开始直到承包商按合同规定完成工程，并通过保修期为止。

4. 合同种类的选择

在实际工程中，不同种类的合同有不同的应用条件、不同的权利和责任的分配、不同的付款方式，对合同双方有不同的风险，应按具体情况选择合同类型。有时在一个工程承包合同中，不同的工程分项采用不同的计价方式。现代工程中最典型的合同类型有：单价合同、固定总价合同、成本加酬金合同。

5. 重要合同条款的确定

（1）适于合同关系的法律，以及发生争执后提请仲裁的地点、程序等。

（2）付款方式。如采用进度付款、分期付款、预付款或由承包商垫资承包。这由业主的资金来源、保证情况等因素决定。让承包商在工程上过多地垫资，会对承包商的风险、财务状况、报价和履约积极性有直接影响。当然如果业主超过实际进度预付工程款，在承包商没有出具保函的情况下，又会给业主带来风险。

（3）合同价格的调整条件、范围、方法，特别是由于物价上涨、汇率变化、法律变化、海关税的变化等对合同价格调整的规定。

（4）合同双方风险的分担。即将工程风险在业主和承包商之间合理分配。基本原则是，通过风险分配激励承包商努力控制三大目标，控制风险，达到最好的工程经济效益。

（5）对承包商的激励措施。各种合同中都可以订立奖励条款。奖励措施如下：

1）提前竣工的奖励。通常合同规定提前一天业主给承包商奖励的金额。

2）提前竣工带来的提前投产，实现的盈利在合同双方之间按一定的比例分成。

3）承包商如果能提出新的设计方案、新技术，使业主节约投资，合同双方按一定比例分成。

4）质量奖。这在我国用得较多。合同规定，如果工程质量达全优或其他奖项，业主另外支付一笔奖励金。

合同收入组成内容包括以下两部分：合同中规定的初始收入，即建筑承包商与客户在双方签订的合同中最初商定的合同总金额，它构成了合同收入的基本内容；因合同变更、索赔、奖励等构成的收入，这部分收入并不构成合同双方在签订合同时已经在合同中商定的总金额，而是在执行合同过程中由于合同变更、索赔、奖励的原因形成的追加收入。所以，在工程造价管理中，一切价款的变化都要以合同为准绳，经合同双方认可后，签字形成文件，进入计价程序，最后形成建设项目的最终造价。

7.2　工程变更和索赔管理

7.2.1　工程变更

1. 工程变更

由于工程建设的周期长，涉及的经济关系和法律关系复杂，受自然条件和客观因素的影响比较大，导致项目建设的实际情况与项目招投标时的情况相比会发生一些变化，这样就必然使得实际施工情况和合同规定的范围和内容有不一致之处，由此而产生了工程变更。工程变更包括工程量的变更、工程项目的变更、进度计划的变更、施工条件的变更等。变更产生的原因很多，有业主的原因，如业主修改项目计划，项目投资额的增减，业主对施工进度要求的变化等；有设计单位的原因，如有设计错误，必须对设计图纸作修改；新技术、新材料的应用，有必要改变原设计、实施方案和实施计划；另外，国家法律法规和宏观经济政策的变化也是产生变更的一个重要的原因。总的说来，工程变更可以分为设计变更和其他变更两类。

设计变更，如果在施工中发生，将对施工进度产生很大影响。工程项目、工程量、施工方案的改变，也将引起工程费用的变化。因此，应尽量减少设计变更，如果必须对设计进行变更，一定要严格按照国家的规定和合同约定的程序进行。由于发包人对原设计进行变更，以及经工程师同意，承包人要求进行的设计变更，导致合同价款的增减及造成的承包人损失，由发包人承担，延误的工期应顺延。

其他变更，如果合同履行中发包人要求变更工程质量标准及发生其他实质性变更，由双方协商解决。

2. 我国现行的工程变更价款的确定

设计单位对原设计存在的缺陷提出的设计变更，应编制设计变更文件；发包方或承包方提出的设计变更，须经监理工程师审查同意后交原设计单位编制设计文件。变更涉及安全、环保等内容时应按规定经有关部门审定。施工中发包人如果需要对原工程设计变更，需要在变更前规定的时间内通知承包方。由于业主原因发生的变更，由业主承担因此而产生的经济支出，确认承包方工期的变更；变更如果由于承包方违约所致，则产生的经济支出和工期损失由承包方承担。

工程变更发生后．承包方在工程变更确定后 14 天内，提出变更工程价款的报告，经工程师确认后调整工程价款。承包方在确定变更后 14 天内不向工程师提出变更工程价款的报告时，视为该项设计变更不涉及合同价款的变更。工程师在收到变更工程价款的报告之日起 7 天内，予以确认，变更价款的确认可按照下述方法进行：

（1）合同中已有适用于变更工程的价格，按合同已有的价格计算、变更合同价款。

（2）合同中只有类似于变更情况的价格，可以此作为基础确定变更价格，变更合同价款。

（3）合同中没有类似和适用于变更工程的价格，由承包人提出适当的变更价格，经工程师确认后执行。

7.2.2 索赔管理

1. 索赔概念

20 世纪 80 年代中期，云南鲁布革引水发电工程首次采用国际工程管理模式，给中国工程界带来了巨大的冲击，而冲击的核心内容是索赔，由此索赔引起我国的重视。

索赔一词正式引入我国法规始于 1991 年颁布的《建设工程施工合同》及《建设工程施工合同管理办法》。索赔的英文"claim"一词本意为"主张自身权益"，它是一种正当权利的要求，而非无理的争利，更不意味着对过错的惩罚，所以其基调是温和的。合同双方均应正确理解索赔，正确对待索赔。

所谓索赔是指在项目合同的履行过程中，合同一方因另一方不履行或没有全面履行合同所设定的义务而遭受损失时，向对方所提出的赔偿要求或补偿要求。对工程承包人而言，索赔指由于发包人或其他方面的原因，导致承包人在施工过程中付出额外的费用或造成的损失，承包人通过合法的途径和程序，要求发包人偿还其在施工中的损失。索赔的过程实际上就是运用法律知识维护自身合法权益的过程。

2. 建设工程工程量清单计价索赔的主要内容

建设工程工程量清单计价索赔的主要内容根据"计价规范"第 4.0.9 条和第 4.0.10 条规定确定：

4.0.9 合同中综合单价因工程量变更需调整时，除合同另有约定外，应按照下列办法

（1）工程量漏项或设计变更引起新的工程量清单项目，其相应综合单价由承包人提出，经发包人确认后作为结算依据。

（2）由于工程量清单的工程数量有误或设计变更引起工程量增减，属合同约定幅度以内的，应执行原有的综合单价；属合同约定幅度以外的，其增加部分的工程量或减少后剩余部分的工程量的综合单价由承包人提出，经发包人确认后，作为结算依据。

4.0.10　由于工程量的变更，且实际发生了除本规范 4.0.9 条规定以外的费用损失，承包人可提出索赔要求，与发包人协商确认后，给予补偿。

3. 索赔的内容

索赔的主要内容可概括为：工期索赔和费用索赔两种。有的工程在索赔中只有费用索赔或工期索赔一种，有的工程在索赔中两种索赔全有，二者是互相联系，不可分割的。

（1）工期索赔

由于非承包人责任的原因而导致施工进度延误，要求批准顺延合同工期的索赔，称之为工期索赔。工期索赔形式上是对权利的要求，以避免在原定合同竣工日不能完工，被发包人追究拖期违约责任。一旦获得批准合同工期顺延后，承包人不仅免除了承担拖期违约赔偿费的风险，而且可能因提前竣工得到奖励，最终仍反映在经济收益上。

（2）费用索赔

费用索赔的目的是要求经济补偿。当施工的客观条件改变导致承包人增加外支，要求对超出计划成本的附加开支给予补偿，以挽回不应由承包人承担的经济损失。

4. 索赔的程序

在工程项目施工阶段，每出现一个索赔事件，都应按照国家有关规定、国际惯例和工程项目合同条件的规定，认真及时地协商解决。我国《建设工程施工合同》对索赔的程序和时间要求订明确而严格的限定，主要包括：

（1）发包人未能按合同约定履行自己的各项义务或发生错误以及应由发包人承担责任的其他情况，造成工期延误和延期支付合同价款及造成承包人的其他经济损失，承包人可按下列程序以书面形式向发包方索赔：

1）索赔事件发生后 28 天内，向工程师发出索赔意向通知。

2）发出索赔意向通知后 28 天内，向工程师提出补偿经济损失和延长工期的索赔报告及有关资料。

3）工程师收到承包人送交的索赔报告和有关资料后，于 28 天内给予答复，或要求承包人进一步补充索赔理由和证据。

4）工程师在收到承包人送交的索赔报告和有关资料后 28 天内未给予答复或未对承包人作进一步要求，视为该项索赔已经认可。

5）当该索赔事件持续进行时，承包人应当阶段性向工程师发出索赔意向，在索赔事件终了后 28 天内，向工程师送交索赔的有关资料和最终索赔报告。

（2）承包人未能按合同约定履行自己的各项义务或发生错误给发包人造成损失，发包人也按以上各条款确定的时限向承包人提出索赔。

5. 工程索赔产生的原因

（1）当事人违约

当事人违约常常表现为没有按照合同约定履行自己的义务。发包人违约常常表现为没有为承包人提供合同约定的施工条件、未按照合同约定的期限和数额付款等。工程师未能按照合同约定完成工作，如未能及时发出图纸、指令等也视为发包人违约。

承包人违约的情况则主要是没有按照合同约定的质量、期限完成施工，或者由于不当行为给发包人造成其他损害。

（2）不可抗力事件

不可抗力又可分为自然事件和社会事件。自然事件主要是不利的自然条件和客观障碍，如在施工过程中遇到了经现场调查无法发现、业主提供的资料也未提到的、无法预料的情况，如地下水、地质断层等。社会事件则包括国家政策、法律、法令的变更，战争、罢工等。

（3）合同缺陷

合同缺陷表现为合同条件规定不严谨甚至矛盾，合同中的遗漏或错误。在这种情况下，工程师应给予解释。如果这种解释将导致成本增加或工期延长，发包人应给予补偿。

（4）合同变更

表现为设计变更、施工方法变更、追加或者取消某些工作、合同规定的其他变更等。

（5）工程师指令

工程师指令有些时候也会产生索赔，如工程师指令承包人加速施工、进行某项工作、更换某些地区材料、采取某些措施等。

（6）其他第三方原因

常常表现为与工程有关的第三方的问题而引起的对本工程的不利影响。

6. 工程索赔的处理原则

（1）索赔必须以合同为依据

不论是风险事件的发生，还是当事人不完成合同工作，都必须在合同中找到相应的依据，当然，有些依据可能是合同中隐含的。在不同的合同条件下，这些依据可能是不同的。如因为不可抗力导致的索赔，在国内《建设工程施工合同文本》条件下，承包人机械设备损坏的损失，是由承包人承担的，不能向发包人索赔；但在 FIDIC 合同条件下，不可抗力事件一般都列为业主承担的风险，损失由业主承担。具体的合同中的协议条款不同，其依据的差别就更大了。

（2）及时、合理地处理索赔

索赔事件发生后，应及时提出索赔，索赔的处理也应当及时。索赔处理不及时，对双方都会产生不利影响。如承包人的索赔长期得不到合理解决，索赔积累的结果会导致其资金困难，同时会影响工程进度，给双方带来不利的影响。

（3）处理索赔还必须坚持合理性原则

既考虑到国家的有关规定，也应考虑到工程的实际情况。如：承包人提出索赔要求，机械停工按照机械台班单价计算损失显然是不合理的，因为机械停工不发生运行费用。

（4）加强主动控制，减少工程索赔

这就要求在工程管理过程中，应当尽量将工作做在前向，减少索赔事件的发生。这样能够使工程更加顺利地进行，降低工程投资，缩短施工工期。

7.3　工程竣工结算与决算

7.3.1　工程结算

1. 工程竣工结算的概念及要求

建设工程竣工结算是指施工企业按照合同规定的内容全部完成所承包的工程，经验收质量合格，并符合合同要求之后，向发包单位进行的最终工程价款结算。

《建设工程施工合同（示范文本）》中对竣工结算作了详细规定：

(1) 工程竣工验收报告经发包方认可后 28 天内，承包人向发包人递交竣工结算报告及完整的结算资料，双方按照协议书约定的合同价款及专用条款约定的合同价款调整内容，进行工程结算。

(2) 发包方收到承包方递交的竣工结算报告及结算资料后 28 天内进行核实，给予确认或者提出修改意见。发包方确认竣工结算报告后通知银行向承包方支付工程竣工结算价款。承包方收到竣工结算价款后 14 天内将竣工工程交付发包方。

(3) 发包方收到竣工结算报告及结算资料后 28 天内无正当理由不支付工程竣工结算价款的，从第 29 天起按承包方同期向银行贷款利率支付拖欠工程价款的利息，并承担违约责任。

(4) 发包方收到竣工结算报告及结算资料后 28 天内不支付工程竣工结算价款，承包方可以催发包方支付结算价款。发包方收到竣工结算报告及结算资料后 56 天内仍不支付的，承包方可以与发包方协议将工程折价，也可以由承包方申请人民法院将该工程依法拍卖，承包方就该工程折价或者拍卖的价款优先受偿。

(5) 工程竣工验收报告经发包方认可后 28 天内，承包方未能向发包方递交竣工结算报告及完整的结算资料，造成工程竣工结算不能正常进行或工程竣工结算价款不能及时支付，发包方要求交付工程的，承包方应当交付；发包方不要求交付工程的，承包方承担保管责任。

(6) 发包方和承包方对工程竣工结算发生争议时，按争议的约定处理。

2. 工程竣工结算书的编制

工程竣工结算应根据"工程竣工结算书"和"工程价款结算账单"进行。工程竣工结算书是承包人按照合同约定，根据合同造价、设计变更（增减）项目、现场经济签证和施工期间国家有关政策性费用调整文件编制的，经发包人（或发包人委托的中介机构）审查确定的工程最终造价的经济文件，表示发包人应付给承包方的全部工程价款。工程价款结算账单反映了承包人已向发包人收取的工程款。

(1) 工程竣工结算书的编制原则和依据

1) 工程竣工结算书的编制原则

① 编制工程结算书要严格遵守国家和地方的有关规定，既要保证建设单位的利益，又要维护施工单位的合法权益。

② 要按照实事求是的原则，编制竣工结算的项目一定是具备结算条件的项目，办理工程价款结算的工程项目必须是已经完成的，并且工程数量、质量等都要符合设计要求和施工验收规范，未完工程或工程质量不合格的不能结算。需要返工的，需要返修并经验收合格后，才能结算。

2）工程竣工结算书编制的依据

① 工程竣工报告、竣工图及竣工验收单。

② 工程施工合同或施工协议书。

③ 施工图预算或投标工程的合同价款。

④ 设计交底及图纸会审纪录资料。

⑤ 设计变更通知单及现场施工变更记录。

⑥ 经建设单位签证认可的施工技术措施，技术核定单。

⑦ 预算外各种施工签证或施工记录。

⑧ 各种涉及工程造价变动的资料、文件。

（2）工程竣工结算书的内容

工程竣工结算书的内容除最初中标的工程投标报价或审定的工程施工图预算的内容外还应包括以下内容：

1）工程量量差。工程量量差指施工图预算的工程量与实际施工的工程数量不符所发生的量差。工程量量差主要是由于修改设计或设计漏项、现场施工变更、施工图预算错误等原因造成的。这部分应根据业主和承包商双方签证的现场记录按合同规定进行调整。

2）人工、材料、机械台班价格的调整。

3）费用调整。费用价差产生的原因包括：

① 由于直接费（或人工费、机械费）增加，而导致费用（包括管理费、利润、税金）增加，相应地需要进行费用调整；

② 因为在施工期间，国家或地方有新的费用政策出台。需要进行的费用调整。

4）其他费用，包括零星用工费、窝工费和土方运费等，应一次结清，施工单位在施工现场使用建设单位的水、电费也应按规定在工程竣工时清算，付给建设单位。

（3）工程竣工结算书的编制方法

编制工程竣工结算书的方法主要包括以下 2 种方法：

1）以原工程预算书为基础，将所有原始资料中有关的变更增减项目进行详细计算，将其结果和原预算进行综合，编制竣工结算书。

2）根据更改修正等原始资料绘出竣工图，据此重新编制一个完整的预算作为工程竣工结算书。

针对不同的工程承包方式，工程结算的方式也不同，工程结算书要根据具体情况采用不同方式来编制。采用施工图预算承包方式的工程，结算是在原工程预算书的基础上，加上设计变更原因造成的增、减项目和其他经济签证费用编制而成的；采用招投标方式的工程，其结算原则上应按中标价格（即合同标价）进行。如果在合同中有规定允许调价的条文，承包商在工程竣工结算时，可在中标价格的基础上进行调整；采用施工图预算加包干系数或平方米造价包干的住宅工程，一般不再办理施工过程中零星项目变动的经济洽商。在工程竣工结算时也不再办理增减调整。只有在发生超过包干范围的工程内容时，才能在工程竣工结算中进行调整。平方米造价包干的工程，按已完成工程的平方米数量进行结算。

办理竣工工程价款结算的一般公式为：

$$竣工结算工程价款＝预算或合同价款＋施工过程中洽商增减$$
$$－预付及已结算工程价款－保险金$$

3. 工程竣工结算的审查

工程竣工结算的审查是竣工结算阶段的一项重要工作。经审查核定的工程竣工结算是核定建设工程造价的依据，也是建设项目验收后竣工决算和核定新增固定资产价值的依据。因此，建设单位、监理公司及审计部门等都十分关注竣工结算的审核把关。一般从以下几方面入手：

（1）核实合同条款

首先，应对竣工是否符合合同条件要求，工程是否竣工验收合格，只有按合同要求完成全部工程并验收合格才能列入竣工结算。其次，应按合同约定的结算方法、材料价格及优惠条款等，对工程竣工结算进行审核，若发现合同开口或有漏洞，应请发包人与承包人认真研究，明确结算要求。

（2）检查隐蔽验收记录

所有隐蔽工程均需进行验收，两人以上签证；实行工程监理的项目应经监理工程师签证确认，审核竣工结算时对隐蔽工程施工记录和验收签证，手续完整，工程量与竣工图一致方可列入结算。

（3）落实设计变更签证

设计修改变更应由原设计单位出具设计变更通知单和修改图纸，设计、校审人员签字并加盖公章，经发包人和监理工程师审查同意、签证；重大设计变更应经原审核部门审批，否则不应列入结算。

（4）按图核实工程量

竣工结算的工程量应依据竣工图、设计变更和现场签证等进行核算，并按照国家规定或双方同意的计算规则计算工程量。

（5）防止重复计算计取

工程竣工结算子目多、篇幅大，往往有计算误差，应认真核算，防止因计算误差多计或少算。

4. 我国现行工程价款的主要结算方式

我国现行工程价款结算根据不同情况，可采取多种方式。

（1）按月结算

按月结算是实行旬末或月中预支，月终结算，竣工后清算的办法。跨年度竣工的工程，在年终进行工程盘点，办理年度结算。这种结算办法是按分部分项工程，即以假定"建筑安装产品"为对象，按月结算，待工程竣工后再办理竣工结算，一次结清，找补余款。我国现行建筑安装工程价款结算中，相当一部分实行的是这种按月结算。

（2）竣工后一次结算

建设项目或单项工程全部建筑安装工程建设期在 12 个月以内，或者工程承包合同价在 100 万元以下的，可以实行工程价款每月月中预支，竣工后一次结算。

（3）分段结算

分段结算是当年开工，当年不能竣工的单项工程或单位工程按照工程形象进度，划分不同阶段进行结算。分段结算可以预支工程款。分段的划分标准，由各部门、省、自治区、直辖市、计划单列市规定。

（4）目标结算

目标结算是在工程合同中，将承包工程的内容分解成不同的控制界面，以业主验收控制界面作为支付工程价款的前提条件。即：将合同中的工程内容分解成不同的验收单元，当承包商完成单元工程内容，经业主验收后，业主支付构成单元工程内容的工程价款。

（5）结算双方的其他结算方式

承包商与业主办理的已完成工程价款结算，无论采取何种方式，在财务上都可以确认为已完工部分的工程收入实现。

7.3.2 工程价款及支付

1. 工程预付款

施工企业承包工程。一般都实行包工包料，这就需要有一定数量的备料周转金。在工程承包合同条款中，一般要明文规定发包单位（甲方）在开工前拨付给承包单位（乙方）一定限额的工程预付备料款。此预付款构成承包人为该承包工程项目储备主要材料、结构件所需的流动资金。

工程预付款仅用于施工开始时与本工程有关的备料和动员费用。如承包方滥用此款，发包方有权立即收回。另外，建筑工程施工合同示范文本的通用条款明确规定："实行预付款的，双方应当在专用条款内约定发包人向承包人预付工程款的时间和数额，开工后按约定比例逐次扣回。"

（1）预付备料款的限额

预付备料款的限额由下列主要因素决定：主要材料费（包括外购构件）占工程造价的比例；材料储备期；施工工期。

对于承包人常年应备的备料款限额，计算公式为：

$$备料款限额＝(年度承包工程总值×主要材料所占比重)/年度施工日历日天数×材料储备天数$$

一般建筑工程备料款的数额不应超过当年建筑工程量（包括水、暖、电）的30％，安装工程按年安装工作量的10％计算；材料占比重较多的安装工程按年计划产值的15％左右拨付。

在实际工作中，备料款的数额，要根据各个工程类型、合同工期、承包方式和供应体制等不同条件而定。例如，工业项目中的钢结构和管道安装占比重较大的工程，其主要材料所占比重比一般安装工程要高，因而备料款数额也要相应增大；工期短的工程比工期长的工程要高，材料由承包人自购的比由发包人供应的要高。在大多数情况下，甲乙双方都在合同中按当年工作量确定一个比例来确定备料款数额。对于包工不包料的工程项目可以不预付备料款。

（2）备料款的扣回

发包单位拨付给承包单位的备料款属于预支性质，到了工程中、后期，所储备材料的价值逐渐转移到已完成工程当中，随着主要材料的使用，工程所需主要材料的减少应以充抵工程款的方式陆续扣回。扣款的方法如下：

1）从未施工工程尚需的主要材料机构间相当于备料款数额时起扣，从每次结算工程款中，按材料比重扣抵工程款，竣工前全部扣除。备料款起扣点计算公式为：

$$T=P-M/N$$

式中：T——起扣点，即预付备料款开始扣回时的累计完成工程量金额；

M——预付备料款的限额；

N——主要材料所占比重；

P——为承包工程价款总额。

第一次应扣回预付备料款：金额＝（累计已完工程价值－起扣点已完工程价值）×主要材料所占比重

以后每次应扣回预付备料款：金额＝每次结算的已完工程价值×主要材料所占比重。

2）扣款的方法可以是经双方在合同中约定承包方完成金额累计达到一定比例后，由承包方开始向发包方还款，发包方从每次应付给承包方的金额中扣回预付款，发包方应在工程竣工前将工程预付款的总额逐次扣回。

【案例7-1】　某建设单位与承包商签订了工程施工合同，合同中含有两个子项工程，估算甲项工程量为 2300m³，乙项工程量为 3200m³，经协商，甲项合同价为 185 元/m³，乙项合同价为 165 元/m³。承包合同规定：

(1) 开工前建设单位应向承包商支付合同价 20％的预付款。

(2) 建设单位自第一个月起。从承包商的工程款中，按 5％的比例扣留保留金。

(3) 当子项工程实际工程量超过估算工程量 10％时，对超出部分可进行调价，调整数为 0.9。

(4) 工程师签发月度付款最低金额为 25 万元。

(5) 预付款在最后两个月扣除，每月扣除 50％。

承包商每月实际完成并经工程师确认的工程量，见表 7-1 所示。

承包商每月实际完成并经工程师签证确认的工程量（单位：m³）　　　表 7-1

项　　目	月　　份			
	1	2	3	4
甲项	500	800	800	600
乙项	700	900	800	600

请问：

(1) 预付款是多少？

(2) 每月工程量价款是多少？工程师应签证的工程款是多少？实际签发的付款凭证金额是多少？

【解】

(1) 预付款金额为：

$$（2300×185＋3200×165）×20％＝19.07万元$$

(2) 每月工程量价款、工程师应签证的工程款及实际签发的付款凭证金额计算如下。

1) 第一个月。

工程量价款：500×185＋700×165＝20.8 万元

应签证工程款：20.8×(1－5％)＝19.76 万元

因为合同规定工程师签发月度付款最低金额为 25 万元。故本月工程师不签发付款凭证。

2）第二个月。

工程量价款：$800 \times 185 + 900 \times 165 = 29.65$ 万元

应签证工程款：$29.65 \times (1 - 5\%) = 28.168$ 万元

上个月应签证的工程款为 19.76 万元，本月工程师实际签发的付款凭证为 $28.168 + 19.76 = 47.928$ 万元。

3）第三个月。

工程量价款：$800 \times 185 + 800 \times 165 = 28$ 万元

应签证工程款：$28 \times (1 - 5\%) = 26.6$ 万元

应扣预付款：$19.07 \times 50\% = 9.535$ 万元

应付款：$26.6 - 9.535 = 17.065$ 万元

因为合同规定工程师签发月度付款最低金额为 25 万元，故本月工程师不签发付款凭证。

4）第四个月。甲项工程累计完成工程量为 $2700m^3$，比原估算工程量超出 $400m^3$，已超出估算工程量的 10%，超出部分单价应进行调整。

甲项超出估算工程量 10‰ 的工程量为：

$$2700 - 2300 \times (1 + 10\%) = 170m^3$$

该部分工程量单价应调整为：

$$185 \times 0.9 = 66.5元/m^3$$

乙项工程累计完成工程量为 $3000m^3$，不超过估算工程量，其单价不予调整。

本月应完成工程量价款为：

$$(600 - 170) \times 185 + 170 \times 166.5 + 600 \times 165 = 20.686万元$$

本月应签证的工程款为

$$20.686 \times (1 - 5\%) = 19.652万元$$

考虑本月预付款的扣除、上个月的应付款。本月工程师实际签发的付款凭证为：

$$20.686 + 17.065 - 19.07 \times 50\% = 28.216万元$$

2. 工程进度款（中间结算）

承包人在工程建设中按月（或形象进度、控制界面）完成的分部分项工程量计算各项费用，向发包人办理月工程进度（或中间）结算，并支取工程进度款。

以按月结算为例，现行的中间结算办法是，承包人在旬末或月中向发包人提出预支工程款账单预支一旬或半月的工程款，月末再提出当月工程价款结算和已完工程月报表，收取当月工程价款，并通过银行进行结算。发包人与承包人的按月结算，要对现场已完工程进行清点，由监理工程师对承包人提出的资料进行核实确认，发包人审查后签证。目前月进度款的支取一般以承包人提出的月进度统计报表作为凭证。

（1）工程进度款结算的步骤

1）由承包人对已经完成的工程量进行测量统计，并对已完成工程量的价值进行计算。测量统计、计算的范围不仅包括合同内规定必须完成的工程量及价值，还应包括由于变更、索赔等而发生的工程量和相关的费用。

2）承包人按约定的时间向监理单位提出已完工程报告，包括工程计量报审表和工程款支付申请表，申请对完成的合同内和由于变更产生的工程量进行核查，对已完工程量价值的计算方法和款项进行审查。

3）工程师接到报告后应在合同规定的时间内按设计图纸对已完成的合格工程量进行计量，依据工程计量和对工程量价值计算审查结果，向发包人签发工程款支付证书。工程款支付证书同意支付给承包人的工程款应是已经完成的进度款减去应扣除的款项（如应扣回的预付备料款、发包人向承包人供应的材料款等）。

4）发包人对工程计量的结果和工程款支付证书进行审查确认，与承包人进行进度款结算，并在规定时间内向承包人支付工程进度款。同期用于工程上的发包人供应给承包人的材料设备价款，以及按约定发包人应按比例扣回的预付款，与工程进度款同期结算。合同价款调整、设计变更调整的合同价款及追加的合同价款应与工程进度款调整支付。

（2）工程进度款结算的计算方法

工程进度款的计算主要根据已完成工程量的计量结果和发包人与承包人事先约定的工程价格的计价方法。在《建筑工程施工发包与承包计价管理办法》中规定，工程价格的计价可以采用工料单价法和综合单价法。

1）工料单价法

是指单位工程分部分项的单价为直接费，直接费以人工、材料、机械的消耗量及其相应价格确定。管理费、规费、利润和税金等按照有关规定另行计算。

2）综合单价法

是指单位工程分部分项工程量的单价为全费用单价，全费用单价综合计算完成分部分项工程所发生的人工费、材料费、机械使用费、管理费、规费、利润和税金。

两种方法在选择时，既可以采用可调价格的方式，即工程价格在实施期间可随价格变化调整。也可以采用固定价格的方式，即工程价格在实施期间不因价格变化而调整，在工程价格中已考虑风险因素并在合同中明确了固定价格所包括的内容和范围。实践中采用较多的是可调工料单价法和固定综合单价法。

可调工料单价法计价，要按照国家规定的工程量计算规则计算工程量，工程量乘以单价作为直接成本单价，管理费、规费、利润和税金等按照工程建设合同标准分别计算。因为价格是可调的，其材料等费用在结算时按合同规定的内容和方式进行调价。固定综合单价法包含了风险费用在内的全费用单价，故不受时间价值的影响。

3. 工程保修金（尾留款）

甲乙双方一般都在工程建设合同中约定，工程项目总造价中应预留出一定比例的尾留款作为质量保修费用（又称保留金），待工程项目保修期结束后最后拨付。尾留款的扣除一般有两种做法：

（1）当工程进度款拨付累计达到该建筑安装工程造价的一定比例（一般为95%～97%左右）时，停止支付，预留造价部分作为尾留款。

（2）尾留款（保修金）的扣除也可以从发包方向承包方第一次支付的工程进度款开始在每次承包方应得的工程款中按约定的比例（一般是3%～5%）扣除作为保留金，直到保留金达到规定的限额为止。

4. 工程价款的动态结算

在我国，目前实行的是市场经济，物价水平是动态的、不断变化的。建设项目在工程建设合同周期内，随着时间的推移，经常要受到物价浮动的影响，其中人工费、机械费、材料费、运费价格的变化，对工程造价产生很大影响。

为使工程结算价款基本能够反映工程的实际消耗费用，现在通常采用的动态结算办法有实际价格调整法、调价文件计算法、调值公式法等。

（1）实际价格调整法

现在建筑材料需要市场采购供应的范围越来越大，有相当一部分工程项目对钢材、木材、水泥和装饰材料等主要材料采取实际价格结算的方法。承包商可凭发票按实报销。这种方法方便而正确，但由于是实报实销，承包商对降低成本不感兴趣；另外，由于建筑材料市场采购渠道广泛，同一种材料价格会因采购地点不同有差异，甲乙双方也会因此产生纠纷。为了避免副作用，价格调整应该在地方主管部门定期发布最高限价范围内进行，合同文件中应规定发包方有权要求承包方在保证材料质量的前提下选择更廉价的材料供应来源。

（2）调价文件计算法

这种方法是甲乙双方签订合同时按当时的预算价格承包，在合同工期内按照造价部门的调价文件的规定，进行材料补差（在同一价格期内按所完成的材料用量乘以价差）。也有的地方定期发布主要材料供应价格或指令性价格，对这一时期的工程进行材料补差，同时按照文件规定的调整系数，对人工、机械、次要材料费用的价差进行调整。

（3）调值公式法

根据国际惯例，对建设项目的动态结算一般采用此方法。在绝大多数国际工程项目中，甲乙双方在签订合同时就明确提出这一公式，以此作为价差调整的依据。

建筑安装调值公式一般包括固定部分、材料部分和人工部分，其表达式为：

$$P = P_0(a_0 + a_1 A/A_0 + a_2 B/B_0 + a_3 C/C_0 + a_4 D/D_0 + \cdots)$$

式中：P——调值后合同款或工程实际结算款；

P_0——合同价款中工程预算进度款；

a_0——固定要素，代表合同支付不能调整的部分占合同总价中的比重；

a_1、a_2、a_3、a_4、$\cdots$为有关各项费用（如：人工费、钢材费、水泥费、运输费等在合同总价中）所占比重，$a_1 + a_2 + a_3 + a_4$、$+\cdots = 1$；

A_0、B_0、C_0、D_0、$\cdots$为基准日期与 a_1、a_2、a_3、a_4、$\cdots$对应的各项费用的基期价格指数或价格；A、B、C、D、$\cdots$为在工程结算月份与 a_1、a_2、a_3、a_4、$\cdots$对应的各项费用的现行价格指数和价格。

各部分的成本比重系数在许多标书中要求在投标时提出，并在价格分析中予以论述，但也有由发包方（业主）在标书中规定一个允许范围，由投标人在此范围内选定。

7.3.3　工程竣工决算

工程竣工决算分为施工企业编制的单位工程竣工成本决算和建设单位编制的建设项目竣工决算两种。

1. 单位工程竣工成本决算

单位工程竣工成本决算是单位工程竣工后，由施工企业编制的，施工企业内部对竣工的单位工程进行实际成本分析，反映其经济效果的技术经济文件。

单位工程竣工成本决算，以单位工程为对象，以单位工程竣工结算为依据，核算一个单位工程的预算成本、实际成本、成本降低额。工程竣工成本决算反映单位工程预算执行情况,分析工程成本节约、超支的原因,并为同类工程积累成本资料,以总结经验教训、提高企业管理水平。

2. 建设项目竣工决算

(1) 建设项目竣工决算的概念

建设项目竣工决算是建设项目竣工后,由建设单位编制的、反映竣工项目从筹建开始到项目竣工交付使用为止的全部建设费用、建设成果和财务状况的总结性文件。

建设项目竣工决算是办理交付使用资产的依据,也是竣工报告的重要组成部分。建设单位与使用单位在办理资产的验收交接手续时,通过竣工决算反映了交付使用资产的全部价值,包括:固定资产、流动资产、无形资产和递延资产的价值。同时,建设项目竣工决算还详细提供了交付使用资产的名称、规格、型号、数量和价值等明细资料,是使用单位确定各项新增资产价值并登记入账的依据。

建设项目竣工决算是分析和检查设计概算的执行情况,考核投资效果的依据。建设项目竣工决算反映了竣工项目计划、实际的建设规模、建设工期以及设计和实际的生产能力,也反映了概算总投资和实际的建设成本,同时还反映了所达到的主要技术经济指标。通过对这些指标计划数、概算数与实际数进行对比分析,不仅可以全面掌握建设项目计划和概算的执行情况,而且可以考核建设项目投资效果,见表 7-2 所示。

建设项目竣工决算表   表 7-2

建设单位:某公司   开工时间 年 月 日

工程名称:住宅

工程结构:砖混

建筑面积:3600m²   竣工时间 年 月 日

成本项目	预算成本(元)	实际成本(元)	降低额(元)	降低率(%)	人工、材料、机械使用分析	预算用量	实际用量	实际用量与预算用量比较	
								节超量	节超率(%)
人工费	102870	102074	796	0.8	钢材	113t	111t	2t	1.8
材料费	1254240	1223136	31104	2.5	木材	75.6m³	75m³	0.6m³	0.8
机械费	167625	182012	−14387	−8.6	水泥	187.5t	1 90.5t	−3t	−1.6
其他直接费	6890	7205	−315	−4.6	砖	501 千块	495 千块	6 千块	1.2
直接成本	1531625	1514427	17198	1.1	砂	211m³	216.6m³	5.6m³	−2.7
施管费	278739	273218	5521	1.98	石	181t	187.4t	−6.4t	−3.5
其他间接费	91890	95625	−3735	−4.1	沥青	7.88t	7.5t	0.38t	4.8
总计	1902254	1883270	18984	1	生石灰	44.55t	42.3t	2.25t	5.1
预算总造价:2037933 元(土建工程费用) 单方造价:566.09 元/m² 单位工程成本:预算成本 528.40 元/m² 实际成本 523.13 元/m²					工日	7116	7173	−57	0.8
					机械费	167625	182012	−14387	−8.6

(2) 建设项目竣工决算的内容

1) 竣工决算报告情况说明书

竣工决算报告情况说明书,主要反映竣工工程建设成果和经验,是对竣工决算报表进行分析和补充说明的文件,是全面考核分析工程投资与造价的书面总结。其内容主要包括以下几个方面:

① 建设项目概况，对工程总的评价。从工程进度、质量、安全和造价 4 个方面进行说明。

② 各项财务和技术经济指标的分析。

③ 工程建设的经验及有待解决的问题。

2）竣工财务决算报表

竣工财务决算报表，要根据大、中型建设项目和小型建设项目分别制定。

大、中型建设项目竣工决算报表，包括建设项目竣工财务决算审批表；大、中型建设项目概况表；大、中型建设项目竣工财务决算表；大、中型建设项目交付使用资产总表；建设项目交付使用资产明细表。

小型建设项目竣工决算报表，包括建设项目竣工财务决算审批表；竣工财务决算总表；建设项目交付使用资产明细表。

3. 竣工决算的编制

（1）竣工决算的编制依据。竣工决算的编制依据主要包括以下 7 个方面：

1）经批准的可行性研究报告、投资估算、初步设计或扩大初步设计及其概算或修正概算。

2）经批准的施工图设计及其施工图预算或标底造价、承包合同、工程结算等有关资料。

3）设计变更记录、施工记录或施工签证单及其施工中发生的费用记录。

4）有关该建设项目其他费用的合同、资料。

5）历年基建计划、历年财务决算及批复文件。

6）设备、材料调价文件和调价记录。

7）有关财务核算制度、办法和其他有关资料文件等。

（2）竣工决算的编制步骤。

1）收集、整理和分析有关依据资料。

2）对照、核实工程变动情况，重新核实各单位工程、单项工程造价。

3）清理各项实物、财务、债务和节余物资。

4）填写竣工决算报表。

5）编制竣工决算说明。

6）做好工程造价对比分析。

7）清理、装订好竣工图。

8）按规定上报、审批、存档。

第8章 工程造价审计

8.1 工程造价审计概述

1. 工程造价审计含义

工程造价审计是建设项目审计的核心内容和主要构成要素。其重要性分别体现在《中华人民共和国审计法》、《审计机关国家建设项目审计准则》和《建设项目内部审计实务指南第1号》的有关规定中。

《中华人民共和国审计法》第22条规定："审计机关对政府投资和以政府投资为主的建设项目的预算执行情况和决算进行审计监督"。

建设项目审计，是基本建设经济监督活动的一种重要形式。它是审计机关依据国家的方针、政策和有关法规，运用现代审计技术方法，对建设单位投资过程、投资效益和财经纪律的遵守情况进行审查，做出客观公正的评价，并提出审计报告，以贯彻国家的投资政策，维护国家的利益，维护被审计单位的正当利益，严肃财经纪律，促使建设单位加强对投资的控制与管理，提高投资效益的一种经济监督活动。

《审计机关国家建设项目审计准则》第13条规定："审计机关对建设成本进行审计时，应当检查建设成本的真实性和合法性。"第15条规定："审计机关根据需要对工程结算和工程决算进行审计时，应当检查工程价款结算与实际完成投资的真实性、合法性及工程造价控制的有效性。"

中国内部审计协会2005年颁发的《内部审计实务指南第1号：建设项目内部审计》第32条规定："工程造价审计是指对项目全部成本的真实性、合法性进行的审计评价。"工程造价审计的目标包括：检查工程价格结算与完成的投资额的真实性、合法性；检查是否存在虚列工程、套取资金、弄虚作假、高估冒算行为等。

因此，从理论层面上看，工程造价审计是指由独立的审计机构和审计人员，依据党和国家在一定时期颁发的方针政策、法律法规和相关的技术经济标准，运用审计技术对建设项目全过程的各项工程造价活动以及与之相联系的各项工作进行的审计、监督。

由于工程造价审计是建设项目审计的重要组成部分，因此，工程造价审计在审计主体、审计范围、审计程序以及审计方法等方面与建设项目审计是一致的。

2. 工程造价审计主体

与其他专业审计一样，我国建设项目审计的主体由政府审计机关、社会审计组织和内部审计机构三大部分组成。其中，政府审计机关重点审计以国家投资或融资为主的基础设施性项目和公益性项目；社会审计组织接受被审单位或审计机关的委托对委托审计的项目实施审计，在我国的审计实务中，社会审计组织接受建设单位委托实施审计的项目大多以企业投资为主的竞争性项目，接受政府审计机关委托进行审计的项目大多为基础性项目或公益性项目；内部审计机构则重点审计本单位或系统内投资建设的所有建设项目。

3. 工程造价审计内容

建设项目审计的内容按其审计范围，可分为宏观审计和微观审计两个方面。宏观审计也称计划审计，是指对各地区、各部门投资计划的投资规模、结构、方向及拨款、贷款进行的审计。微观审计是指对具体的建设项目所涉及的建设单位、施工单位、监理单位等的相关财务收支的真实性、合法性的审查，对建设项目的投资效益进行审查，以及对建设单位内部控制制度的设置和落实情况进行审查。建设项目审计按固定资产形成过程的程序来划分，又可分为前期审计、建设过程审计、投资完成审计和投资效益审计。其具体的审计内容包括以下三个方面：

（1）投资估算、设计概算编制的审计

对以国家投资或融资为主的基础设施性项目和公益性项目，在可行性研究阶段应当审查投资估算是否准确，是否与项目工艺、项目规模相符，是否存在高估冒算现象；在初步设计阶段应当审查设计概算及修正的设计概算是否符合经批准的投资估算，检查设计概算及修正的设计概算的编制依据是否有效、内容是否完整、数据是否准确。

（2）概算执行情况审计及决算审计

对以国家投资或融资为主的基础设施性项目和公益性项目，在概算实施阶段重点审查是否存在"三超"（即概算超估算、施工图预算超概算、决算超预算）现象，审查调整概算的准确性，是否存在利用调整概算多列项目、提高标准、扩大规模的现象；竣工决算审计是在单位工程决算审计基础上，重点审查资产价值与设计概算的一致性，超支原因的合理性，结余资金的真实性等内容。

（3）工程结算审计

对以企事业单位或独立经济核算的经济实体投资为主的竞争性项目，工程造价审计的重点是工程结算审计，目的是帮助企业、事业单位减少投资浪费、提高投资效益。

8.2 工程造价审计实施

8.2.1 工程造价审计方法

审计方法是审计人员为取得审计证据，据以证实被审计事实，做出审计评价而采取的各种专门技术手段的总称。审计方法的选择是否得当，与整个审计工作进程和审计结论的正确与否有着密切的关系。

工程造价审计的方法很多，如简单审计法，全面审查法，抽样审查法，对比审查法，分组审查法，现场观察法，复核法，分析筛选法等，本书不一一介绍，主要介绍以下几种。

1. 简单审计法

在某一建设项目的审计过程中，对关于某一个不重要或者经审计人员主观经验判断认为信赖度较高的环节和方面，可就其中关键审计点进行审核，而不需全面详细审计。如在建设项目的概预算审计中，如果是信誉度较高单位编制的概预算文件，审计人员可以采取简单审计方法，仅从工程单价、收费标准两方面进行审计。

2. 全面审计法

对建设项目工程量的计算、单价的套选和取费标准的运用等所有建设项目的财务收支等进行全面审计。此种方法审查面广、细致，有利于发现建设项目中存在的各种问题。但此种方法费时费力，一般仅用于大型工程、重点项目或问题较多的建设项目。

3. 现场观察法

现场观察法是指采用对施工现场直接考察的方法，观察现场工作人员及管理活动，检查工程实际进展与图纸范围（或合同义务）是否一致、吻合。审计人员对影响工程造价较大的某些关键部位或关键工序应到现场实地观察和检查，尤其对某些涉及造价调整的隐蔽工程应有针对性地在隐蔽前抽查监理验收资料，并且做好相关记录，有条件的还可以留有影像资料。

这种审计方法对十分重视工程计量工作的单价合同工程显得尤为重要。如对于土方开挖、回填等分项工程，审计人员应要求监理人员进行实测实量，分阶段验收，要严格分清不同土质、深度、体积、地下水、放坡和支撑等情况，分别测量工程量，不能只是一个工程量总数。

4. 分析筛选审计法

分析筛选审计法指造价人员综合运用各种系统方法，对建设工程项目的具体内容进行分离和分类，综合分析，发现疑点，然后揭露问题的一种方法。分析筛选法的目的在于通过分析查找可疑事项，为审计工作寻找线索，进而查出个各种错误和弊端。

在分析筛选过程中，可以利用主观经验，或通过各类经济技术指标的对比，经多次筛选，选出可疑问题，然后进行审计。如先将建设项目中不同类型工程的每平方米造价与规定的标准进行比较，若未超出规定标准，就可进行简单审计，若超出规定标准，再根据各分部工程造价的比重，用积累的经验数据进行第二次筛选，如此下去，直至选取出重点。这种方法可加快审计速度，但事先须积累必要的经验数据，而且不能发现所有问题，可能会遗漏存在重大问题的环节或项目。

5. 复核法

复核法是指将有关工程资料中的相关数据和内容进行互相对照，以核实是否相符和正确的一种审计技术方法。

在工程造价审计中，可以利用工程资料之间的依存关系和逻辑关系进行审计取证。例如，通过将初步设计概算与合同总价对比，可以分析有无提高标准和增列工程的问题；将竣工结算与完成工作量、竣工图、变更、现场签证等有关资料核对，分析工程价款结算与实际完成投资是否一致和真实；将工程核算资料与会计核算资料核对，分析有无成本不实核算不一致的情况等。

在造价审计过程中，造价审计人员利用被审单位所提供的隐蔽工程签证单与施工单位所提供的施工日志核对，普遍能查出工程结算存在重复签证与乱签证，多计隐蔽工程造价的情况。

6. 询价比价法

询价比价法是对设备材料等采购的市场公允价格进行确定的方法。主要包括市场询价和综合比价等方法。

市场询价是指审计人员通过市场询价（调查），掌握拟审计物资不同供货商的价格信息，经比较后确定有利于购买单位的最优价格，将之作为审计标准。要求对同一物资应调查三个及以上供货商，有较多的价格信息进行比较。

综合比价法是指对所购物资的进价及其他相关费用进行综合比较后确定有利于购买单

位的最优价格，将之作为审计标准。如在概算审计中，对一些设计深度不够、难以核算、投资较大的关键设备和设施应进行多方面查询核对，明确其价格构成、规格质量等情况。

工程造价审计方法各有其优缺点。审计时究竟以何种方法为主，要结合项目特点、审计内容综合确定，必要时要综合运用各种方法进行审计。

8.2.2　工程造价审计程序

建设项目审计程序，是指进行该项审计工作所必须遵循的先后工作顺序。按照科学的程序实施建设项目审计，可以提高审计工作效率，明确审计责任，提高审计工作质量，按照我国内部审计协会颁发的《内部审计基本准则》要求，建设项目审计程序一般可分为审计准备阶段、审计实施阶段，审计终结阶段和后续审计阶段。

1. 审计准备阶段

审计准备阶段是审计工作的起点，为审计工作的顺利实施制定科学合理的审计计划，主要包括确定审计项目，成立审计小组，制定审计方案，初步收集审计资料，下达审计通知书或签订审计业务约定书。

（1）确定审计项目

审计项目的确定方式因审计主体的不同而有所不同。

国家审计机关主要根据上级审计机关和本级人民政府的要求，确定审计工作重点，编制年度审计计划，确定审计项目。如国家审计署每年都会制定当年的审计工作重点。

社会审计机构则主要根据自身综合实力，考虑经济利益及审计风险的大小来确定审计项目。

内部审计机构主要根据本部门和本单位当年项目建设安排，按照本单位的管理要求，根据项目的重要程度和风险大小，结合自身的能力，有重点地选择审计项目。

（2）成立审计小组

在确定审计项目后，根据项目的性质、特点和具体审计内容合理安排组织审计人员，成立审计小组，并进行合理分工，在分工中注意审计人员的知识结构和年龄结构，进行合理组织，一般情况下，工程造价审计项目的组成人员由工程技术人员、财务会计人员、技术经济人员和管理人员组成。

（3）制定审计方案

审计方案是对整个审计工作事前做出的整体安排。审计方案主要包括项目审计依据、目标、范围，被审项目基本情况，审计内容和分工，审计起止时间安排等内容，国家审计机关主持的审计项目在报主管领导批准后，由审计小组负责实施。

（4）初步收集审计资料

在实施项目审计前，审计人员应初步收集与工程造价审计有关的资料，比如有关的法律、法规、规章、政策及其他标准规范等，还包括被审单位的基本情况和被审项目的以往审计档案资料等。

（5）下达审计通知书或签订审计业务约定书

按照《中华人民共和国国家审计基本准则》（审计署第 1 号）规定："审计机关应当在实施审计三日前，向被审计单位送达审计通知书。国家审计具有强制性，被审计单位没有权利选择审计主体。"

社会审计机构与被审单位之间主要是通过签订业务约定书的形式，建立审计与被审的关系，审计单位与被审单位的选择是双向的。

2. 审计实施阶段

审计实施阶段是根据计划阶段确定的范围、要点、步骤和方法等，进行取证、评价，借以形成结论，实现目标的中间过程。

(1) 进驻被审计单位，收集审计资料

审计人员按照下达的审计通知书或签订的业务约定书所规定的进点审计时间进驻被审计单位。进点后一般要开一个进点会：一方面向被审计单位领导和有关人员说明来意，宣传政策，取得理解、信任和支持；另一方面通过进点会向被审计单位领导和有关人员了解项目的一些具体情况，如建设单位和建设项目的基本情况、项目资金的来源和数量、项目概算数额及其调整、工程的进展情况、设计单位、施工单位、主要设备和材料供应商的名称地址等。

(2) 内部控制制度的测试及评价

对被审计单位内部控制制度的测试和评价属于制度基础审计方法，通过对内部制度的健全性和符合性测试，从而评价建设项目内部控制制度的有效性，并据此根据需要对审计方案进行适当修改，如果内部控制制度被评定为无效的，则需要加大实质性审计工作内容；如果内部控制制度被评定为有效的，则可适当减少实质性审计工作内容。

(3) 实施实质性审计，初步得出审计结论

根据最新的审计方案，对建设项目实施实质性审计。在此阶段，审计人员根据最新确定的审计范围和审计重点，对项目的有关资料、工程承包合同文件等文件资料和实物进行认真的审核和检查。审计过程中需要不断进入施工现场，对实物进行测量和盘点，调查收集第一手资料，保证审计内容的真实性。

在经过周密计划和详细的审计之后，审计人员可以依据国家现阶段的方针、政策、法律、法规及有关技术经济文件，对审计项目进行评价，初步得出审计结论。

(4) 编写审计报告

审计组对审计事项实施审计后，应该向审计机关提出审计组的审计报告。审计组的审计报告送审计机关前，应当征求被审计单位的意见。被审计单位应当自接到审计组的审计报告之日起 10 天内，将其书面意见送至审计组。审计组应当将被审计单位的书面意见一并报送审计机关。审计机关按照规定的程序对审计组的审计报告进行审议，并对被审计单位对审计组的审计报告提出的意见一并研究后，提出审计机关的审计报告；对违反国家规定的财政收支、财务收支行为，依法应当给予处理、处罚的，在法定职权范围内作出审计决定或者向有关主管机关提出处理、处罚的意见、审计机关应当将审计机关的审计报告和审计决定送达审计单位和有关主管部门，审计决定自送达之日起生效。

社会审计单位的审计报告的主送单位是审计委托单位，不需要也无权出具审计决定，审计报告只起到"鉴证"作用。内部审计机构也可以参照国家审计机关的模式完成审计报告。

3. 审计终结阶段

审计工作实施阶段结束后，审计人员应把审计过程中形成的文件资料整理归档。需要归档的主要资料有：审计工作底稿，审计报告，审计建议书，审计决定，审计通知书，审计方案和审计时所做的主要资料的复印件。

8.3 工程造价审计内容

工程造价审计的实质就是项目后评估审计中的经济性审计，其主要目标是审计工程造价的真实性，计算过程的规范性和执行过程的正确性。

8.3.1 建设项目概算审计

1. 审计概算编制依据

（1）审计编制依据的合法性。设计概算必须依据经有权部门批准的可行性研究报告及投资估算进行编制，审查其是否存在"搭车"多列项目的现象，对概算投资超过批准估算投资规定幅度以上的，应分析原因，要求被审计单位重新上报审批。

（2）审计编制依据的时效性。设计概算的大部分编制依据应当是国家或有关部门颁发的现行规定，注意编制概算的时间与其使用的文件资料的时间是否吻合，不能使用过时的依据资料。

（3）审计编制依据的适用性。各种编制依据都有规定的使用范围，如各主管部门规定的各种专业定额及取费标准，只适用于该部门的专业工程；各地区规定的定额及取费标准只适合于本地区的工程等。在编制概算时，不得使用规定范围之外的依据资料。

2. 审计概算编制深度

一般大中型项目的设计概算，应有完整的编制说明和"三级概算"（即建设项目总概算书、单项工程综合概算书、单位工程概算书），审计过程中应注意审查其是否符合规定的"三级概算"，各级概算的编制是否按规定的编制深度进行编制。

3. 审计概算书内容的完整性及合理性

（1）审计建设项目总概算书。重点审计总概算中所列的项目是否符合建设项目前期决策批准的项目内容，项目的建设规模、生产能力、设计标准、建设用地、建筑面积、主要设备、配套工程和设计定员等是否符合批准的可行性研究报告，各项费用是否有可能发生，费用之间是否重复，总投资额是否控制在批准的投资估算以内，总概算的内容是否完整的包括了建设项目从筹建到竣工投产为止的全部费用。

（2）审计单项工程综合概算和单位工程概算。这一部分的审计应特别注意工程费用部分，重点审计在概算书中所体现的各项费用的计算方法是否得当，概算指标或概算定额的标准是否适当，工程量计算是否正确。如，建筑工程采用工程所在地区的概算定额、价格指数和有关人工、材料、机械台班的单价是否符合现行规定，安装工程采用的部门或地区定额是否符合工程所在地区的市场价格水平，概算指标调整系数、主材价格、人工、机械台班和辅助调整系数是否是按当时最新规定执行，引进设备安装费率或计取标准、部分行业安装费率是否按有关部门规定计算等。对于生产性建设项目，由于工业建设项目设备投资比较大，设备费的审计也十分重要。

（3）审计工程其他费概算。重点审计其他费用的内容是否真实，在具体的建设项目中是否有可能发生，费用计算的依据是否适当，费用之间是否重复等有关内容。审计要点和难点主要在建设单位管理费审计、建设用地费审计和联合试运转费审计等方面。

（4）在审计过程中，还应重点检查总概算中各项综合指标和单项指标与同类工程技术经济指标对比是否合理。

【案例 8-1】 某建设单位决定拆除本单位内的一座三层单身职工宿舍，而后在该场地上建设一栋 18 层高的综合办公大楼。同时，在原场地之外的另一建设地点新建一座与原来规模相同的单身职工宿舍，预计其建设安装工程费造价为 50 万元。这一方案已经得到了有关部门的批准。建设单位在编制综合办公大楼的设计概算时，计算了职工宿舍拆除费 12 万元，职工安置补助费 50 万余（按照建设宿舍的费用计算）。

审计发现的问题是：

（1）拆除费应计入综合办公大楼的设计概算。如果 12 万元的数额是正确的，该项费用的计算就是正确的。

（2）单身职工的安置补助费也应计入综合办公大楼的设计概算，但不能按照新建职工宿舍的费用标准计算，应考虑需要安置的时间和部门规定的补助费标准计算。

（3）在该项目设计概算中，安置费用补助费按照 50 万元计算，是一个典型的"夹带"项目行为，即用一个综合办公大楼的投资建设两个工程项目。

【案例 8-2】　某大学新校区建设项目概算编制说明如下（建设项目总概算书、单项工程综合概算书、单位工程概算书略）：

该项目总投资 26808 万元。其中工程费用 21550 万元。工程建设其他费用 4258 万元，预备费 1000 万元。

本概算根据××设计院设计的初步设计图纸、初步设计说明、土建工程采用 2006 年版《××省建筑工程概算定额》。

概算取费标准按《××省建筑安装工程费用定额》及××市建委文件规定。

主要设备、材料按目前市场价计列。

审计发现的问题：

（1）工程概况内容不完整。工程概况应包括建设规模、工程范围并说明工程总概算中包括和不包括的内容。经查明，本概算中未包括由该大学的共建单位负责提供的 30hm² （450 亩）土地［总征地 33.33hm²（500 亩）］，概算编制单位应当对此加以说明。

（2）编制依据不完整。概算中的附属建筑、设备工器具购置费及其他费用，没有说明相应的编制依据和编制方法。经查明，附属建筑是根据经验估算的，设备工器具购置费与工程建设其他费用是按照可行性研究报告中的投资估算直接列入的，未进行详细的分析和测算。

（3）该概算未编制资金筹措及资金年度使用计划。

（4）工程概算投资的内容不完整、不合理。具体表现在：

1）设备购置费缺乏依据。审计发现初步设计中设计中没有设备详单，概算中所列设备费 1500 万元纯属"拍脑袋"决定。

2）征地拆迁费不完整。本项目需征地 33.3330hm²（500 亩），而概算中未将共建单位提供 30hm²（450 亩）用地费用列入。

3）未考虑有关贷款的利息费用。概算未编制资金筹措计划，所以无法计算建设期利息，但贷款是肯定要发生的，因此这样的概算也就很难作为控制实际投资的标准。

4）装饰装修材料的价格缺乏依据。设计单位在初步设计中，仅仅注明使用材料的品种，对装饰材料的档次标准未做出规定，这使得装饰材料的价格难以合理确定。

审计建议：要求设计单位和建设单位针对审计发现的问题加以改正和完善。

8.3.2 建设项目概算执行情况审计

对概算在工程实施过程中的执行情况进行审计的主要内容包括：

1. 项目规模、标准和内容的审计

在我国的工程建设中，概算实施的中超规模、超标准、超概算的现象较为严重。概算执行情况审计，应重点审计工程承包合同中确定的建设规模、建设标准、建设内容和合同价格等是否控制在批准的初步设计及概算文件范围内。对确已超出规定范围的，应当审计是否按规定程序报原项目审批部门审查同意。对未经审查部门批准，擅自扩大建设规模、提高建设标准的，应当告知有关部门严肃处理。

2. 概算调整审计

由于工程建设项目周期较长，不确定因素较多，项目实施过程中进行适当调整是难以避免的，但是必须要加强对调整概算的审计，防止建设单位利用"调整"机会"搭车"多列项目、提高建设标准、扩大建设规模。同时，审计中应注意审查调整概算的准确性，注意调整事项是否与有关规定和市场行情相符。

3. 审计工程物资及设备采购

（1）审计采购计划。要检查建设单位采购计划所列各种设备、材料是否符合已报经批准的设计文件和基本建设计划；检查所拟定的采购地点是否合理；检查采购程序是否规范；检查采购的批准权与采购权等不相容职务分离及相关内部控制是否健全、有效等。

（2）审计采购合同。要检查采购是否按照公平竞争、择优择廉的原则来确定供应方；检查设备和材料的规格、品种、质量、数量、单价、包装方式、结算方式、运输方式、交货地点、期限、总价和违约责任等条款规定是否齐全；检查对新型设备、新型材料的采购是否进行实地考察、资质审查、价格合理分析及专利权真实性审查；检查采购合同与财务决算、计划、设计、施工和工程造价等各个环节衔接部位的管理情况，是否存在因脱节而造成的资产流失问题等。

（3）审计物资核算。要检查货款的支付是否按照合同的有关条款执行；检查代理采购中代理费用的计算和提取方法是否合理；检查有无任意提高采购费用和开支标准的问题；检查会计核算资料是否真实可靠；检查采购成本计算是否准确、合理等。

（4）审计物资管理。要检查购进设备和材料是否按合同约定的质量标准进行验收，是否有健全的验收、入库和保管制度，检查验收记录的真实性、完整性和有效性；检查验收合格的设备和材料是否全部入库，有无少收、漏收、错收以及涂改凭证等问题；检查设备和材料的存放、保管、领用的内部控制制度是否健全；检查建设项目剩余或不使用的设备和材料以及废料的销售情况；检查库存物资的盘点制度及执行情况、对盘点结果的处理措施等。

8.3.3 建设项目竣工决算审计

竣工决算审计是指审计机关依法对建设项目竣工决算的真实性、合法性以及效益进行的审计监督。竣工决算审计的目的是保障建设资金合理、合法的使用，正确评价投资效益，总结建设经验，提高建设项目管理水平。

建设项目竣工决算主要包括以下内容：

1. 工程结算审计

工程结算审计包括设备采购费用审计的重点，因合同类型的不同而有所不同。一般而言，对工程变更、现场签证和工程量计量的审计是工程结算审计的重点。

（1）工程变更审计。工程变更审计成为工程结算审计中的一个关注点，对工程变更的审计主要包括工程变更手续是否合理、合法；工程变更是否真实，主要指工程实体与设计变更通知要求是否吻合；工程变更的工程量计算是否正确；变更工程的价款计算是否正确、合理。

（2）现场签证审计，工程施工现场签证也是工程造价审计的一个重点。目前，工程实践中存在的现场签证内容不清楚、程序不规范、责权不清楚等情况，是造成合同价格得不到有效执行和控制的重要原因。审计人员应要求建设单位建立、健全现场签证管理制度，明确签证权限，实行限额签证。同时要求签证单上必须有发包人代表、监理工程师、承包人（项目部）三方的签字和盖章，方可作为竣工结算的依据；必须明确签证的原因、位置、尺寸、数量、材料、人工、机械台班、价格和签证时间。在现场签证审计过程中还应要求各相关方及时做好现场签证，减少事后补签的情况。

（3）工程量审计，工程量的审计也是工程结算审计的重点，工程量审计的含义不仅包括现场真实工程情况的检查和工程数量的计算，更包括合同范围外工程量的判定。因承包人自身原因造成的合同内工程数量的增加，在工程结算中是不予支持的；合同范围外工程量的审计更强调合同范围外工程量签证程序的审计。

2. 基建支出的审计

审计后的工程结算由财务部门进行会计核算，编制财务竣工决算报表，对财务竣工决算报表的审计重点是审查"建筑安装工程投资"、"设备投资"、"待摊投资"、"其他投资"的核算内容与方法是否合法、正确；列支范围是否符合现行制度的规定；其发生、分配是否真实、合法；核算所设置的会计科目及其明细科目是否正确；账务处理是否正确。在审计中，如发现费用支出不符合规定的范围，或其支出的账务处理有误，应督促建设单位根据制度的规定予以调整。审查各项目是否与历年资金平衡表中各项目期末数的关系相一致；根据"竣工工程概况表"，将基建支出的实际合计数与概算合计数进行比较，审查基建投资支出的情况。

在基建支出审计中，其他各项费用主要审计土地费用是否超过批准的设计概算，是否存在"搭车"征地行为；审计建设单位管理费的列支范围和标准是否符合有关规定；审计管理车辆购置费、生活福利设施费、工器具及办公生活家具购置费以及职工培训费的使用是否合理合规。

3. 交付使用资产审计

建设单位已经完成建造、购置过程，并已交付生产使用单位的各项资产，主要包括固定资产和为生产准备的不够固定资产标准的设备、工具、器具和家具等流动资产，还包括建设单位用基建拨款或投资借款购建的在建设期间自用的固定资产，都属于交付使用资产。

交付使用资产的依据是竣工决算中交付使用资产明细表。建设单位在办理竣工验收和财产交接工作以前，必须依据"建筑安装工程投资"、"设备投资"、"其他投资"和"待摊投资"等科目的明细记录，计算交付使用资产的实际成本，以便编制交付使用资产明细表。交付使用资产明细表应由交接双方签证后才能作为交接使用资产入账的依据。

交付使用资产的审计，应审查以下几个方面：

（1）交付使用资产明细表所列数量金额是否与账面相符，是否与交付使用资产总表相符，是否与设计概算相符，其中建安工程和大型设备应逐一核对，小型设备工具、器具和家具等只可抽查一部分，但其总金额应与有关数字相符。

（2）交付使用资产明细表应经过移交单位和接收单位双方签章，交接双方必须落实到人，交接财产必须经双方清点过目，不可看表不看物。

（3）交付使用资产的固定资产是否经过有关部门组织竣工验收，没有竣工验收报告的，不得列入交付使用资产。

（4）审查交付使用资产中有无应列入待摊投资和其他投资的，如有发现应予调整。

（5）审查待摊投资的分摊方法是否符合会计制度；工程竣工时，应全部分摊完，不留余额。

4. 基建收入的审计

基建收入主要指项目建设过程中各项工程建设副产品变价净收入、负荷试车和试生产收入，以及其他收入等，基建收入的审计主要包括收入的范围是否真实、合法，收入的账务处理是否正确，数据是否真实，有无转移收入、私设"小金库"的情况，基建收入的税收计缴是否正确，是否按比例进行分配。

5. 竣工结余资金审计

建设项目竣工结余资金是指建设项目竣工后剩余的资金，其主要占用形态表现为剩余的库存材料、库存设备及往来账款等。竣工结余资金的审计主要包括：

（1）审计银行存款、现金和其他货币资金的结余是否真实存在。

（2）对库存物资进行盘点，审计库存材料、设备的真实性和质量状况，审计处理库存物资的计价是否合理。

（3）审计往来款项的真实性和准确性，包括各类预付款项的支付是否符合协议和合同，应收款项是否真实准确，重点审计坏账损失是否真实、正确、合规。

（4）审计竣工结余资金的处理是否合法合规。

【案例 8-3】 某城市自来水厂是该市新建的一项基础设施工程，建设期 3 年，项目总投资 11493.56 万元，其中市政府筹集 4500 万元，市政公用局和市自来水公司集资解决6993.56 万元。项目建成后，依法对该项目实行竣工决算审计。

审计发现的问题是：

（1）概算漏项。少列投资 847.69 万元，错误计算少计 333.4 万元，实际材料设备涨价扣除价差预备费后增加投资 2349.82 万元，合计 3557.91 万元。

（2）财务核算不合规定。建设单位将生产工人培训费 12000 元，计入了待摊投资。

（3）建设单位工程管理部为了工程管理方便，购买了一辆 25 万元的小轿车为管理人员使用。小轿车的使用寿命 10 年，该费用一次计入建设单位管理费用。

（4）通过现场调查发现，已经记入设备投资完成额的需安装的部分设备安装工程内容存在缺少设计图纸依据的问题，该部分设备的成本 500 万元。

针对以上问题，审计评价与建议是：

（1）概算投资缺口 3557.91 万元，应如实向各主管部门汇报，反应超概算的原因以及各要素的详细计算过程，请示调整项目概算。

（2）对财务核实不合规的地方，应按照国家规定的会计制度进行调整。

1) 生产工人的培训费应计入其他投资的相应科目，调减待摊投资 12000 元，调增其他投资 12000 元。

2) 建设单位工程管理部购买的作为工程管理的小轿车 25 万元，不应一次性全部记入该工程项目，应按小轿车在建设期的折旧费计入摊销投资——建设单位管理费。

3) 由于缺少部分设备安装的图纸，没有同时满足"正式开始安装"的条件，不能计算设备投资完成额，应办理假退库，调减设备投资 500 万元，调增库存设备 500 万元。

8.4 清单计价的工程结算审计思路

由于工程价款结算是基建支出的重要组成部分，是固定资产价值形成的主要形式，因此工程价款结算审计一直是建设项目造价审计的重点。

在定额计价模式下，工程价款结算审计的重点是工程量的计算和定额的套用，在清单计价条件下，由于工程价款结算的依据是双方签订的合同和招投标过程中编制的工程量清单计价的相关表格，因此，清单计价条件下，工程价款结算审计要改变过去定额模式下的审计思路。

1. 招标投标的审计

事实上，对招标投标的审计本身就是建设项目审计的一个重要内容，它不仅包括对招标程序的合法、合规性审计、开标评标定标过程的规范性审计，还包括合同签订过程的规范性、合同条款的完整性、符合性审计。由于在工程量清单计价中，工程价款结算数额更大程度地取决于双方签订的合同和工程量清单计价相关表格的各项内容，因此，在本节中，我们主要介绍对清单报价评审的审计及相应合同条款的审计。

(1) 审计招标文件中矛盾和含糊的用语

招标文件中的合同条款和工程量清单直接影响投标人的报价，也将影响到工程价款的结算，审计招标文件的规范性和准确性是保证报价准确的重要环节。

【案例 8-4】 某两栋高层住宅工程，建筑面积为 20000m²，在招标文件中明确规定合同采用固定总价合同，但在工程量清单中，详细列出了主要材料暂定价格，请提出审计意见？

审计分析：

该案例有两处不妥：

1) 该工程规模较大，不宜采用固定总价合同。

2) "固定总价合同"的规定与"主要材料暂定价格"存在矛盾，因为在固定总价合同中，投标人承担价格和工程量的风险，因此投标人会在报价中考虑价格上涨的风险；而材料暂定价格限制了投标人对价格风险的估计和把握，因此，在价款结算中，这必定会成为双方各执一词、难以协调的问题所在。

(2) 审计报价评审细则规定是否全面

是否明确规定可能的报价偏差，及相应的评审办法。投标人在清单报价中有意或无意的偏差、错误可能会导致工程的高价结算，例如，投标人对招标人费用的下浮处理、未按规定计取规费和税金、对清单项目、特征的修改，单价与合价的不一致，都在一定程度上隐瞒了其单价水平和企业实力，在评标中应作为废标处理或予以调整。

是否对投标报价与施工方法的一致性进行评审。工程量清单招标要求在技术标和商务标两方面都体现投标人的企业综合能力，要求报价紧密结合施工技术、工艺和标准，分部分项单价应该在技术标和市场价中取得支持，因此，投标人的施工方法和工艺的选择，将更加直接影响工程造价，也将成为判断报价是否合理的基础，目前评标中，施工组织设计与报价的对应性评审也成为评委评审的内容之一，企业个别水平得以真实体现。

是否对不平衡报价予以重点评审，对投标人而言，不平衡报价是一种投标策略，而对招标人而言，则将导致低价发包，高价结算，更严重的是当投标单价成倍或数倍高于适中的市场价时，招标人将蒙受巨额损失，因此如何防止这种现象的产生或者将其控制在合理幅度内就成为工程量清单招标中招标人重点对待的问题。

2. 价款结算的依据的审计

现场签证、工程变更通知等都是施工单位实际发生费用的证据，是价款结算的依据和凭证。在以往的工程价款结算审计中，主要强调其真实性审计——是否有监理签字、是否与工程实际相符等。在清单计价模式下，承包商为中标，不惜在报价中降低利润空间，但在工程施工阶段，承包商为了追求利润最大化，会在现场签证和工程变更上做文章，以此取得更大的利润。因此，对工程变更的必要性和经济性的审计也是同样重要的。

【案例 8-5】 某单层厂房，因土质较差，设计图纸采用水泥搅拌桩和条形基础，工程量清单按此设计编制。在实际施工过程中，施工单位以节约工期为由提出变更基础设计，由原设计改为筏板基础。对此业主征求了审计的意见。

审计分析：经过技术经济论证发现虽然筏板基础可以节约少量工期，但造价却大幅度提高。因此，审计人员认为原设计满足技术要求，对工期没有实质性影响，相对经济合理，建议业主采用原设计方案。

3. 审计介入时间的转变

在我国，造价审计的重点反映为建设项目决算审计，但众所周知，决算直接受概预算的影响。因此，重视建设项目概预算审计、重视招投标全过程的跟踪审计，从源头控制建设项目决算，是建设项目决算真实性与可靠性的保证。此外，如本节前面所述，在工程量清单计价条件下，无论是对招标投标的审计，还是对价款结算依据的审计，都是建立在事前审计和跟踪审计的前提条件下的。因此，为提高投资效果、保证建设资金合理合法使用，工程造价审计应尽量提前介入，采取事前审计和跟踪审计的方法，向决策审计延伸、向设计方案审计延伸，向工程管理审计和质量审计方向延伸。

当然从我国审计实践上看，只有内部审计机构有条件实施"同步审计"，国家审计目前由于受到审计概念、审计体制、审计资源等诸多因素的限制，普遍开展审计该设计概算的跟踪审计还有待时日。

附录 1 型钢规格表

附 1-1 普通工字钢

符号：h——高度；

b——宽度；

t_w——腹板厚度；

t——翼缘平均厚度；

I——惯性矩；

W——截面模量；

i——回转半径；

S_x——半截面的面积矩。

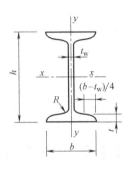

附图 1-1 普通工字钢尺寸

长度：

型号 10~18，长 5~19m；

型号 20~63，长 6~19m。

普通工字钢规格   附表 1-1

型号	尺 寸					截面积 (cm²)	质量 (kg/m)	x—x 轴				y—y 轴		
	h	b	t_w	t	R			I_x	W_x	i_x	I_x/S_x	I_y	W_y	i_y
	(mm)							(cm⁴)	(cm³)	(cm)		(cm⁴)	(cm³)	(cm)
10	100	68	4.5	7.6	6.5	14.3	11.2	245	49	4.14	8.69	33	9.6	1.51
12.6	126	74	5.0	8.4	7.0	18.1	14.2	488	77	5.19	11.0	47	12.7	1.61
14	140	80	5.5	9.1	7.5	21.5	16.9	712	102	5.75	12.2	64	16.1	1.73
16	160	88	6.0	9.9	8.0	26.1	20.5	1127	141	6.57	13.9	93	21.1	1.89
18	180	94	6.5	10.7	8.5	30.7	24.1	1699	185	7.37	15.4	123	26.2	2.00
20 a	200	100	7.0	11.4	9.0	35.5	27.9	2369	237	8.16	17.4	158	31.6	2.11
b		102	9.0			39.5	31.1	2502	250	7.95	17.1	169	33.1	2.07
22 a	220	110	7.5	12.3	9.5	42.1	33.0	3406	310	8.99	19.2	226	41.1	2.32
b		112	9.5			46.5	36.5	3583	326	8.78	18.9	240	42.9	2.27
25 a	250	116	8.0	13.0	10.0	48.5	38.1	5017	401	10.2	21.7	280	48.4	2.40
b		118	10.0			53.5	42.0	5278	422	9.93	21.4	297	50.4	2.36
28 a	280	122	8.5	13.7	10.5	55.4	43.5	7115	508	11.3	24.3	344	56.4	2.49
b		124	10.5			61.0	47.9	7481	534	11.1	24.0	364	58.7	2.44
a		130	9.5			67.1	52.7	11080	692	12.8	27.7	459	70.6	2.62
32 b	320	132	11.5	15.0	11.5	73.5	57.7	11626	727	12.6	27.3	484	73.3	2.57
c		134	13.5			79.9	62.7	12173	761	12.3	26.9	510	76.1	2.53
a		136	10.0			76.4	60.0	15796	878	14.4	31.0	555	81.6	2.69
36 b	360	138	12.0	15.8	12.0	83.6	65.6	16574	921	14.1	30.6	584	84.6	2.64
c		140	14.0			90.8	71.3	17351	964	13.8	30.2	614	87.7	2.60
a		142	10.5			86.1	67.6	21714	1086	15.9	34.4	660	92.9	2.77
40 b	400	144	12.5	16.5	12.5	94.1	73.8	22781	1139	15.6	33.9	693	96.2	2.71
c		146	14.5			102	80.1	23847	1192	15.3	33.5	727	99.7	2.67

续表

型号	尺 寸					截面积 (cm²)	质量 (kg/m)	x—x轴				y—y轴		
	h	b	t_w	t	R			I_x	W_x	i_x	I_x/S_x	I_y	W_y	i_y
	(mm)							(cm⁴)	(cm³)	(cm)		(cm⁴)	(cm³)	(cm)
45 a	450	150	11.5	18.0	13.5	102	80.4	32241	1433	17.7	38.5	855	114	2.89
b		152	13.5			111	87.4	33759	1500	17.4	38.1	895	118	2.84
c		154	15.5			120	94.5	35278	1568	17.1	37.6	938	122	2.79
50 a	500	158	12.0	20.0	14.0	119	93.6	46472	1859	19.7	42.9	1122	142	3.07
b		160	14.0			129	101	48556	1942	19.4	42.3	1171	146	3.01
c		162	16.0			139	109	50639	2026	19.1	41.9	1224	151	2.96
56 a	560	166	12.5	21.0	14.5	135	106	65576	2342	22.0	47.9	1366	165	3.18
b		168	14.5			147	115	68503	2447	21.6	47.3	1424	170	3.12
c		170	16.5			158	124	71430	2551	21.3	46.8	1485	175	3.07
63 a	630	176	13.0	22.0	15.0	155	122	94004	2984	24.7	53.8	1702	194	3.32
b		178	15.0			167	131	98171	3117	24.2	53.2	1771	199	3.25
c		780	17.0			180	141	102339	3249	23.9	52.6	1842	205	3.20

附 1-2 普通槽钢

符号：

同普通工字钢。但 W_y 为对应翼缘肢尖的截面模量。

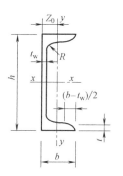

长度：

型号 5~8，长 5~12m；

型号 10~18，长 5~19m；

型号 20~20，长 6~19m。

附图 1-2 普通槽钢尺寸

普通槽钢规格
附表 1-2

型号	尺 寸					截面积 (cm²)	质量 (kg/m)	x—x轴			y—y轴			y₁—y₁轴	Z_0
	h	b	t_w	t	R			I_x	W_x	i_x	I_y	W_y	i_y	I_{y1}	
	(mm)							(cm⁴)	(cm³)	(cm)	(cm⁴)	(cm³)	(cm)	(cm⁴)	(cm)
5	50	37	4.5	7.0	7.0	6.92	5.44	26	10.4	1.94	8.3	3.5	1.10	20.9	1.35
6.3	63	40	4.8	7.5	7.5	8.45	6.63	51	16.3	2.46	11.9	4.6	1.19	28.3	1.39
8	80	43	5.0	8.0	8.0	10.24	8.04	101	25.3	3.14	16.6	5.8	1.27	37.4	1.42
10	100	48	5.3	8.5	8.5	12.74	10.00	198	39.7	3.94	25.6	7.8	1.42	54.9	1.52
12.6	126	53	5.5	9.0	9.0	15.69	12.31	389	61.7	4.98	38.0	10.3	1.56	77.8	1.59
14 a	140	58	6.0	9.5	9.5	18.51	14.53	564	80.5	5.52	53.2	13.0	1.70	107.2	1.71
b		60	8.0	9.5	9.5	21.31	16.73	609	87.1	5.35	61.2	14.1	1.69	120.6	1.67
16 a	160	63	6.5	10.0	10.0	21.95	17.23	866	108.3	6.28	73.4	16.3	1.83	144.1	1.79
b		65	8.5	10.0	10.0	25.15	19.75	935	116.8	6.10	83.4	17.6	1.82	160.8	1.75
18 a	180	68	7.0	10.5	10.5	25.69	20.17	1273	141.4	7.04	98.6	20.0	1.96	189.7	1.88
b		70	9.0	10.5	10.5	29.29	22.99	1370	152.2	6.84	111.0	21.5	1.95	210.1	1.84

型号	尺寸					截面积 (cm²)	质量 (kg/m)	x—x 轴			y—y 轴			y₁—y₁ 轴	Z₀
	h	b	t_w	t	R			I_x	W_x	i_x	I_y	W_y	i_y	I_{y1}	
	(mm)							(cm⁴)	(cm³)	(cm)	(cm⁴)	(cm³)	(cm)	(cm⁴)	(cm)
20 a	200	73	7.0	11.0	11.0	28.83	22.63	1780	178.0	7.86	128.0	24.2	2.11	244.0	2.01
b		75	9.0	11.0	11.0	32.83	25.77	1914	191.4	7.64	143.6	25.9	2.09	268.4	1.95
22 a	220	77	7.0	11.5	11.5	31.84	24.99	2394	217.6	8.67	157.8	28.2	2.23	298.2	2.10
b		79	9.0	11.5	11.5	36.24	28.45	2571	233.8	8.42	176.5	30.1	2.21	326.3	2.03
a	250	78	7.0	12.0	12.0	34.91	27.40	3359	268.7	9.81	175.9	30.7	2.24	324.8	2.07
25 b		80	9.0	12.0	12.0	39.91	31.33	3619	289.6	9.52	196.4	32.7	2.22	355.1	1.99
c		82	11.0	12.0	12.0	44.91	35.25	3880	310.4	9.30	215.9	34.6	2.19	388.6	1.96
a	280	82	7.5	12.5	12.5	40.02	31.42	4753	339.5	10.90	217.9	35.7	2.33	393.3	2.09
28 b		84	9.5	12.5	12.5	45.62	35.81	5118	365.6	10.59	241.5	37.9	2.30	428.5	2.02
c		86	11.5	12.5	12.5	51.22	40.21	5484	391.7	10.35	264.1	40.0	2.27	467.3	1.99
a	320	88	8.0	14.0	14.0	48.50	38.07	7511	469.4	12.44	304.7	46.4	2.51	547.5	2.24
32 b		90	10.0	14.0	14.0	54.90	43.10	8057	503.5	12.11	335.6	49.1	2.47	592.9	2.16
c		92	12.0	14.0	14.0	61.30	48.12	8603	537.7	11.85	365.0	51.6	2.44	642.7	2.13
a	360	96	9.0	16.0	16.0	60.89	47.80	11874	659.7	13.96	455.0	63.6	2.73	818.5	2.44
36 b		98	11.0	16.0	16.0	68.09	53.45	12652	702.9	13.63	496.7	66.9	2.70	880.5	2.37
c		100	13.0	16.0	16.0	75.29	59.10	13429	746.1	13.36	536.6	70.0	2.67	948.0	2.34
a	400	100	10.5	18.0	18.0	75.04	58.91	17578	878.9	15.30	592.0	78.8	2.81	1057.9	2.49
40 b		102	12.5	18.0	18.0	83.04	65.19	18644	932.2	14.98	640.6	82.6	2.78	1135.8	2.44
c		104	14.5	18.0	18.0	91.04	71.47	19711	985.6	14.71	687.8	86.2	2.75	1220.3	2.42

附 1-3 等边角钢

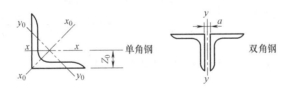

附图 1-3 等边角钢尺寸

等边角钢规格 附表 1-3

型号	圆角 R	重心矩 Z_0	截面积 A	质量	惯性矩 I_x	截面模量		回转半径			i_y，当 a 为下列数值				
						W_x^{max}	W_x^{min}	i_x	i_{x0}	i_{y0}	6mm	8mm	10mm	12mm	14mm
	(mm)		(cm²)	(kg/m)	(cm⁴)	(cm³)		(cm)			(cm)				
∟20× 3/4	3.5	6.0	1.13	0.89	0.40	0.66	0.29	0.59	0.75	0.39	1.08	1.17	1.25	1.34	1.43
		6.4	1.46	1.15	0.50	0.78	0.36	0.58	0.73	0.38	1.11	1.19	1.28	1.37	1.46
∟25× 3/4	3.5	7.3	1.43	1.12	0.82	1.12	0.46	0.76	0.95	0.49	1.27	1.36	1.44	1.53	1.61
		7.6	1.86	1.46	1.03	1.34	0.59	0.74	0.93	0.48	1.30	1.38	1.47	1.55	1.64
∟30× 3/4	4.5	8.5	1.75	1.37	1.46	1.72	0.68	0.91	1.15	0.59	1.47	1.55	1.63	1.71	1.80
		8.9	2.28	1.79	1.84	2.08	0.87	0.90	1.13	0.58	1.49	1.57	1.65	1.74	1.82
∟36×4 3	4.5	10.0	2.11	1.66	2.58	2.59	0.99	1.11	1.39	0.71	1.70	1.78	1.86	1.94	2.03
4		10.4	2.76	2.16	3.29	3.18	1.28	1.09	1.38	0.70	1.73	1.80	1.89	1.97	2.05
5		10.7	3.38	2.65	3.95	3.68	1.56	1.08	1.36	0.70	1.75	1.83	1.91	1.99	2.08

型号	圆角 R	重心矩 Z0	截面积 A	质量	惯性矩 Ix	截面模量		回转半径			i_y，当a为下列数值				
						W_x^{max}	W_x^{min}	i_x	i_{x0}	i_{y0}	6mm	8mm	10mm	12mm	14mm
	(mm)	(mm)	(cm²)	(kg/m)	(cm⁴)	(cm³)		(cm)			(cm)				
∟40×4 3	5	10.9	2.36	1.85	3.59	3.28	1.23	1.23	1.55	0.79	1.86	1.94	2.01	2.09	2.18
4		11.3	3.09	2.42	4.60	4.05	1.60	1.22	1.54	0.79	1.88	1.96	2.04	2.12	2.20
5		11.7	3.79	2.98	5.53	4.72	1.96	1.21	1.52	0.78	1.90	1.98	2.06	2.14	2.23
∟45× 3	5	12.2	2.66	2.09	5.17	4.25	1.58	1.39	1.76	0.90	2.06	2.14	2.21	2.29	2.37
4		12.6	3.49	2.74	6.65	5.29	2.05	1.38	1.74	0.89	2.08	2.16	2.24	2.32	2.40
5		13.0	4.29	3.37	8.04	6.20	2.51	1.37	1.72	0.88	2.10	2.18	2.26	2.34	2.42
6		13.3	5.08	3.99	9.33	6.99	2.95	1.36	1.71	0.88	2.12	2.20	2.28	2.36	2.44
∟50× 3	5.5	13.4	2.97	2.33	7.18	5.36	1.96	1.55	1.96	1.00	2.26	2.33	2.41	2.48	2.56
4		13.8	3.90	3.06	9.26	6.70	2.56	1.54	1.94	0.99	2.28	2.36	2.43	2.51	2.59
5		14.2	4.80	3.77	11.21	7.90	3.13	1.53	1.92	0.98	2.30	2.38	2.45	2.53	2.61
6		14.6	5.69	4.46	13.05	8.95	3.68	1.51	1.91	0.98	2.32	2.40	2.48	2.56	2.64
∟56×4 3	6	14.8	3.34	2.62	10.19	6.86	2.48	1.75	2.20	1.13	2.50	2.57	2.64	2.72	2.80
4		15.3	4.39	3.45	13.18	8.63	3.24	1.73	2.18	1.11	2.52	2.59	2.67	2.74	2.82
5		15.7	5.42	4.25	16.02	10.22	3.97	1.72	2.17	1.10	2.54	2.61	2.69	2.77	2.85
8		16.8	8.37	6.57	23.63	14.06	6.03	1.68	2.11	1.09	2.60	2.67	2.75	2.83	2.91
∟63×6 4	7	17.0	4.98	3.91	19.03	11.22	4.13	1.96	2.46	1.26	2.79	2.87	2.94	3.02	3.09
5		17.4	6.14	4.82	23.17	13.33	5.08	1.94	2.45	1.25	2.82	2.89	2.96	3.04	3.12
6		17.8	7.29	5.72	27.12	15.26	6.00	1.93	2.43	1.24	2.83	2.91	2.98	3.06	3.14
8		18.5	9.51	7.47	34.45	18.59	7.75	1.90	2.39	1.23	2.87	2.95	3.03	3.10	3.18
10		19.3	11.66	9.15	41.09	21.34	9.39	1.88	2.36	1.22	2.91	2.99	3.07	3.15	3.23
∟70×6 4	8	18.6	5.57	4.37	26.39	14.16	5.14	2.18	2.74	1.40	3.07	3.14	3.21	3.29	3.36
5		19.1	6.88	5.40	32.21	16.89	6.32	2.16	2.73	1.39	3.09	3.16	3.24	3.31	3.39
6		19.5	8.16	6.41	37.77	19.39	7.48	2.15	2.71	1.38	3.11	3.18	3.26	3.33	3.41
7		19.9	9.42	7.40	43.09	21.68	8.59	2.14	2.69	1.38	3.13	3.20	3.28	3.36	3.43
8		20.3	10.67	8.37	48.17	23.79	9.68	2.13	2.68	1.37	3.15	3.22	3.30	3.38	3.46
∟75×7 5	9	20.3	7.41	5.82	39.96	19.73	7.30	2.32	2.92	1.50	3.29	3.36	3.43	3.50	3.58
6		20.7	8.80	6.91	46.91	22.69	8.63	2.31	2.91	1.49	3.31	3.38	3.45	3.53	3.60
7		21.1	10.16	7.98	53.57	25.42	9.93	2.30	2.89	1.48	3.33	3.40	3.47	3.55	3.63
8		21.5	11.50	9.03	59.96	27.93	11.20	2.28	2.87	1.47	3.35	3.42	3.50	3.57	3.65
10		22.2	14.13	11.09	71.98	32.40	13.64	2.26	2.84	1.46	3.38	3.46	3.54	3.61	3.69
∟80×7 5	9	21.5	7.91	6.21	48.79	22.70	8.34	2.48	3.13	1.60	3.49	3.56	3.63	3.71	3.78
6		21.9	9.40	7.38	57.35	26.16	9.87	2.47	3.11	1.59	3.51	3.58	3.65	3.73	3.80
7		22.3	10.86	8.53	65.58	29.38	11.37	2.46	3.10	1.58	3.53	3.60	3.67	3.75	3.83
8		22.7	12.30	9.66	73.50	32.36	12.83	2.44	3.08	1.57	3.55	3.62	3.70	3.77	3.85
10		23.5	15.13	11.87	88.43	37.68	15.64	2.42	3.04	1.56	3.58	3.66	3.74	3.81	3.89
∟90×8 6	10	24.4	10.64	8.35	82.77	33.99	12.61	2.79	3.51	1.80	3.91	3.98	4.05	4.12	4.20
7		24.8	12.30	9.66	94.83	38.28	14.54	2.78	3.50	1.78	3.93	4.00	4.07	4.14	4.22
8		25.2	13.94	10.95	106.5	42.30	16.42	2.76	3.48	1.78	3.95	4.02	4.09	4.17	4.24
10		25.9	17.17	13.48	128.6	49.57	20.07	2.74	3.45	1.76	3.98	4.06	4.13	4.21	4.28
12		26.7	20.31	15.94	149.2	55.93	23.57	2.71	3.41	1.75	4.02	4.09	4.17	4.25	4.32
∟100×10 6	12	26.7	11.93	9.37	115.0	43.04	15.68	3.10	3.91	2.00	4.30	4.37	4.44	4.51	4.58
7		27.1	13.80	10.83	131.0	48.57	18.10	3.09	3.89	1.99	4.32	4.39	4.46	4.53	4.61
8		27.6	15.64	12.28	148.2	53.78	20.47	3.08	3.88	1.98	4.34	4.41	4.48	4.55	4.63
10		28.4	19.26	15.12	179.5	63.29	25.06	3.05	3.84	1.96	4.38	4.45	4.52	4.60	4.67
12		29.1	22.80	17.90	208.9	71.72	29.47	3.03	3.81	1.95	4.41	4.49	4.56	4.64	4.71
14		29.9	26.26	20.61	236.5	79.19	33.73	3.00	3.77	1.94	4.45	4.53	4.60	4.68	4.75
16		30.6	29.63	23.26	262.5	85.81	37.82	2.98	3.74	1.93	4.49	4.56	4.64	4.72	4.80

型号	圆角 R	重心矩 Z₀	截面积 A	质量	惯性矩 Iₓ	截面模量		回转半径			i_y，当a为下列数值				
						W_x^{max}	W_x^{min}	i_x	i_{x0}	i_{y0}	6mm	8mm	10mm	12mm	14mm
	(mm)	(mm)	(cm²)	(kg/m)	(cm⁴)	(cm³)		(cm)			(cm)				
7		29.6	15.20	11.93	177.2	59.78	22.05	3.41	4.30	2.20	4.72	4.79	4.86	4.94	5.01
8		30.1	17.24	13.53	199.5	66.36	24.95	3.40	4.28	2.19	4.74	4.81	4.88	4.96	5.03
∟110×10	12	30.9	21.26	16.69	242.2	78.48	30.60	3.38	4.25	2.17	4.78	4.85	4.92	5.00	5.07
12		31.6	25.20	19.78	282.6	89.34	36.05	3.35	4.22	2.15	4.82	4.89	4.96	5.04	5.11
14		32.4	29.06	22.81	320.7	99.07	41.31	3.32	4.18	2.14	4.85	4.93	5.00	5.08	5.15
8		33.7	19.75	15.50	297.0	88.20	32.52	3.88	4.88	2.50	5.34	5.41	5.48	5.55	5.62
∟125×10	14	34.5	24.37	19.13	361.7	104.8	39.97	3.85	4.85	2.48	5.38	5.45	5.52	5.59	5.66
12		35.3	28.91	22.70	423.2	119.9	47.17	3.83	4.82	2.46	5.41	5.48	5.56	5.63	5.70
14		36.1	33.37	26.19	481.7	133.6	54.16	3.80	4.78	2.45	5.45	5.52	5.59	5.67	5.74
10		38.2	27.37	21.49	514.7	134.6	50.58	4.34	5.46	2.78	5.98	6.05	6.12	6.20	6.27
∟140×12	14	39.0	32.51	25.52	603.7	154.6	59.80	4.31	5.43	2.77	6.02	6.09	6.16	6.23	6.31
14		39.8	37.57	29.49	688.8	173.0	68.75	4.28	5.40	2.75	6.06	6.13	6.20	6.27	6.34
16		40.6	42.54	33.39	770.2	189.9	77.46	4.26	5.36	2.74	6.09	6.16	6.23	6.31	6.38
10		43.1	31.50	24.73	779.5	180.8	66.70	4.97	6.27	3.20	6.78	6.85	6.92	6.99	7.06
∟160×12	16	43.9	37.44	29.39	916.6	208.6	78.98	4.95	6.24	3.18	6.82	6.89	6.96	7.03	7.10
14		44.7	43.30	33.99	1048	234.4	90.95	4.92	6.20	3.16	6.86	6.93	7.00	7.07	7.14
16		45.5	49.07	38.52	1175	258.3	102.6	4.89	6.17	3.14	6.89	6.96	7.03	7.10	7.18
12		48.9	42.24	33.16	1321	270.0	100.8	5.59	7.05	3.58	7.63	7.70	7.77	7.84	7.91
∟180×14	16	49.7	48.90	38.38	1514	304.6	116.3	5.57	7.02	3.57	7.67	7.74	7.81	7.88	7.95
16		50.5	55.47	43.54	1701	336.9	131.4	5.54	6.98	3.55	7.70	7.77	7.84	7.91	7.98
18		51.3	61.95	48.63	1881	367.1	146.1	5.51	6.94	3.53	7.73	7.80	7.87	7.95	8.02
14		54.6	54.64	42.89	2104	385.1	144.7	6.20	7.82	3.98	8.47	8.54	8.61	8.67	8.75
16		55.4	62.01	48.68	2366	427.0	163.7	6.18	7.79	3.96	8.50	8.57	8.64	8.71	8.78
∟200×18	18	56.2	69.30	54.40	2621	466.5	182.2	6.15	7.75	3.94	8.53	8.60	8.67	8.75	8.82
20		56.9	76.50	60.06	2867	503.6	200.4	6.12	7.72	3.93	8.57	8.64	8.71	8.78	8.85
24		58.4	90.66	71.17	3338	571.5	235.8	6.07	7.64	3.90	8.63	8.71	8.78	8.85	8.92

附 1-4 不等边角钢

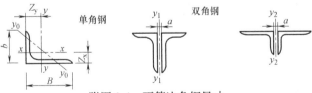

附图 1-4 不等边角钢尺寸

不等边角钢规格　　　　　　　　　　　　　　　附表 1-4

角钢型号 B×b×t	圆角 R	重心矩 Zₓ	Z_y	截面积 A	质量	回转半径 iₓ	i_y	i_{y0}	i_{y1}，当a为下列数值				i_{y2}，当a为下列数值			
		(mm)		(cm²)	(kg/m)	(cm)			6mm	8mm	10mm	12mm	6mm	8mm	10mm	12mm
									(cm)				(cm)			
∟25×16×3	3.5	4.2	8.6	1.16	0.91	0.44	0.78	0.34	0.84	0.93	1.02	1.11	1.40	1.48	1.57	1.65
∟25×16×4		4.6	9.0	1.50	1.18	0.43	0.77	0.34	0.87	0.96	1.05	1.14	1.42	1.51	1.60	1.68
∟32×20×3	3.5	4.9	10.8	1.49	1.17	0.55	1.01	0.43	0.97	1.05	1.14	1.23	1.71	1.79	1.88	1.96
∟32×20×4		5.3	11.2	1.94	1.52	0.54	1.00	0.43	0.99	1.08	1.16	1.25	1.74	1.82	1.90	1.99

续表

角钢型号 B×b×t	圆角 R	重心矩 Z_x	Z_y	截面积 A	质量	回转半径 i_x	i_y	i_{y0}	i_{y1},当a为下列数值 6mm	8mm	10mm	12mm	i_{y2},当a为下列数值 6mm	8mm	10mm	12mm
		(mm)		(cm²)	(kg/m)	(cm)			(cm)				(cm)			
L40×25×3	4	5.9	13.2	1.89	1.48	0.70	1.28	0.54	1.13	1.21	1.30	1.38	2.07	2.14	2.23	2.31
4		6.3	13.7	2.47	1.94	0.69	1.26	0.54	1.16	1.24	1.32	1.41	2.09	2.17	2.25	2.34
L45×28×3	5	6.4	14.7	2.15	1.69	0.79	1.44	0.61	1.23	1.31	1.39	1.47	2.28	2.36	2.44	2.52
4		6.8	15.1	2.81	2.20	0.78	1.43	0.60	1.25	1.33	1.41	1.50	2.31	2.39	2.47	2.55
L50×32×3	5.5	7.3	16.0	2.43	1.91	0.91	1.60	0.70	1.38	1.45	1.53	1.61	2.49	2.56	2.64	2.72
4		7.7	16.5	3.18	2.49	0.90	1.59	0.69	1.40	1.47	1.55	1.64	2.51	2.59	2.67	2.75
L56×36×4	6	8.0	17.8	2.74	2.15	1.03	1.80	0.79	1.51	1.59	1.66	1.74	2.75	2.82	2.90	2.98
		8.5	18.2	3.59	2.82	1.02	1.79	0.78	1.53	1.61	1.69	1.77	2.77	2.85	2.93	3.01
5		8.8	18.7	4.42	3.47	1.01	1.77	0.78	1.56	1.63	1.71	1.79	2.80	2.88	2.96	3.04
4		9.2	20.4	4.06	3.19	1.14	2.02	0.88	1.66	1.74	1.81	1.89	3.09	3.16	3.24	3.32
L63×40×5	7	9.5	20.8	4.99	3.92	1.12	2.00	0.87	1.68	1.76	1.84	1.92	3.11	3.19	3.27	3.35
6		9.9	21.2	5.91	4.64	1.11	1.99	0.86	1.71	1.78	1.86	1.94	3.13	3.21	3.29	3.37
7		10.3	21.6	6.80	5.34	1.10	1.96	0.86	1.73	1.80	1.88	1.97	3.15	3.23	3.30	3.39
4		10.2	22.3	4.55	3.57	1.29	2.25	0.99	1.84	1.91	1.99	2.07	3.39	3.46	3.54	3.62
L70×45×5	7.5	10.6	22.8	5.61	4.40	1.28	2.23	0.98	1.86	1.94	2.01	2.09	3.41	3.49	3.57	3.64
6		11.0	23.2	6.64	5.22	1.26	2.22	0.97	1.88	1.96	2.04	2.11	3.44	3.51	3.59	3.67
7		11.3	23.6	7.66	6.01	1.25	2.20	0.97	1.90	1.98	2.06	2.14	3.46	3.54	3.61	3.69
5		11.7	24.0	6.13	4.81	1.43	2.39	1.09	2.06	2.13	2.20	2.28	3.60	3.68	3.76	3.83
L75×50×6	8	12.1	24.4	7.26	5.70	1.42	2.38	1.08	2.08	2.15	2.23	2.30	3.63	3.70	3.78	3.86
8		12.9	25.2	9.47	7.43	1.40	2.35	1.07	2.12	2.19	2.27	2.35	3.67	3.75	3.83	3.91
10		13.6	26.0	11.6	9.10	1.38	2.33	1.06	2.16	2.24	2.31	2.40	3.71	3.79	3.87	3.96
5		11.4	26.0	6.38	5.00	1.42	2.57	1.10	2.02	2.09	2.17	2.24	3.88	3.95	4.03	4.10
L80×50×6	8	11.8	26.5	7.56	5.93	1.41	2.55	1.09	2.04	2.11	2.19	2.27	3.90	3.98	4.05	4.13
7		12.1	26.9	8.72	6.85	1.39	2.54	1.08	2.06	2.13	2.21	2.29	3.92	4.00	4.08	4.16
8		12.5	27.3	9.87	7.75	1.38	2.52	1.07	2.08	2.15	2.23	2.31	3.94	4.02	4.10	4.18
5		12.5	29.1	7.21	5.66	1.59	2.90	1.23	2.22	2.29	2.36	2.44	4.32	4.39	4.47	4.55
L90×56×6	9	12.9	29.5	8.56	6.72	1.58	2.88	1.22	2.24	2.31	2.39	2.46	4.34	4.42	4.50	4.57
7		13.3	30.0	9.88	7.76	1.57	2.87	1.22	2.26	2.33	2.41	2.49	4.37	4.44	4.52	4.60
8		13.6	30.4	11.2	8.78	1.56	2.85	1.21	2.28	2.35	2.43	2.51	4.39	4.47	4.54	4.62
6		14.3	32.4	9.62	7.55	1.79	3.21	1.38	2.49	2.56	2.63	2.71	4.77	4.85	4.92	5.00
L100×63×7	10	14.7	32.8	11.1	8.72	1.78	3.20	1.37	2.51	2.58	2.65	2.73	4.80	4.87	4.95	5.03
8		15.0	33.2	12.6	9.88	1.77	3.18	1.37	2.53	2.60	2.67	2.75	4.82	4.90	4.97	5.05
10		15.8	34.0	15.5	12.1	1.75	3.15	1.35	2.57	2.64	2.72	2.79	4.86	4.94	5.02	5.10
6		19.7	29.5	10.6	8.35	2.40	3.17	1.73	3.31	3.38	3.45	3.52	4.54	4.62	4.69	4.76
L100×80×7	10	20.1	30.0	12.3	9.66	2.39	3.16	1.71	3.32	3.39	3.47	3.54	4.57	4.64	4.71	4.79
8		20.5	30.4	13.9	10.9	2.37	3.15	1.71	3.34	3.41	3.49	3.56	4.59	4.66	4.73	4.81
10		21.3	31.2	17.2	13.5	2.35	3.12	1.69	3.38	3.45	3.53	3.60	4.63	4.70	4.78	4.85
6		15.7	35.3	10.6	8.35	2.01	3.54	1.54	2.74	2.81	2.88	2.96	5.21	5.29	5.36	5.44
L110×70×7	10	16.1	35.7	12.3	9.66	2.00	3.53	1.53	2.76	2.83	2.90	2.98	5.24	5.31	5.39	5.46
8		16.5	36.2	13.9	10.9	1.98	3.51	1.53	2.78	2.85	2.92	3.00	5.26	5.34	5.41	5.49
10		17.2	37.0	17.2	13.5	1.96	3.48	1.51	2.82	2.89	2.96	3.04	5.30	5.38	5.46	5.53
7		18.0	40.1	14.1	11.1	2.30	4.02	1.76	3.11	3.18	3.25	3.33	5.90	5.97	6.04	6.12
L125×80×8	11	18.4	40.6	16.0	12.6	2.29	4.01	1.75	3.13	3.20	3.27	3.35	5.92	5.99	6.07	6.14
10		19.2	41.4	19.7	15.5	2.26	3.98	1.74	3.17	3.24	3.31	3.39	5.96	6.04	6.11	6.19
12		20.0	42.2	23.4	18.3	2.24	3.95	1.72	3.21	3.28	3.35	3.43	6.00	6.08	6.16	6.23

续表

角钢型号 B×b×t	圆角 R	重心矩		截面积 A	质量	回转半径			i_{y1}，当 a 为下列数值				i_{y2}，当 a 为下列数值			
		Z_x	Z_y	A		i_x	i_y	i_{y0}	6mm	8mm	10mm	12mm	6mm	8mm	10mm	12mm
		(mm)		(cm²)	(kg/m)	(cm)			(cm)				(cm)			
L140×90× 8	12	20.4	45.0	18.0	14.2	2.59	4.50	1.98	3.49	3.56	3.63	3.70	6.58	6.65	6.73	6.80
10		21.2	45.8	22.3	17.5	2.56	4.47	1.96	3.52	3.59	3.66	3.73	6.62	6.70	6.77	6.85
12		21.9	46.6	26.4	20.7	2.54	4.44	1.95	3.56	3.63	3.70	3.77	6.66	6.74	6.81	6.89
14		22.7	47.4	30.5	23.9	2.51	4.42	1.94	3.59	3.66	3.74	3.81	6.70	6.78	6.86	6.93
L160×100× 10	13	22.8	52.4	25.3	19.9	2.85	5.14	2.19	3.84	3.91	3.98	4.05	7.55	7.63	7.70	7.78
12		23.6	53.2	30.1	23.6	2.82	5.11	2.18	3.87	3.94	4.01	4.09	7.60	7.67	7.75	7.82
14		24.3	54.0	34.7	27.2	2.80	5.08	2.16	3.91	3.98	4.05	4.12	7.64	7.71	7.79	7.86
16		25.1	54.8	39.3	30.8	2.77	5.05	2.15	3.94	4.02	4.09	4.16	7.68	7.75	7.83	7.90
L180×110× 10	14	24.4	58.9	28.4	22.3	3.13	5.81	2.42	4.16	4.23	4.30	4.36	8.49	8.56	8.63	8.71
12		25.2	59.8	33.7	26.5	3.10	5.78	2.40	4.19	4.26	4.33	4.40	8.53	8.60	8.68	8.75
14		25.9	60.6	39.0	30.6	3.08	5.75	2.39	4.23	4.30	4.37	4.44	8.57	8.64	8.72	8.79
16		26.7	61.4	44.1	34.6	3.05	5.72	2.37	4.26	4.33	4.40	4.47	8.61	8.68	8.76	8.84
L200×125× 12	14	28.3	65.4	37.9	29.8	3.57	6.44	2.75	4.75	4.82	4.88	4.95	9.39	9.47	9.54	9.62
14		29.1	66.2	43.9	34.4	3.54	6.41	2.73	4.78	4.85	4.92	4.99	9.43	9.51	9.58	9.66
16		29.9	67.0	49.7	39.0	3.52	6.38	2.71	4.81	4.88	4.95	5.02	9.47	9.55	9.62	9.70
18		30.6	67.8	55.5	43.6	3.49	6.35	2.70	4.85	4.92	4.99	5.06	9.51	9.59	9.66	9.74

注：一个角钢的惯性矩 $I_x = A i_x^2$，$I_y = A i_y^2$；一个角钢的截面模量 $W_x^{max} = I_x/Z_x$，$W_x^{min} = I_x/(b - Z_x)$；$W_y^{max} = I_y/Z_y$，$W_y^{min} = I_y/(B - Z_y)$。

附 1-5　H 型钢

符号：h——高度；

b——宽度；

t_1——腹板厚度；

t_2——翼缘厚度；

I——惯性矩；

W——截面模量；

i——回转半径；

S_x——半截面的面积矩。

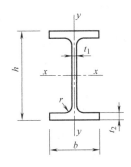

附图 1-5　H 型钢尺寸

H 型钢截面尺寸、截面面积、理论重量及截面特性　　　　　附表 1-5

类别	型号 (高度×宽度) (mm×mm)	截面尺寸(mm)					截面面积 (cm²)	理论重量 (kg/m)	惯性矩 (cm⁴)		惯性半径 (cm)		截面模数 (cm³)	
		H	B	t_1	t_2	r			I_x	I_y	i_x	i_y	W_x	W_y
HW	100×100	100	100	6	8	8	21.58	16.9	378	134	4.18	2.48	75.6	26.7
	125×125	125	125	6.5	9	8	30.00	23.6	839	293	5.28	3.12	134	46.9
	150×150	150	150	7	10	8	39.64	31.1	1620	563	6.39	3.76	216	75.1
	175×175	175	175	7.5	11	13	51.42	40.4	2900	984	7.50	4.37	331	112
	200×200	200	200	8	12	13	63.53	49.9	4720	1600	8.61	5.02	472	160
		*200	204	12	12	13	71.53	56.2	4980	1700	8.34	4.87	498	167

类别	型号 (高度×宽度) (mm×mm)	截面尺寸(mm)					截面 面积 (cm²)	理论 重量 (kg/m)	惯性矩 (cm⁴)		惯性半径 (cm)		截面模数 (cm³)	
		H	B	t_1	t_2	r			I_x	I_y	i_x	i_y	W_x	W_y
HW	250×250	*244	252	11	11	13	81.31	63.8	8700	2940	10.3	6.01	713	233
		250	250	9	14	13	91.43	71.8	10700	3650	10.8	6.31	860	292
		*250	255	14	14	13	103.9	81.6	11400	3880	10.5	6.10	912	304
	300×300	*294	302	12	12	13	106.3	83.5	16600	5510	12.5	7.20	1130	365
		300	300	10	15	13	118.5	93.0	20200	6750	13.1	7.55	1350	450
		*300	305	15	15	13	133.5	105	21300	7100	12.6	7.29	1420	466
	350×350	*338	351	13	13	13	133.3	105	27700	9380	14.4	8.38	1640	534
		*344	348	10	16	13	144.0	113	32800	11200	15.1	8.83	1910	646
		*344	354	16	16	13	164.7	129	34900	11800	14.6	8.48	2030	669
		350	350	12	19	13	171.9	135	39800	13600	15.2	8.88	2280	776
		*350	357	19	19	13	196.4	154	42300	14400	14.7	8.57	2420	808
	400×400	*388	402	15	15	22	178.5	140	49000	16300	16.6	9.54	2520	809
		*394	398	11	18	22	186.8	147	56100	18900	17.3	10.1	2850	951
		*394	405	18	18	22	214.4	168	59700	20000	16.7	9.64	3030	985
		400	400	13	21	22	218.7	172	66600	22400	17.5	10.1	3330	1120
		*400	408	21	21	22	250.7	197	70900	23800	16.8	9.74	3540	1170
		*414	405	18	28	22	295.4	232	92800	31000	17.7	10.2	4480	1530
		*428	407	20	35	22	360.7	283	119000	39400	18.2	10.4	5570	1930
		*458	417	30	50	22	528.6	415	187000	60500	18.8	10.7	8170	2900
		*498	432	45	70	22	770.1	604	298000	94400	19.7	11.1	12000	4370
	500×500	*492	465	15	20	22	258.0	202	117000	33500	21.3	11.4	4770	1440
		*502	465	15	25	22	304.5	239	146000	41900	21.9	11.7	5810	1800
		*502	470	20	25	22	329.6	259	151000	43300	21.4	11.5	6020	1840
HM	150×100	148	100	6	9	8	26.34	20.7	1000	150	6.16	2.38	135	30.1
	200×150	194	150	6	9	8	38.10	29.9	2630	507	8.30	3.64	271	67.6
	250×175	244	175	7	11	13	55.49	43.6	6040	984	10.4	4.21	495	112
	300×200	294	200	8	12	13	71.05	55.8	11100	1600	12.5	4.74	756	160
		*298	201	9	14	13	82.03	64.4	13100	1900	12.6	4.80	878	189
	350×250	340	250	9	14	13	99.53	78.1	21200	3650	14.6	6.05	1250	292
	400×300	390	300	10	16	13	133.3	105	37900	7200	16.9	7.35	1940	480
	450×300	440	300	11	18	13	153.9	121	54700	8110	18.9	7.25	2490	540
	500×300	*482	300	11	15	13	141.2	111	58300	6760	20.3	6.91	2420	450
		488	300	11	18	13	159.2	125	68900	8110	20.8	7.13	2820	540
	550×300	*544	300	11	15	13	148.0	116	76400	6760	22.7	6.75	2810	450
		*550	300	11	18	13	166.0	130	89800	8110	23.3	6.98	3270	540
	600×300	*582	300	12	17	13	169.2	133	98900	7660	24.2	6.72	3400	511
		588	300	12	20	13	187.2	147	114000	9010	24.7	6.93	3890	601
		*594	302	14	23	13	217.1	170	134000	10600	24.8	6.97	4500	700

类别	型号 （高度×宽度） （mm×mm）	截面尺寸（mm）					截面 面积 （cm²）	理论 重量 （kg/m）	惯性矩 （cm⁴）		惯性半径 （cm）		截面模数 （cm³）	
		H	B	t_1	t_2	r			I_x	I_y	i_x	i_y	W_x	W_y
HN	*100×50	100	50	5	7	8	11.84	9.30	187	14.8	3.97	1.11	37.5	5.91
	*125×60	125	60	6	8	8	16.68	13.1	409	29.1	4.95	1.32	65.4	9.71
	150×75	150	75	5	7	8	17.84	14.0	666	49.5	6.10	1.66	88.8	13.2
	175×90	175	90	5	8	8	22.89	18.0	1210	97.5	7.25	2.06	138	21.7
	200×100	*198	99	4.5	7	8	22.68	17.8	1540	113	8.24	2.23	156	22.9
		200	100	5.5	8	8	26.66	20.9	1810	134	8.22	2.23	181	26.7
	250×125	*248	124	5	8	8	31.98	25.1	3450	255	10.4	2.82	278	41.1
		250	125	6	9	8	36.96	29.0	3960	294	10.4	2.81	317	47.0
	300×150	*298	149	5.5	8	13	40.80	32.0	6320	442	12.4	3.29	424	59.3
		300	150	6.5	9	13	46.78	36.7	7210	508	12.4	3.29	481	67.7
	350×175	*346	174	6	9	13	52.45	41.2	11000	791	14.5	3.88	638	91.0
		350	175	7	11	13	62.91	49.4	13500	984	14.6	3.95	771	112
	400×150	400	150	8	13	13	70.37	55.2	18600	734	16.3	3.22	929	97.8
	400×200	*396	199	7	11	13	71.41	56.1	19800	1450	16.6	4.50	999	145
		400	200	8	13	13	83.37	65.4	23500	1740	16.8	4.56	1170	174
	450×150	*446	150	7	12	13	66.99	52.6	22000	677	18.1	3.17	985	90.3
		*450	151	8	14	13	77.49	60.8	25700	806	18.2	3.22	1140	107
	450×200	446	199	8	12	13	82.97	65.1	28100	1580	18.4	4.36	1260	159
		450	200	9	14	13	95.43	74.9	32900	1870	18.6	4.42	1460	187
	475×150	*470	150	7	13	13	71.53	56.2	26200	733	19.1	3.20	1110	97.8
		*475	151.5	8.5	15.5	13	86.15	67.6	31700	901	19.2	3.23	1330	119
		482	153.5	10.5	19	13	106.4	83.5	39600	1150	19.3	3.28	1640	150
	500×150	*492	150	7	12	13	70.21	55.1	27500	677	19.8	3.10	1120	90.3
		*500	152	9	16	13	92.21	72.4	37000	940	20.0	3.19	1480	124
		504	153	10	18	13	103.3	81.1	41900	1080	20.1	3.23	1660	141
	500×200	*496	199	9	14	13	99.29	77.9	40800	1840	20.3	4.30	1650	185
		500	200	10	16	13	112.3	88.1	46800	2140	20.4	4.36	1870	214
		*506	201	11	19	13	129.3	102	55500	2580	20.7	4.46	2190	257
	550×200	*546	199	9	14	13	103.8	81.5	50800	1840	22.1	4.21	1860	185
		550	200	10	16	13	117.3	92.0	58200	2140	22.3	4.27	2120	214
	600×200	*596	199	10	15	13	117.8	92.4	66600	1980	23.8	4.09	2240	199
		600	200	11	17	13	131.7	103	75600	2270	24.0	4.15	2520	227
		*606	201	12	20	13	149.8	118	88300	2720	24.3	4.25	2910	270
	625×200	*625	198.5	11.5	17.5	13	138.8	109	85000	2290	24.8	4.06	2720	231
		630	200	13	20	13	158.2	124	97900	2680	24.9	4.11	3110	268
		*638	202	15	24	13	186.9	147	118000	3320	25.2	4.21	3710	328
	650×300	*646	299	10	15	13	152.8	120	110000	6690	26.9	6.61	3410	447
		*650	300	11	17	13	171.2	134	125000	7660	27.0	6.68	3850	511
		*656	301	12	20	13	195.8	154	147000	9100	27.4	6.81	4470	605

续表

类别	型号 (高度×宽度) (mm×mm)	截面尺寸(mm)					截面 面积 (cm²)	理论 重量 (kg/m)	惯性矩 (cm⁴)		惯性半径 (cm)		截面模数 (cm³)	
		H	B	t_1	t_2	r			I_x	I_y	i_x	i_y	W_x	W_y
HN	700×300	*692	300	13	20	18	207.5	163	168000	9020	28.5	6.59	4870	601
		700	300	13	24	18	231.5	182	197000	10800	29.2	6.83	5640	721
	750×300	*734	299	12	16	18	182.7	143	161000	7140	29.7	6.25	4390	478
		*742	300	13	20	18	214.0	168	197000	9020	30.4	6.49	5320	601
		*750	300	13	24	18	238.0	187	231000	10800	31.1	6.74	6150	721
		*758	303	16	28	18	284.8	224	276000	13000	31.1	6.75	7270	859
	800×300	*792	300	14	22	18	239.5	188	248000	9920	32.2	6.43	6270	661
		800	300	14	26	18	263.5	207	286000	11700	33.0	6.66	7160	781
	850×300	*834	298	14	19	18	227.5	179	251000	8400	33.2	6.07	6020	564
		*842	299	15	23	18	259.7	204	298000	10300	33.9	6.28	7080	687
		*850	300	16	27	18	292.1	229	346000	12200	34.4	6.45	8140	812
		*858	301	17	31	18	324.7	255	395000	14100	34.9	6.59	9210	939
	900×300	*890	299	15	23	18	266.9	210	339000	10300	35.6	6.20	7610	687
		900	300	16	28	18	305.8	240	404000	12600	36.4	6.42	8990	842
		*912	302	18	34	18	360.1	283	491000	15700	36.9	6.59	10800	1040
	1000×300	*970	297	16	21	18	276.0	217	393000	9210	37.8	5.77	8110	620
		*980	298	17	26	18	315.5	248	472000	11500	38.7	6.04	9630	772
		*990	298	17	31	18	345.3	271	544000	13700	39.7	6.30	11000	921
		*1000	300	19	36	18	395.1	310	634000	16300	40.1	6.41	12700	1080
		*1008	302	21	40	18	439.3	345	712000	18400	40.3	6.47	14100	1220
HT	100×50	95	48	3.2	4.5	8	7.620	5.98	115	8.39	3.88	1.04	24.2	3.49
		97	49	4	5.5	8	9.370	7.36	143	10.9	3.91	1.07	29.6	4.45
	100×100	96	99	4.5	6	8	16.20	12.7	272	97.2	4.09	2.44	56.7	19.6
	125×60	118	58	3.2	4.5	8	9.250	7.26	218	14.7	4.85	1.26	37.0	5.08
		120	59	4	5.5	8	11.39	8.94	271	19.0	4.87	1.29	45.2	6.43
	125×125	119	123	4.5	6	8	20.12	15.8	532	186	5.14	3.04	89.5	30.3
	150×75	145	73	3.2	4.5	8	11.47	9.00	416	29.3	6.01	1.59	57.3	8.02
		147	74	4	5.5	8	14.12	11.1	516	37.3	6.04	1.62	70.2	10.1
	150×100	139	97	3.2	4.5	8	13.43	10.6	476	68.6	5.94	2.25	68.4	14.1
HN	650×300	*646	299	10	15	13	152.8	120	110000	6690	26.9	6.61	3410	447
		*650	300	11	17	13	171.2	134	125000	7660	27.0	6.68	3850	511
		*656	301	12	20	13	195.8	154	147000	9100	27.4	6.81	4470	605
	700×300	*692	300	13	20	18	207.5	163	168000	9020	28.5	6.59	4870	601
		700	300	13	24	18	231.5	182	197000	10800	29.2	6.83	5640	721
		142	99	4.5	6	8	18.27	14.3	654	97.2	5.98	2.30	92.1	19.6
HT	150×150	144	148	5	7	8	27.76	21.8	1090	378	6.25	3.69	151	51.1
		147	149	6	8.5	8	33.67	26.4	1350	469	6.32	3.73	183	63.0
	175×90	168	88	3.2	4.5	8	13.55	10.6	670	51.2	7.02	1.94	79.7	11.6
		171	89	4	6	8	17.58	13.8	894	70.7	7.13	2.00	105	15.9

续表

类别	型号（高度×宽度）（mm×mm）	截面尺寸(mm)					截面面积（cm²）	理论重量（kg/m）	惯性矩（cm⁴）		惯性半径（cm）		截面模数（cm³）	
		H	B	t_1	t_2	r			I_x	I_y	i_x	i_y	W_x	W_y
HT	175×175	167	173	5	7	13	33.32	26.2	1780	605	7.30	4.26	213	69.9
		172	175	6.5	9.5	13	44.64	35.0	2470	850	7.43	4.36	287	97.1
	200×100	193	98	3.2	4.5	8	15.25	12.0	994	70.7	8.07	2.15	103	14.4
		196	99	4	6	8	19.78	15.5	1320	97.2	8.18	2.21	135	19.6
	200×150	188	149	4.5	6	8	26.34	20.7	1730	331	8.09	3.54	184	44.4
	200×200	192	198	6	8	13	43.69	34.3	3060	1040	8.37	4.86	319	105
	250×125	244	124	4.5	6	8	25.86	20.3	2650	191	10.1	2.71	217	30.8
	250×175	238	173	4.5	8	13	39.12	30.7	4240	691	10.4	4.20	356	79.9
	300×150	294	148	4.5	6	13	31.90	25.0	4800	325	12.3	3.19	327	43.9
	300×200	286	198	6	8	13	49.33	38.7	7360	1040	12.2	4.58	515	105
	350×175	340	173	4.5	6	13	36.97	29.0	7490	518	14.2	3.74	441	59.9
	400×150	390	148	6	8	13	47.57	37.3	11700	434	15.7	3.01	602	58.6
	400×200	390	198	6	8	13	55.57	43.6	14700	1040	16.2	4.31	752	105

附 1-6　部分 T 型钢

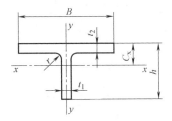

附图 1-6　部分 T 型钢尺寸

部分 T 型钢截面尺寸、截面面积、理论重量及截面特性（摘自 GB/T 11263—2005）　附表 1-6

类别	型号（高度×宽度）（mm×mm）	截面尺寸(mm)					截面面积（cm²）	理论重量（kg/m）	惯性矩（cm⁴）		惯性半径（cm）		截面模数（cm³）		重心 C_x（cm）	对应H型钢系列型号
		h	B	t_1	t_2	r			I_x	I_y	i_x	i_y	W_x	W_y		
TW	50×100	50	100	6	8	8	10.79	8.47	16.1	66.8	1.22	2.48	4.02	13.4	1.00	100×100
	62.5×125	62.5	125	6.5	9	8	15.00	11.8	35.0	147	1.52	3.12	6.91	23.5	1.19	125×125
	75×150	75	150	7	10	8	19.82	15.6	66.4	282	1.82	3.76	10.8	37.5	1.37	150×150
	87.5×175	87.5	175	7.5	11	13	25.71	20.2	115	492	2.11	4.37	15.9	56.2	1.55	175×175
	100×200	100	200	8	12	13	31.76	24.9	184	801	2.40	5.02	22.3	80.1	1.73	200×200
		100	204	12	12	13	35.76	28.1	256	851	2.67	4.87	32.4	83.4	2.09	
	125×250	125	250	9	14	13	45.71	35.9	412	1820	3.00	6.31	39.5	146	2.08	250×250
		125	255	14	14	13	51.96	40.8	589	1940	3.36	6.10	59.4	152	2.58	
	150×300	147	302	12	12	13	53.16	41.7	857	2760	4.01	7.20	72.3	183	2.85	300×300
		150	300	10	15	13	59.22	46.5	798	3380	3.67	7.55	63.7	225	2.47	
		150	305	15	15	13	66.72	52.4	1110	3550	4.07	7.29	92.5	233	3.04	

类别	型号 (高度×宽度) (mm×mm)	截面尺寸(mm)					截面面积 (cm²)	理论重量 (kg/m)	惯性矩 (cm⁴)		惯性半径 (cm)		截面模数 (cm³)		重心 C_x (cm)	对应H型钢系列型号
		h	B	t_1	t_2	r			I_x	I_y	i_x	i_y	W_x	W_y		
TW	175×350	172	348	10	16	13	72.00	56.5	1230	5620	4.13	8.83	84.7	323	2.67	350×350
		175	350	12	19	13	85.94	67.5	1520	6790	4.20	8.88	104	388	2.87	
	200×400	194	402	15	15	22	89.22	70.0	2480	8130	5.27	9.54	158	404	3.70	400×400
		197	398	11	18	22	93.40	73.3	2050	9460	4.67	10.1	123	475	3.01	
		200	400	13	21	22	109.3	85.8	2480	11200	4.75	10.1	147	560	3.21	
		200	408	21	21	22	125.3	98.4	3650	11900	5.39	9.74	229	584	4.07	
		207	405	18	28	22	147.7	116	3620	15500	4.95	10.2	213	766	3.68	
		214	407	20	35	22	180.3	142	4380	19700	4.92	10.4	250	967	3.90	
TM	75×100	74	100	6	9	8	13.17	10.3	51.7	75.2	1.98	2.38	8.84	15.0	1.56	150×100
	100×150	97	150	6	9	8	19.05	15.0	124	253	2.55	3.64	15.8	33.8	1.80	200×150
	125×175	122	175	7	11	13	27.74	21.8	288	492	3.22	4.21	29.1	56.2	2.28	250×175
	150×200	147	200	8	12	13	35.52	27.9	571	801	4.00	4.74	48.2	80.1	2.85	300×200
		149	201	9	14	13	41.01	32.2	661	949	4.01	4.80	55.2	94.4	2.92	
	175×250	170	250	9	14	13	49.76	39.1	1020	1820	4.51	6.05	73.2	146	3.11	350×250
	200×300	195	300	10	16	13	66.62	52.3	1730	3600	5.09	7.35	108	240	3.43	400×300
	225×300	220	300	11	18	13	76.94	60.4	2680	4050	5.89	7.25	150	270	4.09	450×300
	250×300	241	300	11	15	13	70.58	55.4	3400	3380	6.93	6.91	178	225	5.00	500×300
		244	300	11	18	13	79.58	62.5	3610	4050	6.73	7.13	184	270	4.72	
	275×300	272	300	11	15	13	73.99	58.1	4790	3380	8.04	6.75	225	225	5.96	550×300
		275	300	11	18	13	82.99	65.2	5090	4050	7.82	6.98	232	270	5.59	
	300×300	291	300	12	17	13	84.60	66.4	6320	3830	8.64	6.72	280	255	6.51	600×300
		294	300	12	20	13	93.60	73.5	6680	4500	8.44	6.93	288	300	6.17	
		297	302	14	23	13	108.5	85.2	7890	5290	8.52	6.97	339	350	6.41	
TN	50×50	50	50	5	7	8	5.920	4.65	11.8	7.39	1.41	1.11	3.18	2.950	1.28	100×50
	62.5×60	62.5	60	6	8	8	8.340	6.55	27.5	14.6	1.81	1.32	5.96	4.85	1.64	125×60
	75×75	75	75	5	7	8	8.920	7.00	42.6	24.7	2.18	1.66	7.46	6.59	1.79	150×75
	87.5×90	85.5	89	4	6	8	8.790	6.90	53.7	35.3	2.47	2.00	8.02	7.94	1.86	175×90
		87.5	90	5	8	8	11.44	8.98	70.6	48.7	2.48	2.06	10.4	10.8	1.93	
	100×100	99	99	4.5	7	8	11.34	8.90	93.5	56.7	2.87	2.23	12.1	11.5	2.17	200×100
		100	100	5.5	8	8	13.33	10.5	114	66.9	2.92	2.23	14.8	13.4	2.31	
	125×125	124	124	5	8	8	15.99	12.6	207	127	3.59	2.82	21.3	20.5	2.66	250×125
		125	125	6	9	8	18.48	14.5	248	147	3.66	2.81	25.6	23.5	2.81	
	150×150	149	149	5.5	8	13	20.40	16.0	393	221	4.39	3.29	33.8	29.7	3.26	300×150
		150	150	6.5	9	13	23.39	18.4	464	254	4.45	3.29	40.0	33.8	3.41	
	175×175	173	174	6	9	13	26.22	20.6	679	396	5.08	3.88	50.0	45.5	3.72	350×175
		175	175	7	11	13	31.45	24.7	814	492	5.08	3.95	59.3	56.2	3.76	
	200×200	198	199	7	11	13	35.70	28.0	1190	723	5.77	4.50	76.4	72.7	4.20	400×200
		200	200	8	13	13	41.68	32.7	1390	868	5.78	4.56	88.6	86.8	4.26	
	225×150	223	150	7	12	13	33.49	26.3	1570	338	6.84	3.17	93.7	45.1	5.54	450×150
		225	151	8	14	13	38.74	30.4	1830	403	6.87	3.22	108	53.4	5.62	

续表

类别	型号 (高度×宽度) (mm×mm)	截面尺寸(mm)					截面面积 (cm²)	理论重量 (kg/m)	惯性矩 (cm⁴)		惯性半径 (cm)		截面模数 (cm³)		重心 C_x (cm)	对应 H 型钢系 列型号
		h	B	t_1	t_2	r			I_x	I_y	i_x	i_y	W_x	W_y		
TN	225×200	223	199	8	12	13	41.48	32.6	1870	789	6.71	4.36	109	79.3	5.15	450×200
		225	200	9	14	13	47.71	37.5	2150	935	6.71	4.42	124	93.5	5.19	
	237.5×150	235	150	7	13	13	35.76	28.1	1850	367	7.18	3.20	104	48.9	7.50	475×150
		237.5	151.5	8.5	15.5	13	43.07	33.8	2270	451	7.25	3.23	128	59.5	7.57	
		241	153.5	10.5	19	13	53.20	41.8	2860	575	7.33	3.28	160	75.0	7.67	
	250×150	246	150	7	12	13	35.10	27.6	2060	339	7.66	3.10	113	45.1	6.36	500×150
		250	152	9	16	13	46.10	36.2	2750	470	7.71	3.19	149	61.9	6.53	
		252	153	10	18	13	51.66	40.6	3100	540	7.74	3.23	167	70.5	6.62	
	250×200	248	199	9	14	13	49.64	39.0	2820	921	7.54	4.30	150	92.6	5.97	500×150
		250	200	10	16	13	56.12	44.1	3200	1070	7.54	4.36	169	107	6.03	
		253	201	11	19	13	64.65	50.8	3660	1290	7.52	4.46	189	128	6.00	
	275×200	273	199	9	14	13	51.89	40.7	3690	921	8.43	4.21	180	92.6	6.85	550×200
		275	200	10	16	13	58.62	46.0	4180	1070	8.44	4.27	203	107	6.89	
	300×200	298	199	10	15	13	58.87	46.2	5150	988	9.35	4.09	235	99.3	7.92	600×200
		300	200	11	17	13	65.85	51.7	5770	1140	9.35	4.15	262	114	7.95	
		303	201	12	20	13	74.88	58.8	6530	1360	9.33	4.25	291	135	7.88	
	312.5×200	312.5	198.5	11.5	17.5	13	69.38	54.5	6690	1140	9.81	4.06	294	115	9.92	625×200
		315	200	13	20	13	79.07	62.1	7680	1340	9.85	4.11	336	134	10.0	
		319	202	15	24	13	93.48	73.6	9140	1660	9.89	4.21	395	164	10.1	
	325×300	323	299	10	15	12	76.26	59.9	7220	3340	9.73	6.62	289	224	7.28	650×300
		325	300	11	17	13	85.60	67.2	8090	3830	9.71	6.68	321	255	7.29	
		328	301	12	20	13	97.88	76.8	9120	4550	9.65	6.81	356	302	7.20	
	350×300	346	300	13	20	13	103.1	80.9	11200	4510	10.4	6.61	424	300	8.12	700×300
		350	300	13	24	13	115.1	90.4	12000	5410	10.2	6.85	438	360	7.65	
	400×300	396	300	14	22	18	119.8	94.0	17600	4960	12.1	6.43	592	331	9.77	800×300
		400	300	14	26	18	131.8	103	18700	5860	11.9	6.66	610	391	9.27	
	450×300	445	299	15	23	18	133.5	105	25900	5140	13.9	6.20	789	344	11.7	900×300
		450	300	16	28	18	152.9	120	29100	6320	13.8	6.42	865	421	11.4	
		456	302	18	34	18	180.0	141	34100	7830	13.8	6.59	997	518	11.3	

附 1-7 无缝钢管

I——截面惯性矩;

W——截面模量;

i——截面回转半径;

d——外径;

t——壁厚。

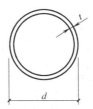

附图 1-7 无缝钢管尺寸

无缝钢管规格　　　　　　　　　　　　　　附表 1-7

尺寸(mm)		截面面积A	每米重量	截面特性			尺寸(mm)		截面面积A	每米重量	截面特性		
				I	W	i					I	W	i
d	t	(cm²)	(kg/m)	(cm⁴)	(cm³)	(cm)	d	t	(cm²)	(kg/m)	(cm⁴)	(cm³)	(cm)
32	2.5	2.32	1.82	2.54	1.59	1.05	63.5	3.0	5.70	4.48	26.15	8.24	2.14
	3.0	2.73	2.15	2.90	1.82	1.03		3.5	6.60	5.18	29.79	9.38	2.12
	3.5	3.13	2.46	3.32	2.02	1.02		4.0	7.48	5.87	33.24	10.47	2.11
	4.0	3.52	2.76	3.52	2.20	1.00		4.5	8.34	6.55	36.50	11.50	2.09
38	2.5	2.79	2.19	4.41	2.32	1.26		5.0	9.19	7.21	39.60	12.47	2.08
	3.0	3.30	2.59	5.09	2.68	1.24		5.5	10.02	7.87	42.52	13.39	2.06
	3.5	3.79	2.98	5.70	3.00	1.23		6.0	10.84	8.51	45.28	14.26	2.04
	4.0	4.27	3.35	6.26	3.29	1.21	68	3.0	6.13	4.81	32.42	9.54	2.30
42	2.5	3.10	2.44	6.07	2.89	1.40		3.5	7.09	5.57	36.99	10.88	2.28
	3.0	3.68	2.89	7.03	3.35	1.38		4.0	8.04	6.31	41.34	12.16	2.27
	3.5	4.23	3.32	7.91	3.77	1.37		4.5	8.98	7.05	45.47	13.37	2.25
	4.0	4.78	3.75	8.71	4.15	1.35		5.0	9.90	7.77	49.41	14.53	2.23
45	2.5	3.34	2.62	7.56	3.36	1.51		5.5	10.84	8.48	53.14	15.63	2.22
	3.0	3.96	3.11	8.77	3.90	1.49		6.0	11.69	9.17	56.68	16.67	2.20
	3.5	4.56	3.58	9.89	4.40	1.47	70	3.0	6.31	4.96	35.50	10.14	2.37
	4.0	5.15	4.04	10.93	4.86	1.46		3.5	7.31	5.74	40.53	11.58	2.35
50	2.5	3.73	2.93	10.55	4.22	1.68		4.0	8.29	6.51	45.33	12.95	2.34
	3.0	4.43	3.48	12.28	4.91	1.67		4.5	9.26	7.27	49.89	14.26	2.32
	3.5	5.11	4.01	13.90	5.56	1.65		5.0	10.21	8.01	54.24	15.50	2.30
	4.0	5.78	4.54	15.41	6.16	1.63		5.5	11.14	8.75	58.38	16.68	2.29
	4.5	6.43	5.05	16.81	6.72	1.62		6.0	12.06	9.47	62.31	17.80	2.27
	5.0	7.07	5.55	18.11	7.25	1.60	73	3.0	6.60	5.18	40.48	11.09	2.48
54	3.0	4.81	3.77	15.68	5.81	1.81		3.5	7.64	6.00	46.26	12.67	2.46
	3.5	5.55	4.36	17.79	6.59	1.79		4.0	8.67	6.81	51.78	14.19	2.44
	4.0	6.28	4.93	19.76	7.32	1.77		4.5	9.68	7.60	57.04	15.63	2.43
	4.5	7.00	5.49	21.61	8.00	1.76		5.0	10.68	8.38	62.07	17.01	2.41
	5.0	7.70	6.04	23.34	8.64	1.74		5.5	11.66	9.16	66.87	18.32	2.39
	5.5	8.38	6.58	24.96	9.24	1.73		6.0	12.63	9.91	71.43	19.57	2.38
	6.0	9.05	7.10	26.46	9.80	1.71	76	3.0	6.88	5.40	45.91	12.08	2.58
57	3.0	5.09	4.00	18.81	6.53	1.91		3.5	7.97	6.26	52.50	13.82	2.57
	3.5	5.88	4.62	21.14	7.42	1.90		4.0	9.05	7.10	58.81	15.48	2.55
	4.0	6.66	5.23	23.52	8.25	1.88		4.5	10.11	7.93	64.85	17.07	2.53
	4.5	7.42	5.83	25.76	9.04	1.86		5.0	11.15	8.75	70.62	18.59	2.52
	5.0	8.17	6.41	27.86	9.78	1.85		5.5	12.18	9.56	76.14	20.04	2.50
	5.5	8.90	6.99	29.84	10.47	1.83		6.0	13.19	10.36	81.41	21.42	2.48
	6.0	9.61	7.55	31.69	11.12	1.82	83	3.5	8.74	6.86	69.19	16.67	2.81
60	3.0	5.37	4.22	21.88	7.29	2.02		4.0	9.93	7.79	77.64	18.71	2.80
	3.5	6.21	4.88	24.88	8.29	2.00		4.5	11.10	8.71	85.76	20.67	2.78
	4.0	7.04	5.52	27.73	9.24	1.98		5.0	12.25	9.62	93.56	22.54	2.76
	4.5	7.85	6.16	30.41	10.14	1.97		5.5	13.39	10.51	101.04	24.35	2.75
	5.0	8.64	6.78	32.94	10.98	1.95		6.0	14.51	11.39	108.22	26.08	2.73
	5.5	9.42	7.39	35.32	11.77	1.94		6.5	15.62	12.26	115.10	27.74	2.71
	6.0	10.18	7.99	37.56	12.52	1.92		7.0	16.71	13.12	121.69	29.32	2.70

续表

尺寸 (mm) d	尺寸 (mm) t	截面面积 A (cm²)	每米重量 (kg/m)	截面特性 I (cm⁴)	截面特性 W (cm³)	截面特性 i (cm)
89	3.5	9.40	7.38	86.05	19.34	3.03
	4.0	10.68	8.38	96.68	21.73	3.01
	4.5	11.95	9.38	106.92	24.03	2.99
	5.0	13.19	10.36	116.79	26.24	2.98
	5.5	14.43	11.33	126.29	28.38	2.96
	6.0	16.65	12.28	135.43	30.43	2.94
	6.5	16.85	13.22	144.32	32.41	2.93
	7.0	18.03	14.16	152.67	34.31	2.91
95	3.5	10.06	7.90	105.45	22.20	3.24
	4.0	11.14	8.98	118.60	24.97	3.22
	4.5	12.79	10.04	131.31	27.64	3.20
	5.0	14.14	11.10	143.58	30.23	3.19
	5.5	15.46	12.14	155.43	32.72	3.17
	6.0	16.78	13.17	166.86	35.13	3.15
	6.5	18.07	14.19	177.89	37.45	3.14
	7.0	19.35	15.19	188.51	39.69	3.12
102	3.5	10.83	8.50	131.52	25.79	3.48
	4.0	12.32	9.67	148.09	29.04	3.47
	4.5	13.78	10.82	164.14	32.18	3.45
	5.0	15.24	11.96	179.68	35.23	3.43
	5.5	16.67	13.09	194.72	38.18	3.42
	6.0	18.10	14.21	209.28	41.03	3.40
	6.5	19.50	15.31	223.35	43.79	3.38
	7.0	20.89	16.40	236.96	46.46	3.37
114	4.0	13.82	10.85	209.35	36.73	3.89
	4.5	15.48	12.15	232.41	40.77	3.87
	5.0	17.12	13.44	254.81	44.70	3.86
	5.5	18.75	14.72	276.58	48.52	3.84
	6.0	20.36	15.89	297.73	52.23	3.82
	6.5	21.95	17.23	318.26	55.84	3.81
	7.0	23.53	18.47	338.19	59.33	3.79
	7.5	25.09	19.70	357.58	62.73	3.77
	8.0	26.64	20.91	376.30	66.02	3.76
121	4.0	14.70	11.54	251.87	41.63	4.14
	4.5	16.47	12.93	279.83	46.25	4.12
	5.0	18.22	14.30	307.05	50.75	4.11
	5.5	19.96	15.67	333.54	55.13	4.09
	6.0	21.68	17.02	359.32	59.39	4.07
	6.5	23.38	18.35	384.40	63.54	4.05
	7.0	25.07	19.68	408.80	67.57	4.04
	7.5	26.74	20.99	432.51	71.49	4.02
	8.0	28.40	22.29	455.57	75.30	4.01
127	4.0	15.46	12.13	292.61	46.08	4.35
	4.5	17.32	13.59	325.29	51.23	4.33
	5.0	19.16	15.04	357.14	56.24	4.32
	5.5	20.99	16.48	388.19	61.13	4.30
	6.0	22.81	17.09	418.44	65.90	4.28
	6.5	24.61	19.32	447.92	70.54	4.27
	7.0	26.39	20.72	476.63	75.06	4.25
	7.5	28.16	22.10	504.58	79.46	4.23
	8.0	29.91	23.48	531.80	83.75	4.22
133	4.0	16.21	12.73	337.53	50.76	4.56
	4.5	18.17	14.26	375.42	56.45	4.55
	5.0	20.11	15.78	412.40	62.02	4.53
	5.5	22.03	17.29	448.50	67.44	4.51
	6.0	23.94	18.79	483.72	72.74	4.50
	6.5	25.83	20.28	518.07	77.91	4.48
	7.0	27.71	21.75	551.58	82.94	4.46
	7.5	29.57	23.21	584.25	87.86	4.65
	8.0	31.42	24.66	616.11	92.65	4.43
140	4.5	19.16	15.04	440.12	62.87	4.79
	5.0	21.21	16.65	483.76	69.11	4.78
	5.5	23.24	18.24	526.40	75.20	4.76
	6.0	25.26	19.83	568.06	81.15	4.74
	6.5	27.26	21.40	608.76	86.97	4.73
	7.0	29.25	22.96	648.51	92.64	4.71
	7.5	31.22	24.51	687.32	98.19	4.69
	8.0	33.18	26.04	725.21	103.60	4.68
	9.0	37.04	29.08	798.29	114.04	4.64
	10	40.84	32.06	867.86	123.98	4.61
146	4.5	20.00	15.70	501.16	68.65	5.01
	5.0	22.15	16.65	551.10	75.49	4.99
	5.5	24.28	18.24	599.95	82.19	4.97
	6.0	26.39	20.72	647.73	88.73	4.95
	6.5	28.49	22.36	649.44	95.13	4.94
	7.0	30.57	24.00	740.12	101.39	4.92
	7.5	32.63	25.62	784.77	107.50	4.90
	8.0	34.68	27.23	828.41	113.48	4.89
	9.0	38.74	30.41	912.71	125.03	4.85
	10	42.73	33.54	993.16	136.05	4.82
152	4.5	20.85	16.37	567.61	74.69	5.22
	5.0	23.09	18.13	624.43	82.16	5.20
	5.5	25.31	19.87	680.06	89.48	5.18
	6.0	27.52	21.60	734.52	96.65	5.17
	6.5	29.71	23.32	787.82	103.66	5.15
	7.0	31.89	25.03	839.99	110.52	5.13
	7.5	34.05	26.73	891.03	117.24	5.12
	8.0	36.19	28.41	940.97	123.81	5.10
	9.0	40.43	31.74	1037.59	136.53	5.07
	10	44.61	35.02	1129.99	148.68	5.03
159	4.5	21.84	17.15	652.27	82.05	5.46
	5.0	24.19	18.99	717.88	90.30	5.45
	5.5	26.52	20.82	782.18	98.39	5.43
	6.0	28.84	22.64	845.19	106.31	5.41
	6.5	31.14	24.45	906.92	114.08	5.40
	7.0	33.43	26.24	967.41	121.69	5.38
	7.5	35.70	28.02	1026.65	129.14	5.36
	8.0	37.95	29.79	1084.67	136.44	5.35
	9.0	42.41	33.29	1197.12	150.58	5.31
	10	46.81	36.75	1304.88	164.14	5.28

尺寸(mm)		截面面积A	每米重量	截面特性			尺寸(mm)		截面面积A	每米重量	截面特性		
				I	W	i					I	W	i
d	t	(cm²)	(kg/m)	(cm⁴)	(cm³)	(cm)	d	t	(cm²)	(kg/m)	(cm⁴)	(cm³)	(cm)
168	4.5	23.11	18.14	772.96	92.02	5.78	245	6.5	48.70	38.23	3465.46	282.89	8.44
	5.0	25.60	20.14	851.14	101.33	5.77		7.0	52.34	41.08	3709.06	302.78	8.42
	5.5	28.08	22.04	927.85	110.46	5.75		7.5	55.96	43.93	3949.52	322.41	8.40
	6.0	30.54	23.97	1003.12	119.42	5.73		8.0	59.56	46.76	4186.87	341.79	8.38
	6.5	32.98	25.89	1076.95	128.21	5.71		9.0	66.73	52.38	4652.32	379.78	8.35
	7.0	35.41	27.79	1149.36	136.83	5.70		10	73.83	57.95	5105.63	416.79	8.32
	7.5	37.82	29.69	1220.38	145.28	5.68		12	87.84	68.95	5976.67	487.89	8.25
	8.0	40.21	31.57	1290.01	153.57	5.66		14	101.60	79.76	6801.68	555.24	8.18
	9.0	44.96	35.29	1425.22	169.67	5.63		16	115.11	90.36	7582.30	618.96	8.12
	10	49.64	38.97	1555.13	185.13	5.60	273	6.5	54.42	42.72	4834.18	354.15	9.42
180	5.0	27.49	21.58	1053.17	117.02	6.19		7.0	58.50	45.92	5177.30	379.29	9.41
	5.5	30.15	23.67	1148.79	127.64	6.17		7.5	62.56	49.11	5516.47	404.14	9.39
	6.0	32.80	25.75	1242.72	138.08	6.16		8.0	66.60	52.28	5851.71	428.70	9.37
	6.5	35.43	27.81	1335.00	148.33	6.14		9.0	74.64	58.60	6510.56	476.96	9.34
	7.0	38.04	29.87	1425.63	158.40	6.12		10	82.62	64.86	7154.09	524.11	9.31
	7.5	40.64	31.91	1514.64	168.29	6.10		12	98.39	77.24	8396.14	615.10	9.24
	8.0	43.23	33.93	1602.04	178.00	6.09		14	113.91	89.42	9579.75	701.81	9.17
	9.0	48.35	37.95	1772.12	196.90	6.05		16	129.18	101.41	10706.79	784.38	9.10
	10	53.41	41.92	1936.01	215.11	6.02	299	7.5	68.68	53.92	7300.02	488.30	10.31
	12	63.33	49.72	2245.84	249.54	5.95		8.0	73.14	57.41	7747.42	518.22	10.29
194	5.0	29.69	23.31	1326.54	136.76	6.68		9.0	82.00	64.37	8628.09	577.13	10.26
	5.5	32.57	25.57	1447.86	149.26	6.67		10	90.79	71.27	9490.15	634.79	10.22
	6.0	35.44	27.82	1567.21	161.57	6.65		12	108.20	84.93	11159.52	746.46	10.16
	6.5	38.29	30.06	1684.61	173.67	6.63		14	125.35	98.40	12757.61	853.35	10.09
	7.0	41.12	32.28	1800.08	185.57	6.62		16	142.25	111.67	14286.48	955.62	10.02
	7.5	43.94	34.50	1913.64	197.28	6.60	325	7.5	74.81	58.73	9431.80	580.42	11.23
	8.0	46.75	36.70	2025.31	208.79	6.58		8.0	79.67	62.54	10013.92	616.24	11.21
	9.0	52.31	41.06	2243.00	231.25	6.55		9.0	89.35	70.14	11161.32	686.85	11.18
	10	57.81	45.38	2453.55	252.94	6.51		10	98.96	77.68	12286.52	756.09	11.14
	12	68.61	53.86	2853.25	294.15	6.45		12	118.00	92.63	14471.45	890.55	11.07
203	6.0	37.13	29.15	1803.07	177.64	6.97		14	136.78	107.38	16570.98	1019.75	11.01
	6.5	40.13	31.50	1938.81	191.02	6.95		16	155.32	121.93	18587.38	1143.84	10.94
	7.0	43.10	33.84	2027.43	204.18	6.93	351	8.0	86.21	67.67	12684.36	722.76	12.13
	7.5	46.06	36.16	2203.94	217.14	6.92		9.0	96.70	75.91	14147.55	806.13	12.10
	8.0	49.01	38.47	2333.37	229.89	6.90		10	107.13	84.10	15584.62	888.01	12.06
	9.0	54.85	43.06	2586.08	254.79	6.8		12	127.80	100.32	18381.63	1047.39	11.99
	10	60.63	47.60	2830.72	278.89	6.83		14	148.22	116.35	21077.86	1201.02	11.93
	12	72.01	56.62	3296.49	324.78	6.77		16	168.39	132.19	23675.75	1349.05	11.86
	14	83.13	65.25	3732.07	367.69	6.70							
	16	94.00	73.79	4138.78	407.76	6.64							
219	6.0	40.15	31.52	2278.74	208.10	7.53							
	6.5	43.39	34.06	2451.64	223.89	7.52							
	7.0	46.62	36.60	2622.04	239.46	7.50							
	7.5	49.83	39.12	2789.96	254.79	7.48							
	8.0	53.03	41.63	2955.43	269.90	7.47							
	9.0	59.38	46.61	3279.12	299.46	7.43							
	10	65.66	51.54	3593.29	328.15	7.40							
	12	78.04	61.26	4193.81	383.00	7.33							
	14	90.16	70.78	4758.50	434.57	7.26							
	16	102.04	80.10	5288.81	483.00	7.20							

附1-8 螺旋焊钢管的规格及截面特性（按 GB 9711.1—2005 计算）

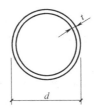

I——截面惯性矩；

W——截面抵抗矩；

i——截面回转半径。

附图 1-8 螺旋焊钢管的规格及截面特性

螺旋焊钢管的规格及截面特性（按 GB 9711.1—2005）　　　　　　附表 1-8

尺寸(mm)		截面面积	每米重量	截面特性			尺寸(mm)		截面面积	每米重量	截面特性		
d	t	$A(cm^2)$	$(kg \cdot m^{-1})$	$I(cm^4)$	$W(cm^3)$	$i(cm)$	d	t	$A(cm^2)$	$(kg \cdot m^{-1})$	$I(cm^4)$	$W(cm^3)$	$i(cm)$
219.1	5	33.61	26.61	1988.54	176.04	7.57	457	6	84.97	67.23	21623.66	946.33	15.95
	6	40.15	31.78	2822.53	208.36	7.54		7	98.91	78.18	25061.79	1096.80	15.91
	7	46.62	36.91	2266.42	239.75	7.50		8	112.79	89.08	28453.67	1245.24	15.88
	8	53.03	41.98	2900.39	283.16	7.49		9	126.60	99.94	31799.72	1391.67	15.84
244.5	5	37.60	29.77	2699.28	220.80	8.47		10	140.36	110.74	35100.34	1536.12	15.81
	6	44.93	35.57	3199.36	261.71	8.44		11	154.05	121.49	38355.96	1678.60	15.77
	7	52.20	41.33	3686.70	301.57	8.40		12	167.68	132.19	41566.98	1819.12	15.74
	8	59.41	47.03	4611.52	340.41	8.37	478	6	88.93	70.34	24786.71	1037.10	16.69
273	6	50.30	39.82	4888.24	328.81	9.44		7	103.53	81.81	28736.12	1202.35	16.65
	7	58.47	46.29	5178.63	379.39	9.41		8	118.06	93.23	32634.79	1365.47	16.62
	8	66.57	52.70	5853.22	428.81	8.37		9	132.54	104.60	36483.16	1526.49	16.58
323.9	6	59.89	47.41	7574.41	467.70	11.24		10	146.95	115.92	40281.65	1685.43	16.55
	7	69.65	55.14	8754.84	540.59	11.21		11	161.30	127.19	44030.71	1842.29	16.52
	8	79.35	62.82	9912.63	612.08	11.17		12	175.59	138.41	47730.76	1997.10	16.48
325	6	60.10	47.70	7653.29	470.97	11.28	508	6	94.58	74.78	29819.20	1173.98	17.75
	7	69.90	55.40	8846.29	544.39	11.25		7	110.12	86.99	34583.38	1361.55	17.72
	8	79.63	63.04	10016.50	616.40	11.21		8	125.60	99.15	39290.06	1546.85	17.67
355.6	6	65.87	52.23	10073.14	566.54	12.36		9	141.02	111.25	43939.68	1729.91	17.65
	7	76.62	60.68	11652.71	655.38	12.33		10	156.37	123.31	48532.72	1910.74	17.61
	8	87.32	69.08	13204.77	742.68	12.25		11	171.66	135.32	53069.63	2089.36	17.58
377	6	69.90	55.40	11079.13	587.75	13.12		12	186.89	147.29	57550.87	2265.78	17.54
	7	81.33	64.37	13932.53	739.13	13.08	529	6	98.53	77.89	33719.80	1274.85	18.49
	8	92.69	73.30	15795.91	837.98	13.05		7	114.74	90.61	39116.42	1478.88	18.46
	9	104.00	82.18	17628.57	935.20	13.02		8	130.88	103.29	44450.54	1680.55	18.42
406.4	6	75.44	59.75	15132.21	744.70	14.16		9	146.95	115.92	49722.63	1879.87	18.39
	7	87.79	69.45	17523.75	862.39	14.12		10	162.9	128.49	54933.18	2076.87	18.35
	8	100.09	79.10	19879.00	978.30	14.09		11	178.92	141.02	60082.67	2271.56	18.32
	9	112.31	88.70	22198.33	1092.44	14.05		12	194.81	153.50	65171.58	2463.95	18.28
	10	124.47	98.26	24482.10	1204.83	14.02		13	210.63	165.93	70200.39	2654.08	18.25
426	6	79.13	62.65	17464.62	819.94	14.85	559	6	104.19	82.33	39861.10	1426.16	19.55
	7	92.10	72.83	20231.72	949.85	14.82		7	121.33	95.79	46254.78	1654.91	19.52
	8	105.00	82.97	22958.81	1077.88	14.78		8	138.41	109.21	52578.45	1881.16	19.48
	9	117.84	93.05	25646.28	1206.05	14.75		9	155.43	122.57	58832.64	2104.92	19.45
	10	130.62	103.09	28294.52	1328.38	14.71		10	172.39	135.89	65017.85	2326.22	19.41
								11	189.28	149.16	71134.58	2545.07	19.39
								12	206.11	162.38	77183.36	2761.48	19.34
								13	222.88	175.55	83164.67	2975.48	19.31

续表

左半部分

d (mm)	t (mm)	A(cm²)	(kg·m⁻¹)	I(cm⁴)	W(cm³)	i(cm)
610.0	6	113.79	89.87	51936.94	1702.85	21.36
	7	132.54	104.60	60294.82	1976.88	21.32
	8	151.22	119.27	68568.97	2248.16	21.29
	9	169.84	133.89	76759.97	2516.72	21.25
	10	188.40	148.47	84868.37	2782.57	21.22
	11	206.89	162.99	92894.73	3045.73	21.18
	12	225.33	177.47	100839.60	3306.22	21.15
	13	243.70	191.90	108703.55	3564.05	21.11
630.0	6	117.56	92.83	57268.61	1818.05	22.06
	7	136.94	108.05	66494.92	2110.95	22.03
	8	156.25	123.22	75631.80	2401.01	21.99
	9	175.50	138.33	84679.83	2688.25	21.96
	10	194.68	153.40	93639.59	2972.69	21.93
	11	213.80	168.42	102511.65	3254.34	21.89
	12	232.86	183.39	111296.59	3533.23	21.85
	13	251.86	198.31	119994.98	3809.36	21.82
660.0	6	123.21	97.27	65931.44	1997.92	23.12
	7	143.53	113.23	76570.06	2320.31	23.09
	8	163.78	129.13	87110.33	2639.71	23.05
	9	183.97	144.99	97552.85	2956.15	23.02
	10	204.1	160.80	107898.23	3269.64	22.98
	11	224.16	176.56	118147.08	3580.21	22.95
	12	244.17	192.27	128300.00	3887.88	22.91
	13	264.11	207.93	138357.58	4192.65	22.88
711.0	6	132.82	104.82	82588.87	2323.18	24.93
	7	154.74	122.03	95946.79	2698.93	24.89
	8	176.59	139.20	109190.20	3071.45	24.86
	9	198.39	156.31	122319.78	3440.78	24.82
	10	220.11	173.38	135336.18	3806.93	24.79
	11	241.78	190.39	148240.04	4169.90	24.75
	12	263.38	207.36	161032.02	4529.73	24.72
	13	284.92	224.28	173712.76	4886.44	24.68
720.0	6	134.52	106.15	85792.25	2382.12	25.25
	7	156.72	123.59	99673.56	2768.71	25.21
	8	177.85	140.97	113437.40	3151.04	25.17
	9	200.93	158.31	127084.44	3530.12	25.14
	10	222.94	175.60	140615.33	3965.98	25.11
	11	244.89	192.84	154030.74	4278.63	25.07
	12	266.77	210.02	167331.32	4648.09	24.04
	13	288.60	227.16	180517.74	5014.38	25.00
762.0	7	165.95	130.84	118344.40	3106.15	26.69
	8	189.40	149.26	134717.42	3535.90	26.66
	9	212.80	167.63	150959.68	3962.20	26.62
	10	236.13	185.95	167071.28	4385.07	26.59
	11	259.40	204.23	183053.12	4804.54	26.55
	12	282.60	222.45	198905.91	5220.63	26.52
	13	305.74	240.63	214630.33	5633.34	26.49
	14	328.82	258.76	230227.09	6024.71	26.45

右半部分

d (mm)	t (mm)	A(cm²)	(kg·m⁻¹)	I(cm⁴)	W(cm³)	i(cm)
813.0	7	177.16	139.64	143981.73	3541.99	28.50
	8	202.22	159.32	163942.66	4033.03	28.46
	9	227.21	178.85	183753.89	4520.39	28.43
	10	252.14	198.53	203416.16	5004.09	28.39
	11	277.01	218.06	222930.23	5484.14	28.36
	12	301.82	237.55	242296.83	5960.56	28.32
	13	326.56	256.98	261516.72	6433.38	28.29
	14	351.24	276.36	280590.63	6902.60	28.25
820.0	7	178.70	140.85	147765.60	3604.04	28.74
	8	203.97	160.70	168256.44	4103.82	28.71
	9	229.19	180.50	188594.94	4599.88	28.68
	10	254.34	200.26	208781.84	5092.24	28.64
	11	279.43	219.96	228817.91	5580.93	28.60
	12	304.45	239.62	248703.90	6065.95	28.57
	13	329.42	259.22	268440.55	6547.33	28.53
	14	354.32	278.78	288008.62	7025.09	28.50
	15	379.16	298.29	307468.86	7499.24	28.47
	16	413.93	317.75	326766.02	7969.81	28.43
914.0	8	227.59	179.25	233711.41	5114.04	32.03
	9	255.75	201.37	262061.17	5734.38	32.00
	10	283.86	223.44	290221.72	6350.58	31.96
	11	311.90	245.46	318193.90	6962.67	31.93
	12	339.87	267..44	345978.57	7570.65	31.89
	13	367.79	289.36	373576.55	8174.54	31.86
	14	395.64	311.23	400988.69	8774.37	31.82
	15	423.43	333.06	428215.82	9370.15	31.79
	16	451.16	354.84	455258.77	9961.90	31.75
920.0	8	229.09	180.44	238385.26	5182.29	32.25
	9	257.45	202.70	267307.72	5811.04	32.21
	10	285.74	224.92	296038.43	6435.62	32.17
	11	313.97	247.06	324578.25	7056.05	32.14
	12	342.13	269.21	352928.00	7672.35	32.11
	13	370.24	291.28	381088.55	8284.53	32.07
	14	398.28	313.31	409060.74	8892.62	32.04
	15	426.26	335.23	436845.40	9496.64	32.00
	16	454.17	357.20	464443.38	10096.60	31.97
1020.0	8	254.21	200.16	325709.29	6386.46	35.78
	9	285.71	229.89	365343.91	7163.61	35.75
	10	317.14	249.58	404741.91	7936.12	35.71
	11	348.51	274.22	443904.22	8704.00	35.68
	12	379.81	298.81	482831.80	9467.29	35.64
	13	411.06	323.34	521525.58	10225.99	35.61
	14	442.24	347.83	559986.50	10980.13	35.57
	15	473.36	372.27	598215.50	11729.72	35.53
	16	504.41	396.66	636213.50	12474.77	35.50
1120.0	8	279.33	219.89	432113.97	7716.32	39.32
	9	313.97	247.09	484824.62	8657.58	39.28
	10	348.54	274.24	537249.06	9593.73	39.25
	11	383.05	301.35	589388.32	10524.79	39.21
	12	417.49	328.40	641243.45	11450.78	39.18
	13	451.88	355.40	692815.48	12371.71	39.14
	14	486.20	382.36	744105.44	13287.60	39.11
	15	520.46	409.26	795114.35	14198.47	39.07
	16	554.65	436.12	845843.26	15104.34	39.04

尺寸(mm)		截面面积	每米重量	截面特性			尺寸(mm)		截面面积	每米重量	截面特性		
d	t	$A(cm^2)$	$(kg \cdot m^{-1})$	$I(cm^4)$	$W(cm^3)$	$i(cm)$	d	t	$A(cm^2)$	$(kg \cdot m^{-1})$	$I(cm^4)$	$W(cm^3)$	$i(cm)$
	10	379.94	298.90	695916.69	11408.47	42.78		10	442.74	348.23	1001160.59	15509.30	49.85
	11	417.59	328.47	763623.03	12518.41	42.75		11	486.67	382.73	1208714.17	17024.14	49.82
	12	455.17	357.99	830991.12	13622.81	42.71		12	530.53	417.18	1315807.13	18532.49	49.78
1220.0	13	492.70	387.46	898022.09	14721.67	42.68	1420.0	13	574.34	451.58	1422440.79	20034.38	49.75
	14	530.16	416.88	964717.06	15815.03	42.64		14	618.08	485.94	1528616.74	21529.81	49.71
	15	567.56	446.26	1031077.17	16902.90	42.61		15	661.76	520.24	1634335.48	23018.81	49.68
	16	604.89	475.57	1097103.53	17985.30	42.57		16	705.37	554.50	1739599.14	24501.40	49.64

附 1-9　方钢管

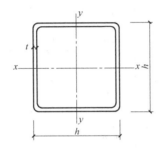

J——截面惯性矩；

W——截面抵抗矩；

i——截面回转半径。

附图 1-9

方钢管规格　　　　　　　　　　　　　　　　　　附表 1-9

尺寸(mm)		截面面积	重量	截面特征		
h	t	(cm^2)	(kg/m)	$I_X(cm^4)$	$W_X(cm^3)$	$I_X(cm)$
25	1.5	1.31	1.03	1.16	0.92	0.94
30	1.5	1.61	1.27	2.11	1.40	1.14
40	1.5	2.21	1.74	5.33	2.67	1.55
40	2.0	2.87	2.25	6.66	3.33	1.52
50	1.5	2.81	2.21	10.82	4.33	1.96
50	2.0	3.67	2.88	13.71	5.48	1.93
60	2.0	4.47	3.51	24.51	8.17	2.34
60	2.5	5.48	4.30	29.36	9.79	2.31
80	2.0	6.07	4.76	60.58	15.15	3.16
80	2.5	7.48	5.87	73.40	18.35	3.13
100	2.5	9.48	7.44	147.91	29.58	3.95
100	3.0	11.25	8.83	173.12	34.62	3.92
120	2.5	11.48	9.01	260.88	43.48	4.77
120	3.0	13.65	10.72	306.71	51.12	4.74
140	3.0	16.05	12.60	495.68	70.81	5.56
140	3.5	18.58	14.59	568.22	81.17	5.53
140	4.0	21.07	16.44	637.97	91.14	5.50
160	3.0	18.45	14.49	749.64	93.71	6.37
160	3.5	21.38	16.77	861.34	107.67	6.35
160	4.0	24.27	19.05	969.35	121.17	6.32
160	4.5	27.12	21.15	1073.66	134.21	6.29
160	5.0	29.93	23.35	1174.44	146.81	6.26

附 1-10 冷弯薄壁矩形钢管的规格及特性

冷弯薄壁矩形钢管的规格及特性
附表 1-10

尺寸(mm)			截面面积	每米长质量	x—x			y—y		
h	b	t	(cm^2)	(kg/m)	I_x(cm^4)	i_x(cm)	W_x(cm^3)	I_y(cm^4)	i_y(cm)	W_y(cm^3)
30	15	1.5	1.20	0.95	1.28	1.02	0.85	0.42	0.59	0.57
40	20	1.6	1.75	1.37	3.43	1.40	1.72	1.15	0.81	1.15
40	20	2.0	2.14	1.68	4.05	1.38	2.02	1.34	0.79	1.34
50	30	1.6	2.39	1.88	7.96	1.82	3.18	3.60	1.23	2.40
50	30	2.0	2.94	2.31	9.54	1.80	3.81	4.29	1.21	2.86
60	30	2.5	4.09	3.21	17.93	2.09	5.80	6.00	1.21	4.00
60	30	3.0	4.81	3.77	20.50	2.06	6.83	6.79	1.19	4.53
60	40	2.0	3.74	2.94	18.41	2.22	6.14	9.83	1.62	4.92
60	40	3.0	5.41	4.25	25.37	2.17	8.46	13.44	1.58	6.72
70	50	2.5	5.59	4.20	38.01	2.61	10.86	22.59	2.01	9.04
70	50	3.0	6.61	5.19	44.05	2.58	12.58	26.10	1.99	10.44
80	40	2.0	4.54	3.56	37.36	2.87	9.34	12.72	1.67	6.36
80	40	3.0	6.61	5.19	52.25	2.81	13.06	17.55	1.63	8.78
90	40	2.5	6.09	4.79	60.69	3.16	13.49	17.02	1.67	8.51
90	50	2.0	5.34	4.19	57.88	3.29	12.86	23.37	2.09	9.35
90	50	3.0	7.81	6.13	81.85	2.24	18.19	32.74	2.05	13.09
100	50	3.0	8.41	6.60	106.45	3.56	21.29	36.05	2.07	14.42
100	60	2.6	7.88	6.19	106.66	3.68	21.33	48.47	2.48	16.16
120	60	2.0	6.94	5.45	131.92	4.36	21.99	45.33	2.56	15.11
120	60	3.2	10.85	8.52	199.88	4.29	33.31	67.94	2.50	22.65
120	60	4.0	13.35	10.48	240.72	4.25	40.12	81.24	2.47	27.08
120	80	3.2	12.13	9.53	243.54	4.48	40.59	130.48	3.28	32.62
120	80	4.0	14.95	11.73	294.57	4.44	49.09	157.28	3.24	39.32
120	80	5.0	18.36	14.41	353.11	4.39	58.85	187.75	3.20	46.94
120	80	6.0	21.63	16.98	406.00	4.33	67.67	214.98	3.15	53.74
140	90	3.2	14.05	11.04	384.01	5.23	54.86	194.80	3.72	43.29
140	90	4.0	17.35	13.63	466.59	5.19	66.66	235.92	3.69	52.43
140	90	5.0	21.36	16.78	562.61	5.13	80.37	283.32	3.64	62.96
150	100	3.2	15.33	12.04	488.18	5.64	65.09	262.26	4.14	52.45

附 1-11 卷边槽形冷弯型钢

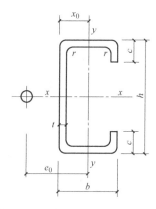

附图 1-11 卷边槽形冷弯型钢尺寸

卷边槽形冷弯型钢规格

序号	截面代号	截面尺寸				截面面积 $A(cm^2)$	质量 g (kg/m)	x_0 (cm)	$x-x$		
		H	B	c	t				I_x (cm^4)	i_x (cm)	W_x (cm^3)
1	C140×2.0	140	50	20	2.0	5.27	4.14	1.590	154.03	5.41	22.00
2	C140×2.2	140	50	20	2.2	5.76	4.52	1.590	167.40	5.39	23.91
3	C140×2.5	140	50	20	2.5	6.48	5.09	1.580	186.78	5.39	26.68
4	C160×2.0	160	60	20	2.0	6.07	4.76	1.850	236.59	6.24	29.57
5	C160×2.2	160	60	20	2.2	6.64	5.21	1.850	257.57	6.23	32.20
6	C160×2.5	160	60	20	2.5	7.48	5.87	1.850	288.13	6.21	36.02
7	C180×2.0	180	70	20	2.0	6.87	5.39	2.110	343.93	7.08	38.21
8	C180×2.2	180	70	20	2.2	7.52	5.90	2.110	374.90	7.06	41.66
9	C180×2.5	180	70	20	2.5	8.48	6.66	2.110	320.20	7.04	46.69
10	C200×2.2	200	70	20	2.0	7.27	5.71	2.000	440.04	7.78	44.00
11	C200×2.2	200	70	20	2.2	7.96	6.25	2.000	479.87	7.77	47.99
12	C200×2.5	200	70	20	2.5	7.05	7.05	2.000	538.21	7.74	53.82
13	C220×2.0	220	75	20	2.0	7.87	6.18	2.080	574.45	8.54	52.22
14	C220×2.2	220	75	20	2.2	8.62	6.77	2.080	626.85	8.53	56.99
15	C220×2.5	220	75	20	2.5	9.73	7.64	2.074	703.76	8.50	63.98
16	C250×2.0	250	75	20	2.0	8.43	6.62	1.932	771.01	9.56	61.68
17	C250×2.2	250	75	20	2.2	9.26	7.27	1.933	844.08	9.55	67.53
18	C250×2.5	250	75	20	2.5	10.48	8.23	1.934	952.33	9.53	76.19

序号	截面代号	$y-y$				y_1-y_1	e_0 (cm)	I_t (cm^4)	I_ω (cm^4)	k (cm^{-1})	$W_{\omega 1}$ (cm^4)	$W_{\omega 2}$ (cm^4)
		I_1 (cm^4)	i_y (cm)	W_{ymax} (cm^3)	W_{ymin} (cm^3)	I_{y1} (cm^4)						
1	C140×2.0	18.56.	1.88	11.68	5.44	31.86	3.87	0.0703	794.79	0.0058	51.34	52.22
2	C140×2.2	20.03	1.87	12.62	5.87	34.53	3.84	0.0929	852.46	0.0065	55.98	56.84
3	C140×2.5	22.11	1.85	13.96	6.47	38.38	3.80	0.1351	931.89	0.0075	62.56	63.56
4	C160×2.0	29.99	2.22	16.02	7.23	50.83	4.52	0.0809	1596.28	0.0044	76.92	71.30
5	C160×2.2	32.45	2.21	17.53	7.82	55.19	4.50	0.1071	1717.82	0.0049	83.82	77.55
6	C160×2.5	35.96	2.19	19.47	8.66	61.49	4.45	0.1559	1887.71	0.0056	93.87	86.63
7	C180×2.0	45.18	2.57	21.37	9.25	75.87	5.12	0.0916	2934.34	0.0035	109.50	95.22
8	C180×2.2	48.97	2.15	23.19	10.02	21.49	5.14	0.1213	3165.62	0.0038	119.44	103.58
9	C180×2.5	54.42	2.53	25.82	11.12	92.06	5.10	0.1767	3492.15	0.0044	113.99	115.73

续表

序号	截面代号	y—y				y_1—y_1	e_0 (cm)	I_t (cm⁴)	I_ω (cm⁴)	k (cm⁻¹)	$W_{\omega 1}$ (cm⁴)	$W_{\omega 2}$ (cm⁴)
		I_1 (cm⁴)	i_y (cm)	$W_{y\max}$ (cm³)	$W_{y\min}$ (cm³)	I_{y1} (cm⁴)						
10	C200×2.2	46.71	2.54	23.32	9.35	75.88	4.96	0.0969	3672.33	0.0032	126.74	106.15
11	C200×2.2	50.64	2.52	25.31	10.13	82.49	4.93	0.1284	3963.82	0.0035	138.26	115.74
12	C200×2.5	56.27	2.50	28.18	11.25	92.09	4.89	0.1871	4376.18	0.0041	115.14	129.75
13	C220×2.0	56.88	2.69	27.35	10.50	90.93	5.18	0.1049	5313.52	0.0028	158.43	127.32
14	C220×2.2	61.71	2.68	29.70	11.38	98.91	5.15	0.1391	5742.07	0.0031	172.92	138.93
15	C220×2.5	68.66	2.66	33.11	12.65	110.51	5.11	0.2028	6351.05	0.0035	194.18	155.94
16	C250×2.0	58.46	2.63	30.25	10.50	89.95	4.90	0.1125	6944.92	0.0025	190.93	146.73
17	C250×2.2	63.68	2.62	32.94	11.44	98.27	4.87	0.1493	7545.39	0.0028	208.66	160.20
18	C250×2.5	71.31	2.69	36.86	12.81	110.53	4.84	0.2184	8415.77	0.0032	234.81	180.01

附 1-12　卷边 Z 形冷弯型钢

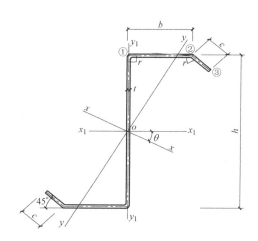

附图 1-12　卷边 Z 形冷弯型钢

斜卷边 Z 形冷弯型钢的截面特性　　　　附表 1-12

序号	截面代号	截面尺寸(mm)				截面面积 A (cm²)	质量 g (kg/m)	θ (°)	x_1—x_2×		
		H	B	c	t				I_{x1} (cm⁴)	i_{x1} (cm)	W_{x1} (cm³)
1	Z140×2.0	140	50	20	2.0	5.392	4.233	21.986	162.065	5.482	23.152
2	Z140×2.2	140	50	20	2.2	5.909	4.638	21.998	176.813	5.470	25.259
3	Z140×2.5	140	50	20	2.5	6.676	5.240	22.018	198.446	5.452	28.349
4	Z160×2.0	160	60	20	2.0	6.192	4.861	22.104	246.830	6.313	30.854
5	Z160×2.2	160	60	20	2.2	6.789	5.329	22.113	269.592	6.302	33.699

序号	截面代号	截面尺寸(mm)				截面面积 A (cm²)	质量 g (kg/m)	θ (°)	x_1—x_2×		
		H	B	c	t				I_{x1} (cm⁴)	i_{x1} (cm)	W_{x1} (cm³)
6	Z160×2.5	160	60	20	2.5	7.676	6.025	22.128	303.090	6.284	37.886
7	Z180×2.0	180	70	20	2.0	6.992	5.489	22.185	356.620	7.141	39.624
8	Z180×2.2	180	70	20	2.2	7.669	6.020	22.193	389.835	7.130	43.315
9	Z180×2.5	180	70	20	2.5	8.676	6.810	22.205	438.835	7.112	48.759
10	Z200×2.0	200	70	20	2.0	7.392	5.803	19.305	455.430	7.849	45.543
11	Z200×2.2	200	70	20	2.2	8.109	6.365	19.309	498.023	7.837	49.802
12	Z200×2.5	200	70	20	2.5	9.176	7.203	19.314	560.921	7.819	56.092
13	Z220×2.0	220	75	20	2.0	7.992	6.274	18.300	592.787	8.612	53.890
14	Z220×2.2	220	75	20	2.2	8.769	6.884	18.302	648.520	8.600	58.956
15	Z220×2.5	220	75	20	2.5	9.926	7.792	18.305	730.926	8.581	66.448
16	Z250×2.0	250	75	20	2.0	8.592	6.745	15.389	799.640	9.647	63.791
17	Z250×2.2	250	75	20	2.2	9.429	7.402	15.387	875.145	9.634	70.012
18	Z250×2.5	250	75	20	2.5	10.676	8.380	15.385	986.898	9.615	78.952

附录 2　螺栓、锚栓及栓钉规格

附 2-1　六角头螺栓（C 级）规格

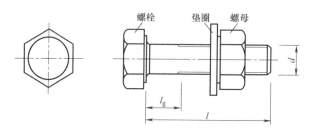

附图 2-1　六角头螺栓（C 级）的尺寸

六角头螺栓（C 级）规格　　　　　　　　　　附表 2-1

螺栓直径 d (mm)	螺距 p (mm)	有效直径 d_e (mm)	有效面积 A_e (mm²)	公称长度 l(mm)		夹紧长度 l_g(mm)	
				最小值	最大值	最小值	最大值
16	2	14.12	156.6	50	160	17	116
18	2.5	15.65	192.5	80	180	38	132
20	2.5	17.65	244.8	65	200	19	148
22	2.5	19.65	303.4	90	220	40	151
24	3	21.19	352.5	80	240	26	167
27	3	24.19	459.4	100	260	40	181
30	3.5	26.72	560.6	90	300	24	215
33	3.5	29.72	693.6	130	320	52	229
36	4	32.25	816.7	110	300	32	203
39	4	35.25	975.8	150	400	60	297
42	4.5	37.78	1120.0	160	400	70	291
45	4.5	40.78	1306.0	180	440	78	325
48	5	43.31	1473.0	180	480	72	354
52	5	47.31	1758.0	200	500	84	371
56	5.5	50.84	2030.0	220	500	83	363
60	5.5	54.84	2362.0	240	500	95	355

附 2-2 大六角头高强度螺栓规格

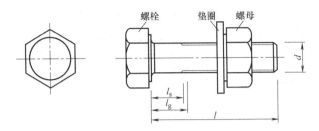

附图 2-2 大六角头高强度螺栓的尺寸

大六角头高强度螺栓的长度（单位：mm）　　　　　附表 2-2

| 螺纹规格 d | M16 | | M20 | | M22 | | M24 | | M27 | | M30 | |
公称长度 l	l_s	l_g	l_s	l_g	l_s	l_g	l_s	l_g	l_s	l_g	l_s	l_g
45	9	15										
50	14	20	7.5	15								
55	14	20	12.5	20	7.5	15						
60	19	25	17.5	25	12.5	20	6	15				
65	24	30	17.5	25	17.5	25	11	20	6	15		
70	29	35	22.5	30	17.5	25	16	25	11	20	4.5	15
75	34	40	27.5	35	22.5	30	16	2 5	16	25	9.5	20
80	39	45	32.5	40	27.5	35	21	30	16	2 5	14.5	25
85	44	50	37.5	45	32.5	40	26	35	21	30	14.5	2 5
90	49	55	42.5	50	37.5	45	31	40	26	35	19.5	30
95	54	60	47.5	55	42.5	50	36	45	31	40	24.5	35
100	59	65	52.5	60	47.5	55	41	50	36	45	29.5	40
110	69	75	62.5	70	57.5	65	51	60	46	55	39.5	50
120	79	85	72.5	80	67.5	75	61	70	56	65	49.5	60
130	89	95	82.5	90	77.5	85	71	80	66	75	59.5	70
140			92.5	100	87.5	95	81	90	76	85	69.5	80
150			102.5	110	97.5	105	91	100	86	95	79.5	90
160			112.5	120	107.5	115	101	110	96	105	89.5	100
170					117.5	125	111	120	106	115	99.5	110
180					127.5	135	121	130	116	125	109.5	120
190					137.5	145	131	140	126	135	119.5	130
200					147.5	155	141	150	136	145	129.5	140
220					167.5	175	161	170	156	165	149.5	160
240							181	190	179	185	169.5	180
260									196	205	189.5	200

注：l_s 为无纹螺杆长度，l_g 为最大夹紧长度，见附图 2-2。

附 2-3 扭剪型高强度螺栓规格

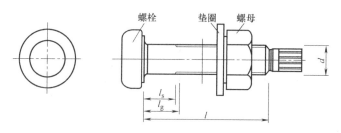

附图 2-3 扭剪型高强度螺栓的尺寸

扭剪型高强度螺栓的长度（单位：mm）   附表 2-3

螺纹规格 d / 公称长度 l	M16		M20		M22		M24	
	l_s	l_g	l_s	l_g	l_s	l_g	l_s	l_g
40	4	10						
45	9	15	2.5	10				
50	14	20	7.5	15	2.5	10		
55	14	20	12.5	20	7.5	15	1	10
60	19	25	17.5	25	12.5	20	6	15
65	24	30	17.5	25	17.5	25	11	20
70	29	35	22.5	30	17.5	25	16	25
75	34	40	27.5	35	22.5	30	16	2 5
80	39	45	32.5	40	27.5	35	21	30
85	44	50	37.5	45	32.5	40	26	35
90	49	55	42.5	50	37.5	45	31	40
95	54	60	47.5	55	42.5	50	36	45
100	59	65	52.5	60	47.5	55	41	50
110	69	75	62.5	70	57.5	65	51	60
120	79	85	72.5	80	67.5	75	61	70
130	89	95	82.5	90	77.5	85	71	80
140			92.5	100	87.5	95	81	90
150			102.5	110	97.5	105	91	100
160			112.5	120	107.5	115	101	110
170					117.5	125	111	120
180					127.5	135	121	130

注： l_s 为无纹螺杆长度，l_g 为最大夹紧长度，见附图 2-3。

附 2-4　锚栓规格

锚栓规格　　　　　　　　　　　　　　　　　　附表 2-4

锚栓形式	Ⅰ				Ⅱ			Ⅲ			
锚栓直径(mm)	20	24	30	36	42	48	56	64	72	80	90
计算净截面面积(cm²)	2.45	3.53	5.61	8.17	11.20	14.70	20.30	26.80	34.60	44.44	55.91
Ⅲ型锚栓　锚板宽度 c(mm)	—	—	—	—	140	200	200	240	280	350	400
Ⅲ型锚栓　锚板厚度 t(mm)	—	—	—	—	20	20	20	25	30	40	40

附 2-5　圆柱头栓钉规格

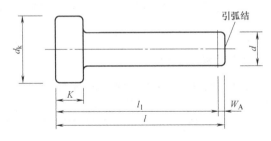

附图 2-4　圆柱头栓钉的尺寸

圆柱头栓钉的规格和尺寸（单位：mm）　　　　　　附表 2-5

公称直径	13	16	19	22
栓钉杆直径 d	13	16	19	22
大头直径 d_k	22	29	32	35
大头厚度(最小值)K	10	10	12	12
熔化长度(参考值)W_A	4	5	5	6
熔后公称长度 l_1	80、100、120		80、100、120 130、150、170	80、100、120、130 150、170、200

附录3 金属结构工程（摘自《房屋建筑与装饰工程工程量计算规范》GB 50854—2013）

附 3-1 钢网架

钢网架工程量清单项目设置、项目特征描述、计量单位及工程量计算规则应按附表3-1的规定执行。

钢网架（编码：010601）

附表 3-1

项目编码	项目名称	项目特征	计量单位	工程量计算规则	工程内容
010601002	钢网架	1. 钢材品种、规格； 2. 网架节点形式、连接方式； 3. 网架跨度、安装高度； 4. 探伤要求； 5. 油漆品种、刷漆遍数	t	按设计图示尺寸以质量计算。不扣除孔眼的质量，焊条、铆钉等不另增加质量	1. 拼装； 2. 安装； 3. 探伤； 4. 补刷油漆

附 3-2 钢屋架、钢托架、钢衍架、钢桥架

钢屋架、钢托架、钢桁架、钢架桥工程量清单项目设置、项目特征描述、计量单位及工程量计算规则应按附表3-2的规定执行。

钢屋架、钢托架、钢桁架、钢桥架（编码：010602）

附表 3-2

项目编码	项目名称	项目特征	计量单位	工程量计算规则	工程内容
010602001	钢屋架	1. 钢材品种、规格； 2. 单榀质量； 3. 屋架跨度、安装高度； 4. 螺栓种类； 5. 探伤要求； 6. 防火要求	1. 榀 2. t	1. 以榀计量，按图示数量计算； 2. 以吨计量，按图示尺寸以质量计算。不不扣除孔眼的质量，焊条、铆钉、螺栓等不另增加质量	1. 拼装； 2. 安装； 3. 探伤； 4. 补刷油漆
010602002	钢托架	1. 钢材品种、规格； 2. 单榀质量； 3. 安装高度； 4. 螺栓种类； 5. 探伤要求； 6. 防火要求	t	按设计图示尺寸以质量计算。不扣除孔眼的质量，焊条、铆钉、螺栓等不另加质量	1. 制作； 2. 运输； 3. 拼装； 4. 安装； 5. 探伤； 6. 补刷油漆
010602003	钢桁架				
010602004	钢架桥	1. 板类型； 2. 钢材品种、规格； 3. 单榀质量； 4. 安装高度； 5. 螺栓种类； 6. 探伤要求	t	按设计图示尺寸以质量计算。不扣除孔眼的质量，焊条、铆钉、螺栓等不另加质量	1. 拼装； 2. 安装； 3. 探伤； 4. 补刷油漆

注：以榀计量，按标准图设计的应注明标准图代号，按非标准图设计的项目特征必须描述单榀屋架的质量。

附 3-3 钢柱

钢柱工程量清单项目设置、项目特征描述、计量单位及工程量计算规则应按附表 3-3 的规定执行。

钢柱（编码：010603）

附表 3-3

项目编码	项目名称	项目特征	计量单位	工程量计算规则	工程内容
010603001	实腹钢柱	1. 柱类型； 2. 钢材品种、规格； 3. 单根柱的质量； 4. 螺栓种类； 5. 探伤要求； 6. 防火要求	t	按设计图示尺寸以质量计算。不扣除孔眼的质量，焊条、铆钉、螺栓等不另加质量，依附在钢柱上的牛腿及悬臂梁等并入钢柱工程量内	1. 拼装； 2. 安装； 3. 探伤； 4. 补刷油漆
010603002	空腹钢柱				
010603003	钢管柱	1. 钢材品种、规格； 2. 单根柱的质量； 3. 探伤要求； 4. 防火要求		按设计图示尺寸以质量计算。不扣除孔眼的质量，焊条、铆钉、螺栓等不另加质量，钢管柱上的节点板、加强环、内衬管、牛腿等并入钢管柱工程量内	

注：1. 实腹钢柱类型指十字、T、L、H 形等。
2. 空腹钢柱类型指箱型、格构等。
3. 型钢混凝土柱浇筑钢筋混凝土，其混凝土和钢筋应按本规范附录 E 混凝土及钢筋混凝土工程中相关项目编码列项。

附 3-4 钢梁

钢梁工程量清单项目设置、项目特征描述、计量单位及工程量计算规则应按附表 3-4 的规定执行。

钢梁（编码：010604）

附表 3-4

项目编码	项目名称	项目特征	计量单位	工程量计算规则	工程内容
010604001	钢梁	1. 梁类型； 2. 钢材品种、规格； 3. 单根质量； 4. 螺栓种类； 5. 安装高度； 6. 探伤要求； 7. 防火要求	t	按设计图示尺寸以质量计算。不扣除孔眼的质量，焊条、铆钉、螺栓等不另加质量，制动梁、制动板、制动桁架、车挡并入钢吊车梁工程量内	1. 拼装； 2. 安装； 3. 探伤； 4. 补刷油漆
010604002	钢吊车梁	1. 钢材品种、规格； 2. 单根质量； 3. 螺栓种类； 4. 探伤要求； 5. 防火要求			

注：1. 梁类型指 H、L、T 形、箱型、格构式等。
2. 型钢混凝土柱浇筑钢筋混凝土，其混凝土和钢筋应按本规范附录 E 混凝土及钢筋混凝土工程中相关项目编码列项。

附 3-5 钢板楼板、墙板

钢板楼板、墙板工程量清单项目设置、项目特征描述、计量单位及工程量计算规则应按附表 3-5 的规定执行。

钢板楼板、墙板（编码：010605）

附表 3-5

项目编码	项目名称	项目特征	计量单位	工程量计算规则	工程内容
010605001	钢板楼板	1. 钢材品种、规格； 2. 钢板厚度； 3. 螺栓种类； 4. 防火要求	m²	按设计图示尺寸以铺设水平投影面积计算。不扣除单个 0.3m² 以内的柱、垛及孔洞所占面积	1. 拼装； 2. 安装； 3. 探伤； 4. 补刷油漆
010605002	钢板墙板	1. 钢材品种、规格； 2. 钢板厚度、复合板厚度； 3. 防火要求； 4. 复合板夹芯材料种类、层数、型号、规格； 5. 防火要求		按设计图示尺寸以铺挂展开面积计算。不扣除单个 0.3m² 以内的梁、孔洞所占面积，包角、包边、窗台泛水等不另增加面积	

注：1. 钢板楼板上浇筑钢筋混凝土，其混凝土和钢筋应按本规范附录 E 混凝土及钢筋混凝土工程中相关项目编码列项。
2. 压型钢楼板按本表中钢板楼板项目编码列项。

附 3-6 钢构件

钢构件工程量清单项目设置、项目特征描述、计量单位及工程量计算规则应按附表 3-6 的规定执行。

钢构件（编码：010606）

附表 3-6

项目编码	项目名称	项目特征	计量单位	工程量计算规则	工程内容
010606001	钢支撑、钢拉条	1. 钢材品种、规格； 2. 构件类型； 3. 安装高度； 4. 螺栓种类； 5. 探伤要求； 6. 防火要求	t	按设计图示尺寸以质量计算。不扣除孔眼、切边、切肢的质量，焊条、铆钉、螺栓等不另加质量，不规则或多边形钢板以其外接矩形面积乘以厚度乘以单位理论质量计算	1. 制作； 2. 运输； 3. 安装； 4. 探伤； 5. 刷油漆
010606002	钢檩条	1. 钢材品种、规格； 2. 构件类型； 3. 单根质量； 4. 安装高度； 5. 螺栓种类； 6. 探伤要求； 7. 防火要求			
010606003	钢天窗架	1. 钢材品种、规格； 2. 单榀质量； 3. 安装高度； 4. 螺栓种类； 5. 探伤要求； 6. 防火要求			

续表

项目编码	项目名称	项目特征	计量单位	工程量计算规则	工程内容
010606004	钢挡风架	1. 钢材品种、规格； 2. 单榀质量；	t	按设计图示尺寸以质量计算。不扣除孔眼、切边、切肢的质量，焊条、铆钉、螺栓等不另加质量，不规则或多边形钢板以其外接矩形面积乘以厚度乘以单位理论质量计算	1. 制作； 2. 运输； 3. 安装； 4. 探伤； 5. 刷油漆
010606005	钢墙架	3. 螺栓种类； 4. 探伤要求； 5. 防火要求			
010606006	钢平台	1. 钢材品种、规格； 2. 螺栓种类； 3. 防火要求			
010606007	钢走道				
010606008	钢梯	1. 钢材品种、规格； 2. 钢梯形式； 3. 螺栓种类； 4. 防火要求			
010606009	钢栏杆	1. 钢材品种、规格； 2. 防火要求			
010606010	钢漏斗	1. 钢材品种、规格； 2. 漏斗、天沟形式； 3. 安装高度 4. 探伤要求		按设计图示尺寸以重量计算。不扣除孔眼、切边、切肢的质量，焊条、铆钉、螺栓等不另加质量，不规则或多边形钢板以其外接矩形面积乘以厚度乘以单位理论质量计算，依附漏斗的型钢并入漏斗工程量内	
010606011	钢板天沟				
010606012	钢支架	1. 钢材品种、规格； 2. 安装高度； 3. 防火要求		按设计图示尺寸以重量计算。不扣除孔眼、切边、切肢的质量，焊条、铆钉、螺栓等不另加质量，不规则或多边形钢板以其外接矩形面积乘以厚度乘以单位理论质量计算	
010606013	零星钢构件	1. 构件名称； 2. 钢材品种、规格			

注：1. 钢墙架项目包括墙架柱、墙架梁和连接杆件。
　　2. 钢支撑、钢拉条类型指单式、复式；钢檩条类型指型钢式、格构式；钢漏斗形式指方形、圆；天沟形式指矩形天沟或半圆形沟。
　　3. 加工铁件等小型构件，按本表中零星钢构件项目编码列项。

附 3-7　金属制品

金属制品工程量清单项目设置、项目特征描述、计量单位及工程量计算规则应按附表3-7 的规定执行。

金属制品（编码：010607）　　　　　　　　　　　　　　　　　　　　附表 3-7

项目编码	项目名称	项目特征	计量单位	工程量计算规则	工程内容
010607001	成品空调金属百页护栏	1. 材料品种、规格； 2. 材料材质	m²	按设计图示尺寸以框外围展开面积计算	1. 安装； 2. 校正； 3. 预埋铁件及按螺栓
010607002	成品栅栏	1. 材料品种、规格； 2. 边框及立柱型钢品种、规格			1. 安装； 2. 校正； 3. 预埋铁件； 4. 按螺栓及金属立柱

续表

项目编码	项目名称	项目特征	计量单位	工程量计算规则	工程内容
010607003	成品雨篷	1. 材料品种、规格； 2. 雨篷宽度； 3. 晾衣杆品种、规格	1. m 2. m²	1. 以米计算，按设计图示接触边以米计算； 2. 以平方米计算，按设计图示尺寸以展开面积计算	1. 安装； 2. 校正； 3. 预埋铁件及按螺栓
010607004	金属网栏	1. 材料品种、规格； 2. 边框及立柱型钢品种、规格	m²	按设计图示尺寸以框外围展开面积计算	1. 安装； 2. 校正； 3. 按螺栓及金属立柱
010607005	砌块墙钢丝网加固	1. 材料品种、规格； 2. 加固方式		按设计图示尺寸以面积计算	1. 铺贴； 2. 铆固
010607006	后浇带金属网				

附 3-8 相关问题及说明

（1）金属构件的切边，不规则及多边形钢板发生的损耗在综合单价中考虑。

（2）防火要求指耐火极限。

参 考 文 献

1 焦红. 钢结构工程计量与计价 [M]. 北京：中国建筑工业出版社，2005.

2 王松岩. 钢结构设计与应用实例 [M]. 北京：中国建筑工业出版社，2007.

3 中华人民共和国住房和城乡建设部. 建设工程工程量清单计价规范 (GB 50500—2013) [S]. 北京：中国计划出版社，2013.

4 《建设工程工程量清单计价规范》编制组. 建设工程工程量清单计价规范 (GB 50500—2013) 宣贯辅导材料 [M]. 北京：中国计划出版社，2013.

5 冶金工业部建筑研究总院设计院。压型钢板、夹芯板屋面及墙体建筑构造 (01J925-1) [S]. 北京：中国建筑标准设计研究所出版，2001.

6 焦红. 工程概预算 [M]. 北京：北京大学出版社，2009.